JN086160

これから始める人のための

エアライフル猟の教科書

［第2版］

(株)チカト商会
東雲輝之／
(有)豊和精機製作所
佐藤一博 著

秀和システム

エアライフル猟を始めよう！

メインターゲットは鴨やキジなんかの
鳥だから、車がなくても大丈夫なんだね。
エアライフルハンティング
のメリット
◉エアライフルの取得は散弾銃と
比較して簡単
◉発射音が小さく、身近な場所でも
ハンティングできる
◉エアライフルは見た目も性能も
バリエーション豊か！
◉弾代が散弾銃より安い
そうと決まればさっそく
準備よ！
まずは狩猟免許の取得から
始めよう！
網猟も
おもしろそうだね…
ズル
ズル
東京都内大学生
蜂谷　誠（21）
NEXT PAGE

アウトドア初心者でも都会住みの人でも楽しめる

エアライフル猟の世界にようこそ!

STEP1. 3つの資格をGETしよう!

エアライフル猟には
◉狩猟免許
◉銃砲所持許可
◉狩猟者登録
の3つの資格が必要です。
難しそうですが大丈夫!
攻略法を知っておけば
誰でもGETできます。

STEP2. エアライフルを選ぼう!

資格をGETしたら
エアライフルを選びましょう。
色々なタイプの中から、
あなたにピッタリの相棒を
みつけましょう!

STEP3. 狩猟にでかけよう!

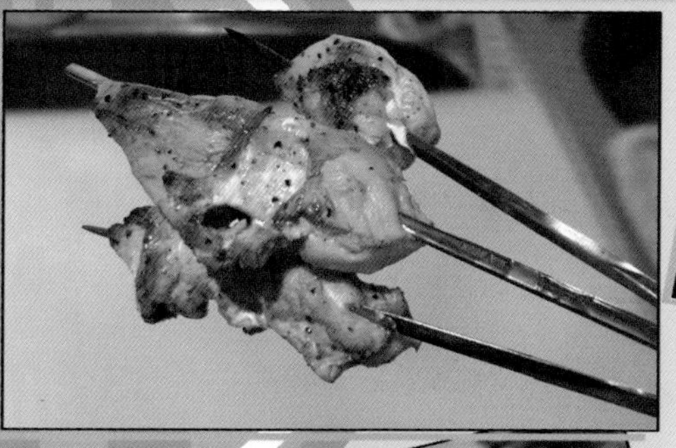

猟期になったら、広大な
狩猟に出かけましょう!
え?「都心に住んでいて
狩猟なんてできる場所は
ない」ですって?
大丈夫!畑や田んぼ、
河川敷など、意外なところに
ターゲットは潜んでるんです。

STEP4. 自然の恵みをいただこう!

獲物は美味しく
料理しましょう!
しとめた獲物をみんなと
分かち合えば、素晴らしい
絆が生まれます!

まずは
資格取得から始めよう!

CONTENTS

Chapter 1
法律・知識 ～THE KNOWLEDGE～ 11

Chapter 2
エアライフルを知ろう ～THE AIRRIFLE～ 63

ペレットを知ろう

スコープを知ろう

エアライフルを選ぼう

エアライフルのメンテナンス

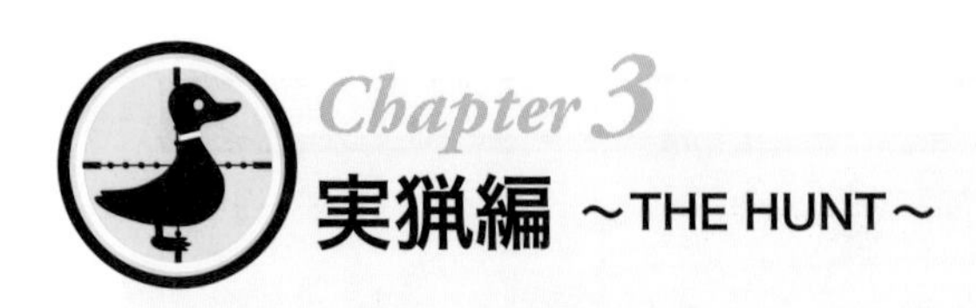

実猟編 ～THE HUNT～

エアライフル猟に飛び出そう

射撃術を学ぼう

ターゲットを知ろう

獲物を解体しよう

Chapter 4 ジビエ料理編 ～THE PRODUCT～ 345

ジビエを料理しよう

ジビエを食べよう

ジビエパーティーを始めよう

Chapter 5 銃砲店店主Q&A 415

エアライフル猟Q&A

法律・知識

THE KNOWLEDGE

執筆：東雲輝之

難関？簡単？狩猟免許試験！

30問選択式　90分

□狩猟に関する法律の知識

□鳥獣の生態・保護管理に関する知識

□試験区分に応じた猟具の取扱い知識

適性検査

運動能力検査

視力検査

聴力検査

技能・銃器取扱い試験

各部点検

エア充填

射撃姿勢

技能・距離の目測試験

技能・鳥獣判別試験

『狩猟免許予備講習』
を受けていたおかげで、
予習はバッチリだったね！

予備講習を受けないのは、
車に乗ったことがないのに
一発試験を受けるような
ものだよ！

NEXT PAGE

狩猟免許を取得しよう

エアライフル猟を始めるためには、狩猟免許を取得しなければなりません。狩猟免許試験は知識試験、適性試験、技能試験の3段階で構成されています。法律の話や銃器の取り扱い方など聞き慣れない話が沢山でてくるので、しっかりと予習してのぞみましょう！

1. 受験の申し込み

狩猟免許試験の申し込み先は、あなたが住民票を置いている地域を管轄する農林事務局や環境局になります。都道府県庁のホームページに連絡先が記載されているので、ご確認ください。

受験申込についてわからないことがあれば**猟友会**に連絡をしてみましょう。まずインターネットで、「住んでいる都道府県　猟友会」で検索してもらい、都道府県猟友会の連絡先を調べます。次に、都道府県猟友会に住んでいる市町村を告げると、最寄りの支部猟友会を紹介してくれます。この支部猟友会が受験申込の窓口となっているので、相談をしに向かいましょう。

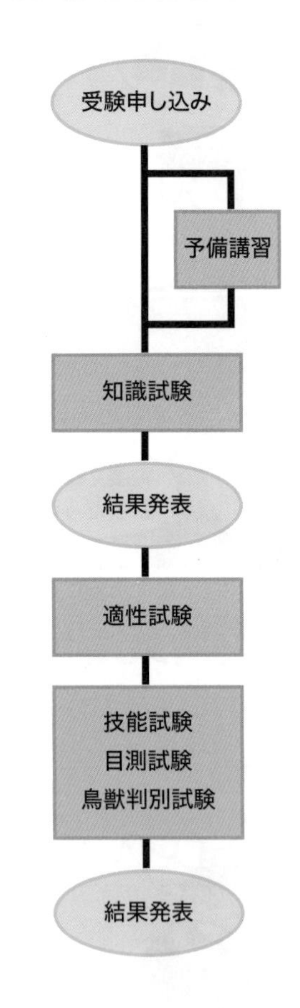

第二種銃猟免許を受験する

狩猟免許には、第一種銃猟免許、第二種銃猟免許、わな猟免許、網猟免許という4つの区分があります。エアライフル猟をしたいのであれば、**第二種銃猟免許**を受験してください。

もしあなたが今後、散弾銃やライフル銃といった猟銃（火薬の力で弾を発射する銃）を持って狩猟をしたいのであれば、第一種銃猟免許を受験しておいても良いでしょう。第一種銃猟免許であれば、猟銃による狩猟と空気銃による狩猟の両方を行うことができます。

受験申請に必要な書類

受験申請には次のものが必要です。

1. 狩猟免許申請書
2. 写真1枚（3.0×2.4㎝、6ヵ月以内に撮影したもの）
3. 医師の診断書
4. 申請手数料5,200円

1の**狩猟免許申請書**は、都道府県ごとにフォーマットが微妙に違います。インターネットからダウンロードして印刷するか、支部猟友会などで受け取って記入してください。

3の**医師の診断書**は、総合失調症や麻薬、覚せい剤中毒者などではないことを証明する書類です。診断書にもフォーマットがあるので、申請書と同様にインターネットからダウンロードするか、猟友会支部で受け取ってください。

診断書は精神保健指定医、または、かかりつけの医師（歯科医師は除く）が作成する必要があります。どの病院で受診すれば良いかわからない場合は支部猟友会に聞いてみると、近所の狩猟者がよく使っている病院を教えてもらえるはずです。

受験のスケジュールを立てよう！

狩猟免許試験の開催日や開催頻度は、都道府県により異なります。近年では野生鳥獣による農林業被害防止を目的として、狩猟免許試験を年に5、6回開催する都道府県も増えてきましたが、2、3回しか開催しないところもあります。

よって、狩猟を始めようと思った人は、なるべく早く試験日のスケジュールを確認し、準備にとりかかっておきましょう。

2. 予備講習

狩猟免許試験は、知識試験(筆記試験)、適性試験、技能試験の3つの試験をパスしなければなりません。試験の内容も非常に専門的な内容なので、何の対策も無しに試験を受けるのは「無謀」ともいえます。

そこで狩猟免許試験の1、2週間前ぐらいに都道府県猟友会によって開催される**予備講習**を必ず受講しておきましょう。予備講習の申し込み方法などは、都道府県猟友会のホームページなどをご確認ください。

3. 知識試験

第二種銃猟免許の**知識試験**では、①鳥獣保護管理法などの法律に関する問題、②猟具（空気銃）の取り扱いに関する問題、③野生鳥獣に関する問題、④野生動物の保護管理に関する問題が出題されます。(※過去の例に基づく傾向であり変更される可能性があります)。

問題は受験申請時（または予備講習時）に配布される「狩猟読本」の内容から出題されるので、しっかりと内容を理解しておきましょう。

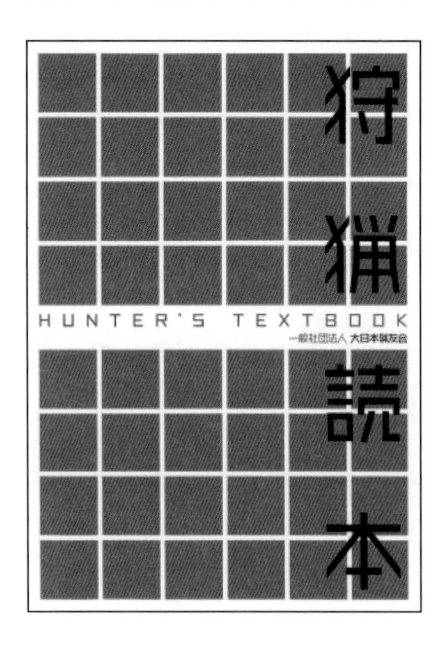

問題数は30問、時間もたっぷりあるから焦らずに！

問題数は、全狩猟免許区分に共通する問題が20問と、狩猟免許の区分ごとに分かれた選択問題が10問の、合計30問を三肢択一式で回答します。試験時間は90分となっており、21問以上正答で合格です。なお、すでにわな猟免許や網猟免許を所持している人は共通問題が免除され、問題数は10問、試験時間は30分となります。

知識試験は午前中に行われ、昼休憩を挟んだ後に結果が開示されます。知識試験合格者は引き続き、適性試験を受験します。

4. 適性試験

適性試験では、視力、聴力、運動能力の検査が行われます。令和4年時点で公示されている合格基準は次の通りです。

1）視力（矯正視力含む）
　両目0.7以上かつ一眼でそれぞれ0.3以上。一眼の視力が0.3に満たない者は他眼の視野が左右150度以上で視力が0.7以上。

2）聴力（補聴器による補正された聴力を含む）
　10メートルの距離で90デシベルの警音器の音が聞こえること。

3）運動能力
　狩猟を安全に行うことに支障を及ぼすおそれのある四肢、体幹に異常がないこと。異常がある者は、補助手段を講ずることにより狩猟を行うことに支障を及ぼすおそれがないと認められること。

聴力は1m先の話し声が聞こえればOK! 運動能力は屈伸運動、手のグーパー運動、肩回し運動ができればOK!

5. 技能試験

適性試験に合格した人は、引き続き**技能試験**に移ります。この試験は100点を持ち点とした減点方式で行われ、最終的に70点以上残って試験を終了すれば合格となります。

技能試験で用いられる猟具（第二種銃猟であれば空気銃）は、都道府県ごとに微妙に異なります。そのため、あらかじめ予備講習で猟具の取り扱い方を理解してのぞみましょう。

空気銃の操作

令和4年時点での第二種銃猟免許の試験項目は以下の通りです。

1）点検

試験用に用意された空気銃（エアライフル）の各部位を点検し、異変がないことを試験官に宣言します。

検査項目は銃身と薬室（弾が入る部分）の2カ所です。まず空気銃を手に取った状態で遊底（ボルト）を引き、薬室の中を指さして「薬室内に弾無し！」と宣言します。次に、薬室から銃身をのぞき込んで「銃身内異物なし！」と宣言しましょう。

2）空気圧縮・装てん操作

点検が終わったら、空気を充填する動作を行います。空気を入れる動作は用意される銃の種類によって異なり、スプリング式の場合はレバーを折り、ポンプ式の場合はレバーを3、4回ポンプします。

最後に薬室内に弾（ペレット）を入れる“フリ”をしてボルトを戻し、「発射準備完了しました！」と宣言しましょう。空気銃の取り扱い方について詳しくは、2章で解説をしています。

3) 射撃姿勢

空気圧縮・弾の装てん操作が完了したら、射撃姿勢をとって引き金を引き、溜めていた空気を発射します。

空気銃は、肩と頬を銃床にしっかりと付けた状態で持ち、銃口を上に向けます。据銃姿勢が整ったら「発射準備ができました！」と宣言し、試験官から合図があったら引き金に指をかけて発射します。射撃姿勢や引き金の引き方などについては3章で詳しく解説をしています。

操作課題における減点項目と点数

技能試験における減点項目と点数は下記の表の通りです。この中で、銃口の向きと、銃を持ったときの指の位置には常に注意を払いましょう。銃口は試験官に向けてしまうごとに、引き金は発射時以外に触れてしまうごとに減点となってしまいます。

減点項目	減点数
薬室内、銃身内の確認を忘れた場合	-5
圧縮、装てん、射撃姿勢ができない場合	-31（即不合格）
圧縮、装てん、射撃姿勢がスムースにできない場合	-10
銃口を試験官に向けた場合	-10（1回毎）
発射体勢以外で引き金に指が触れた場合	-5（1回毎）
圧縮操作が不確実な場合、粗暴な場合	-5
装てん操作が不確実な場合	-5
射撃姿勢が間違っている、もしくは不安定な場合	-5
発射体勢時に銃口が上を向いていない場合	-5

距離の目測は300m、30m、10mの3点

第一種・第二種銃猟の技能試験では、『距離の目測』という試験が行われます。これは、試験会場に設けられた目標物を見て、そこまでの距離を答える試験です。なかなか難しそうな試験ですが、第二種銃猟免許試験で出題される距離は「300m、30m、10m」の3つと決まっています。

目測の試験では、1問間違えるごとに5点、全部間違えると15点減点になります。どうしても自信がない人は、全部に「10m」と答えてしまうのも一つの手でしょう。

鳥獣判別は時間制限付き！

狩猟免許試験では、狩猟鳥獣（狩猟で捕獲しても良い鳥類・獣類）の判別試験が行われます。

この試験では、試験官から提示された写真や絵を見て、その鳥獣が「狩猟鳥獣であるか否か」。その鳥獣が狩猟鳥獣である場合は、鳥獣の名称を5秒以内に答えます。出題数は16問あり、1問不正解ごとに2点減点となります。第二種銃猟免許の場合は、全部で21種類の鳥獣が出題されます（※狩猟鳥獣の種類は変更される可能性があります）。この中で狩猟鳥獣は10種類含まれています。

制限時間があるため焦ってしまうかもしれませんが、とにかく落ち着いて回答しましょう。狩猟鳥獣でなければ名前を答えなくても良いので、どうしてもわからなければ「狩猟鳥獣じゃありません！」と言い続けるのも、一つの手です。

6. 合格発表

実技試験に合格した人には、後日**狩猟免状**が送付されます（※実技試験の結果発表は、即日発表や後日Webページに掲載等、都道府県によって対応が異なります）。

この狩猟免状は、空気銃の所持許可申請と狩猟者登録に必要となる書類なので、失くさないように管理してください。

なお、もしあなたが猟友会に入会する予定であれば、狩猟免状を支部猟友会に預かっておいてもらいましょう。

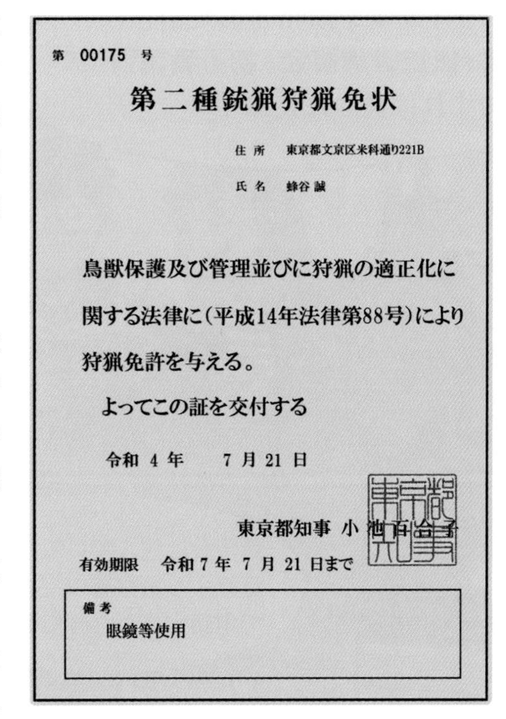

第 00175 号

第二種銃猟狩猟免状

住所　東京都文京区米科通り221B

氏名　蜂谷 誠

鳥獣保護及び管理並びに狩猟の適正化に関する法律に（平成14年法律第88号）により狩猟免許を与える。

よってこの証を交付する

令和 4 年　7 月 21 日

東京都知事 小池百合子

有効期限　令和 7 年 7 月 21 日まで

備考
眼鏡等使用

狩猟免状の有効期限は3年間

狩猟免許の有効期限は交付から3年間です。更新を希望する場合は都道府県庁の担当窓口、もしくは支部猟友会に連絡して更新の手続きを受けてください。

更新審査は都道府県によって内容が微妙に違いますが、約1時間の講義と適性検査が実施されます。知識試験や技能試験はありません。

引っ越しや氏名変更があったら書き換えを申請

有効期限内で氏名、住所が変更になった場合は**書き換え申請**が必要です。変更があったら速やかに所轄の窓口に届けてください。

また、狩猟免状を万が一紛失した際は再発行の手続きが必要です。

日本で“銃”を持つ方法

エアライフルを所持するためには、
まず『猟銃等講習会・初心者講習』に
参加すれば良いんだね！
講習会は住んでいる場所を
管轄する警察署の『生活安全課』
で申請するんだって！
A区警察署
B区警察署
じゃ！
またあとで

生活安全課
生活安全課
では、申請書を受理する前に
お伺いしたいのですが、
そもそも、なぜ空気銃を所持したいと
思われたんですか？

エアライフル銃で狩猟がしたいからです！
ハキ ハキ
なんでかって聞かれると・・・誘われたというか・・・なんとなく狩猟がしたいからですかね・・・。
なるほどなるほど。じゃあ、他に質問するけど、犯罪歴はない？借金で困っているとか、お酒を飲むと暴れたくなったりしない？
ないッス!!
「なんとなく」で銃を所持されるのは困るんだよなぁ。空気銃はオモチャじゃないんだよ？
ギロッ
う
講習会は最後にテストがあるから、しっかり『予習』してきてね！
受理します
申請書
がんばるッス!!
もう一度よく考え直したほうが良いんじゃないかなぁ！？銃を所持する責任ってすごく重たいんだよ？
くわっ
安全課の人って意外と優しかったね！
厳しかったね・・・
なんとか申請できたけど・・

空気銃の所持許可を受けよう

エアライフル猟を行うためには、狩猟免許と合わせて空気銃の所持許可を受けなければなりません。日本国内において銃を手に入れるのはとても手間がかかります。気を引き締めてのぞみましょう！

1. 日本で銃を所持するための基礎知識

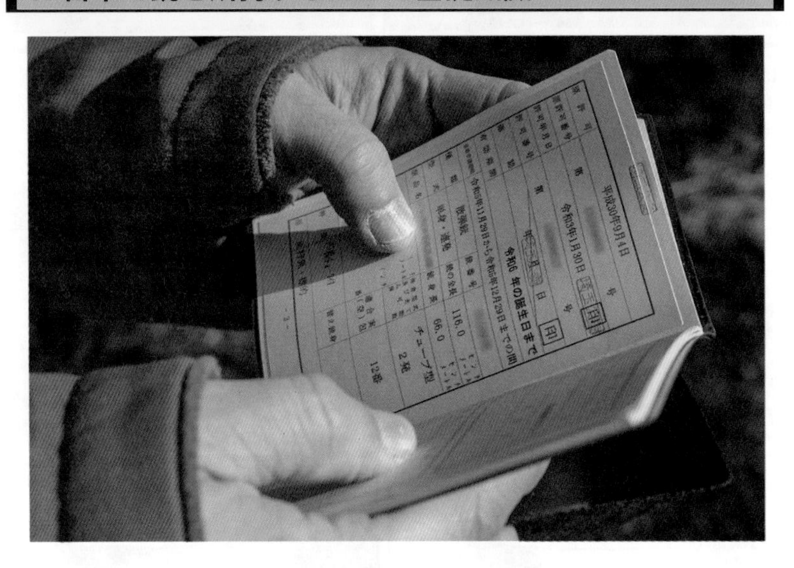

「銃」という道具は扱い方を間違えると悲惨な事故を起こしてしまう危険性があるため、日本では**銃刀法（銃砲刀剣類所持等取締法）**という法律で、民間人の銃の所持は厳しく規制されています。

しかし銃は狩猟だけでなく、クレー射撃などのスポーツ目的や鋲打ちなどの建設目的、家畜を屠殺する目的、海上で信号弾を打ち上げる目的など、様々な有益な用途もあります。

そこで日本では、『銃を持ちたい明確な理由』がある人に対して、都道府県の公安委員会が銃を所持する“許可”を与える、**銃の所持許可制度**があります。

その銃は『あなただけの物』

運転免許の場合

- 免許取得前から車を所持できる
- 何台でも車を所持できる
- 他人と車をシェアできる

銃所持許可の場合

- 許可が出るまで銃を所持できない
- 許可対象の銃のみ所持できる
- 他人と銃をシェアできない

銃の所持許可制度は、しばしば「自動車の免許のような制度」と勘違いされることがありますが、それとは大きく異なります。

例えば普通自動車免許を持っている人は、普通自動車であればどのような車でも自由に運転できます。一人で複数台の車を買うこともできるし、家族や友人と車を貸し借りすることだってできます。

対して銃の場合は、許可が下りた銃を、その許可を受けた人しか扱うことができません。例えばあなたが「A」という銃の所持許可を受けた場合、この銃を持ち運んだり弾を撃ったりするのはAの所持許可を受けたあなたにしかできません。つまりAの銃を他人に貸したり、あなたが所持許可を受けていない別の銃を扱ったり、他人がAの所持許可を重複して受けたりすることはできません。

このように銃の所持許可制度は、1つの銃に対して1人の所持者が紐づけられた制度となっており、これを**一銃一許可制**といいます。

許可が下りるまで銃は購入できない

銃は、許可が下りるまで所持できません。車であれば「ひとまず車を買っておいて、後で免許を取りに行く」ということもできますが、銃の場合は「ひとまず銃を買っておく」といったことはできません。これを銃の**事前許可制**といいます。

銃を持つには明確な目的が必要

日本国内で銃を所持するためには、『明確な目的』が必要とされています。例えば、「建設目的のため火薬式鋲打機を持ちたい」、「屠殺業務のために屠殺銃を持ちたい」といった目的です。「なんとなく銃を持ちたいから」や「銃が好きだから」といった理由は明確な目的とされていません。「防犯のため」という理由も、日本では銃を所持する正当な目的としては認められていません。

銃を所持する様々な目的の中で「狩猟をやりたい」というのは明確な目的として認められています。この狩猟のために所持許可が下りる銃は**猟銃・空気銃**と呼ばれており、エアライフル猟をするためには**猟銃・空気銃所持許可制度**という制度に沿って、空気銃の所持許可を受けることになります。

猟銃・空気銃を所持できない人

猟銃・空気銃所持許可制度には、「こんな人には所持許可を出せません」という**絶対的欠格事項**があります。エアライフル猟を始めたい人は、まず、この欠格事項に該当していないか確認しましょう。

	欠格事項
1	猟銃は20歳未満、空気銃は18歳未満の人
2	破産者で復権していない人
3	住所不定の人
4	精神障害や認知症などの特定の病気の人
5	アルコール、あへん、大麻等、薬物中毒の人

6	自分の行為の是非を判別できない人
7	自殺のおそれがある人
8	暴力団など不法行為の恐れがある人
9	どのような犯罪かは問わず禁錮刑以上の刑に処せられて、執行が終わってから5年を経過していない人
10	銃砲刀剣類を使用して罰金刑以上の刑に処せられて、執行が終わってから5年を経過していない人
11	銃刀法違反、火薬取締法違反で罰金刑以上の刑に処せられて、執行が終わってから5年を経過していない人
12	殺人や強盗、銃砲刀剣類を使用した凶悪な罪で禁錮刑以上の刑に処せられて、違法な行為をした日から10年を経過していない人
13	DV（ドメスティックバイオレンス）防止法による命令を受けた日から3年を経過していない人
14	ストーカー防止法による警告・命令を受けた日から3年を経過していない人
15	所持許可の申請書や添付書類に虚偽の記載をし、または事実を記載しなかった人
16	同居する者に、自殺志望者、薬物中毒者、行動の是非を判断できない者、⑧〜⑭に挙げる犯罪歴を持つ者がいると許可されない場合がある（**相対的欠格事項**）

銃の所持許可は公安委員会によって、家族や近隣住人、職場の人などへの聞き込み調査が行われます。嘘をついてもすぐにバレちゃうよ！

空気銃の基準

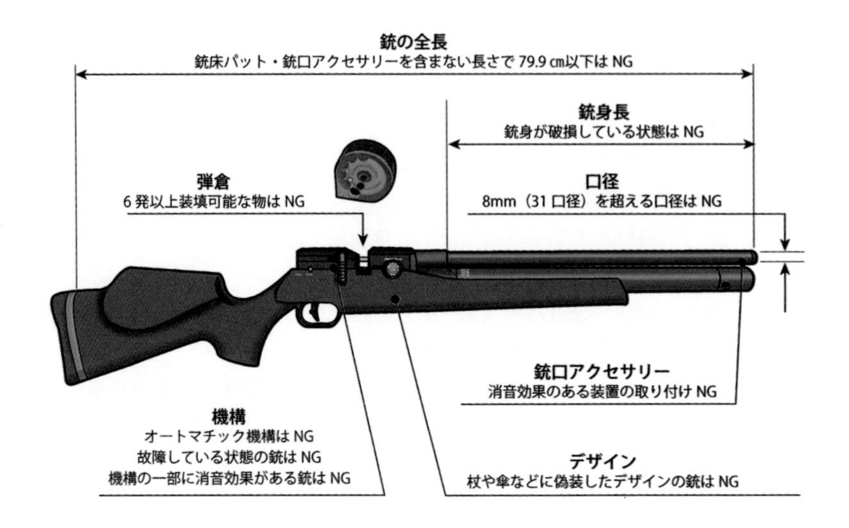

「狩猟がしたい！」という明確な理由があるからと言って、どのような銃でも自由に所持できるわけではありません。猟銃・空気銃所持許可制度では「空気銃」として所持できる銃の基準を、次のように定めています。

	基準	理由
1	空気または不燃性のガスの圧力を用いて、弾丸を20J/㎠以上のエネルギーで発射できる構造を持つこと	3.5J/㎠以下の銃は、ソフトエアガン（玩具）として所持許可を受けずに所持できる。また、3.5～20J/㎠未満の銃は準空気銃と呼ばれており、令和4年の時点で所持できる制度は存在しない。
2	銃の口径が8mm（0.31インチ）を超えないこと	口径が大きすぎる空気銃は、「狩猟やスポーツ射撃の目的で所持するには威力が強すぎる」として、所持が認められていない。
3	全長が79.9cmを超えること	サイズが小さすぎる銃は、ポケットや服の下などに容易に隠すことができるため、犯罪利用を防止する目的で禁止されている。

4	弾倉に充填できる弾は5発以下であること	乱射による流れ弾を作るリスクを抑えるため、弾を過剰に充填できる銃は所持が規制されている
5	引き金を引いた状態で連発できる自動激発式機構（いわゆる「オートマチック」）を持たないこと	乱射による犯罪を防ぐため。弾が発射されたら自動的に次の弾が供給される**自動装てん機構（セミオートマチック）**の銃は所持できる
6	杖や傘などに偽装した仕込み銃でないこと	狩猟用途にそぐわないため。また、犯罪への利用を防ぐため
7	機構の一部に消音装置（サイレンサーやサプレッサー）が付いていないこと	犯罪への利用を防ぐため
8	機関部、銃身部に故障がないこと	狩猟用途として使用できないため

一般的に銃砲店などで流通している空気銃は、上記の基準をクリアしているので、細かく気にする必要はありません。ただし、銃を個人で輸入しよう考えている人は、公安委員会から「ストップ」がかけられることも多いので注意しましょう。

なお、猟銃・空気銃は所持許可が下りた後も、公安委員会によって年に1回の検査が行われます。故障や改造がされていたらその時点で所持許可が取り消される可能性があります。

空気銃の構造については、2章で詳しい解説をする。ここではボンヤリと「空気銃って、色んな規制があるんだなぁ」程度の理解で十分だ。

2. 空気銃所持許可の流れ

狩猟用の空気銃（エアライフル）を所持するためには、猟銃・空気銃所持許可制度に定められたフローに沿って申請を行う必要があります。実際に空気銃を所持するまでには最短でも3ヵ月近くかかるので、狩猟免許取得と同時並行で進めていきましょう！

まずは、銃を所持する強い決心を！

ここからは空気銃を所持するための項目を時系列順にお話をしていきますが、その前に、まずは「自分は本当に銃を持ちたいのか？」という気持ちを再確認してください。

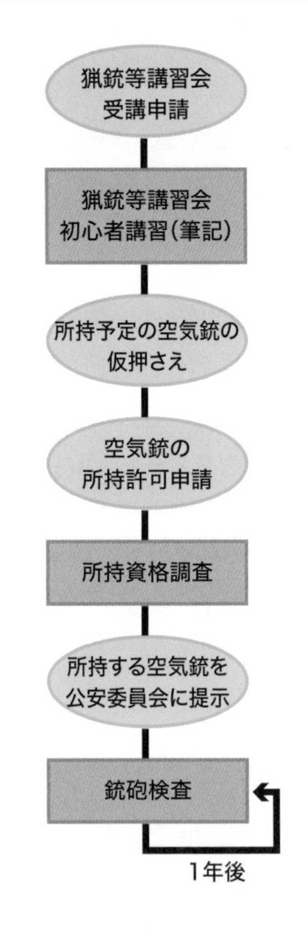

銃は扱いを一つ間違えると、自分や他人を傷つけてしまう危険な道具です。また、銃の盗難や紛失は恐ろしい犯罪につながる危険性があるため、社会的に重大な責任を負います。

さらに、所持許可を受けるためには公安委員会と何度もやり取りをする必要があり、所持後も年に1回の銃検と3年に1回の更新申請が必要になるなど手間もかかります。申請にかかる費用も数万円かかります。

もしこの話を聞いて「銃を持つって面倒くさそうだなぁ～」と思われた人は、素直にオススメしません。罠猟や網猟といった世界も、銃猟とは違う魅力あふれる世界なので、そちらをオススメします。

対して、「大変そうだけど面白そうだ！」と思われた人は、ぜひともチャレンジしてください。エアライフルで狩猟ができるというのは、様々な困難を吹き飛ばすほどの魅力があふれていますよ！

所轄の警察署生活安全課へ

銃の所持許可を受け付ける窓口は、あなたが住む地区を管轄する警察署の**生活安全課**になります。

生活安全課は銃以外の業務も行っているので、飛び込みで行くのはオススメしません。ひとまず警察署に電話して「銃の所持許可について聞きたいので生活安全課の担当者に繋いでください」と連絡してみましょう。担当官につながったら、生活安全課に訪問するアポイントを取りましょう。

猟銃・空気銃の所持許可では、まず、都道府県公安委員会が定期的に開催する**猟銃等講習会（初心者講習）**を受講しなければなりません。申請書類は窓口で手渡されるのでその場で記入し、写真1枚（3.0×2.4㎝、6ヵ月以内に撮影したもの、狩猟免許試験申請時の物を流用OK）と、受講料￥6,800（都道府県によって値段は異なる）を支払いましょう（※支払いは都道府県の収入証紙で行う）。

「狩猟がやりたい！」と明確に答えよう！

初心者講習の受講申請の際には、通称「0次面談」と呼ばれる聞き取り調査が行われます。

この調査では「なぜ銃を持ちたいと思ったのか？」といった質問がされます。先述の通り、銃は目的がなく所持することはできないため、ここではハッキリと「狩猟がしたいからです！」と答えましょう。

その他、「家族との仲は悪くないか？」、「飲酒をしたら人格が変わらないか？」、「借金に困っていないか？」などの質問もされます。嘘が後の調査でバレると、虚偽申告として欠格事項に該当する可能性があるので正直に答えましょう。

3. 猟銃等講習会初心者講習

一般的に初心者講習は平日に半日（9時から16時ごろ）かけて行われます。講習は受講申請時に配布される**猟銃等取扱読本**と呼ばれるテキストに沿って座学が行われ、猟銃・空気銃を所持することに関する法令や、猟銃用火薬類に関する法令、狩猟に関する法令、猟銃の安全な取り扱い、保管に関する準則などの解説が行われます。

過去問を解いて考査の対策は万全に！

講習の最後には考査が行われます。考査は全50問の〇×式で、45点以上で**初心者講習修了証明書**が交付されます。

考査の難易度は「全国的に平準化された」と言われていますが、実際の合格率は都道府県によってかなりバラつきがあり、「10人受講して1人しか受からなかった！」といったこともあります。

不合格の場合は、また受講料¥6,800を支払い、半日かけて初心者講習を受けなければなりません。出費と手間がバカにならないので、あらかじめ過去問を解いて、しっかりと予習をしておきましょう。

4. 空気銃の仮押さえ

講習修了証明書を受け取ったら有効期限となる交付から1年以内に、自分が所持したい空気銃を探して仮押さえをしましょう。

仮押さえができたら、その銃を所持している相手に**譲渡等承諾書**という書類を書いてもらいます。譲渡等承諾書を手に入れたら、次の所持許可申請に進んでください（※令和4年の時点ではありませんが、今後、空気銃の所持許可制度に、「教習射撃」が追加される可能性があります。この場合、所持許可申請には**教習修了証明書**の提出が必要になります）。

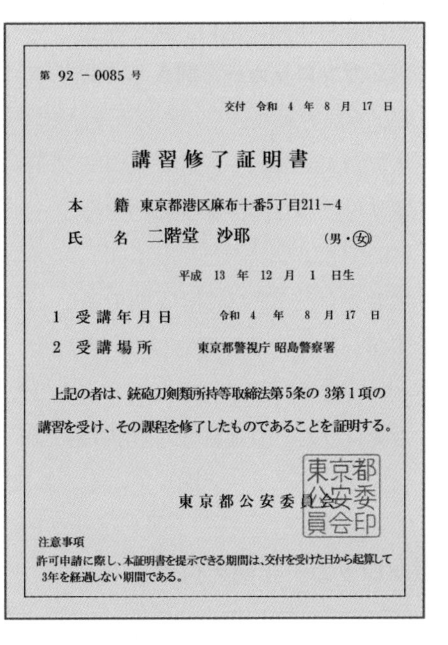

第 92 －0085 号

交付 令和 4 年 8 月 17 日

講習修了証明書

本　籍　東京都港区麻布十番5丁目211－4

氏　名　二階堂　沙耶　（男・女）

平成 13 年 12 月 1 日生

1 受講年月日　令和 4 年 8 月 17 日

2 受講場所　東京都警視庁 昭島警察署

上記の者は、銃砲刀剣類所持等取締法第5条の 3第1項の講習を受け、その課程を修了したものであることを証明する。

東京都公安委員会　東京都公安委員会印

注意事項

許可申請に際し、本証明書を提示できる期間は、交付を受けた日から起算して3年を経過しない期間である。

銃砲店でエアライフルを選ぼう！

猟銃・空気銃を譲り受ける（譲渡等承諾書を書いてもらう）相手は、中古銃を個人間で取引することもできますが、初めは**銃砲店**と行うのがベストです。銃砲店に直接行って、その場で所持したい銃を選ぶのも良いですし、欲しい銃が初めから決まっていれば、インターネット上で取引を行うこともできます。

空気銃の種類やオススメのエアライフルについては、2章で詳しく説明しているぞ！

ガンロッカーを購入する

所持許可申請の前に、銃を保管しておく**ガンロッカー**を購入しておきましょう。

エアライフルは一般的にスコープを取り付けるため、深型の物を選ぶと良いでしょう。

大きさは一般的な2挺収納で良いですが、今後、銃を増やしていきたいという方は、5挺用や8挺用といった大型の物を選んでおきましょう。

ガンロッカーの価格は2挺用新品で約4万円ぐらいです。ネットオークションやフリマアプリで探してみるのも良いでしょう。

ガンロッカーを備え付ける

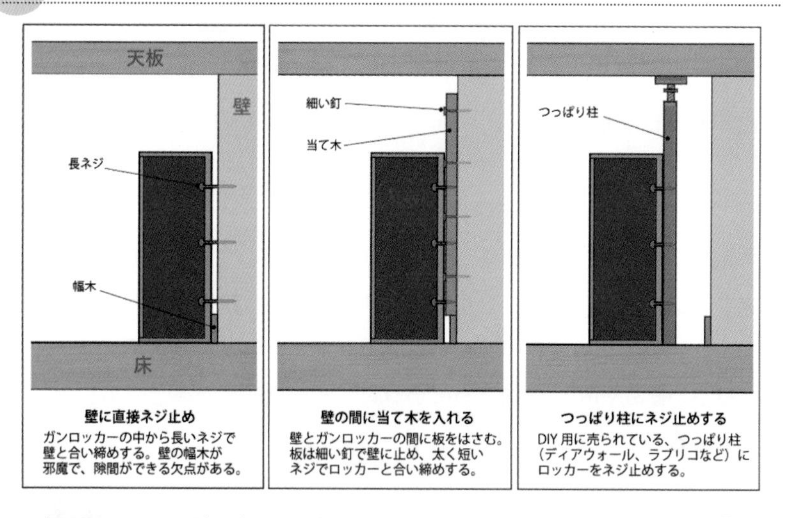

壁に直接ネジ止め
ガンロッカーの中から長いネジで壁と合い締めする。壁の幅木が邪魔で、隙間ができる欠点がある。

壁の間に当て木を入れる
壁とガンロッカーの間に板をはさむ。板は細い釘で壁に止め、太く短いネジでロッカーと合い締めする。

つっぱり柱にネジ止めする
DIY 用に売られている、つっぱり柱（ディアウォール、ラブリコなど）にロッカーをネジ止めする。

ガンロッカーは壁や柱に固定しなければなりません。固定方法は『壁にネジ止め』が一般的ですが、賃貸などでそれができない場合は担当官の意見を聞きながら固定方法を考えてください。

どうしても自宅に銃を置きたくない場合は、月々の手数料はかかりますが、銃砲店や射撃場に銃を**委託保管**するという手もあります。

5. 所持許可申請

譲渡等承諾書の受領、ガンロッカーの設置まで行ったら、下記書類を準備して生活安全課に**所持許可申請**を提出しましょう。

	書類	内容
1	講習修了証明書	先述した猟銃等講習会初心者講習の修了証明書
2	譲渡等承諾書	先述した銃の譲り受け先に書いてもらう書類
3	狩猟免状のコピー	第一種または第二種銃猟の免状。狩猟免許試験が後になる場合は、ひとまず「標的射撃」の目的で許可を受け、後日「狩猟」用途を追加申請する必要がある
4	銃砲所持許可申請書	氏名、住所、欠格事項がないことの宣誓、銃の特徴などを記入する書類。フォーマットは講習修了時に配布、またはインターネットからダウンロード。5、6、7のフォーマットも同様
5	同居親族書	銃を所持することに対して、同居親族が承知している旨を宣誓する書類
6	経歴書	過去10年間の住所歴および職務歴、罰金刑以上の犯罪歴などを記入する書類
7	医師の診断書	覚せい剤中毒者などではないことの診断書。狩猟免許の受験申請と同様に、精神保健指定医、または、かかりつけの医師(歯科医師は除く)が作成
8	住民票の写し	本籍地、家族全員の記載がされており、発行から3ヵ月以内の物。すでに所持許可を受けている人については、書類の提出が省略できる場合がある
9	身分証明書	破産者でないことを証明する書類で、**本籍を置く役所でのみ入手可能**。本籍地から遠い場所に住んでいる場合は、郵送してもらう必要がある
10	証明写真2枚	3.0×2.4㎝、6ヵ月以内に撮影したもの
11	手数料¥10,500	申請する都道府県の収入印紙で支払う

12	+αの書類	所轄の公安委員会から資料の提出が求められる場合がある

身辺調査と自宅訪問

所持許可申請書が受理されたら、公安委員会により身辺調査が行われます。この調査では、例えば近隣の人に、「○○さんのご自宅で頻繁に怒鳴り声が聞こえたり、不審人物の出入りがあったりしませんか？」といったような聞き込みが行われるようです。

また担当官が自宅を訪問し、ガンロッカーの据え付け方や同居者への聞き取り調査が行われます。同居親族同意書を提出したのに、同居者から「いや〜、銃を家に置くのは賛成できませんね」と言われてしまった場合、虚偽申告になることもあるので注意しましょう。

所持許可が下りるまでは1〜3ヵ月ほどかかる

所持許可申請の結果は、最低でも1ヵ月程度かかります。もしあなたが引越しや転職が多かったりすると身辺調査に時間がかかるため、3ヵ月以上待たされるようなケースもあります。

所持許可の審査は、一応全国的な基準はあるものの、都道府県公安委員会の意向や担当官の性格によっても変わってきます。どうしても所持許可が下りない場合は、いったん申請を“取り下げる”のも一つの手です。何年後かに再度申請を行ったところ、すんなりと通った、といったケースもあります。

身辺調査時に調査先の不在などで、審査に時間がかかったりする場合があります。また、稀〜に、担当官のウッカリで連絡をし忘れていることも。3ヵ月経っても音沙汰がないようでしたら、一度、担当官に進捗を聞いてみてください。

6. 銃砲所持許可証の発行

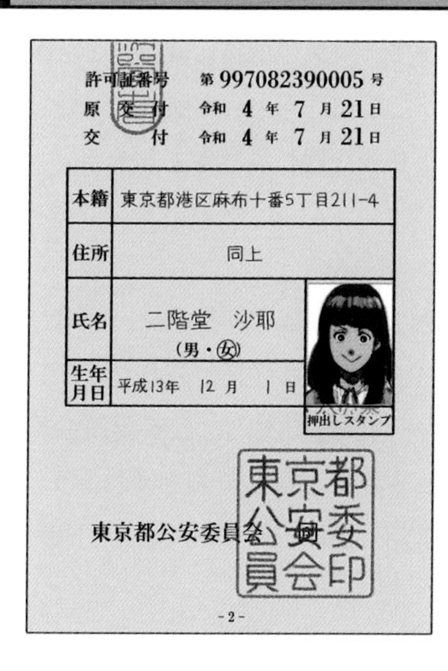

許可証番号	第997082390005号
原交付	令和4年7月21日
交付	令和4年7月21日

本籍	東京都港区麻布十番5丁目211-4
住所	同上
氏名	二階堂　沙耶（男・女）
生年月日	平成13年　12月　1日

押出しスタンプ

東京都公安委員会　東京都公安委員会印

-2-

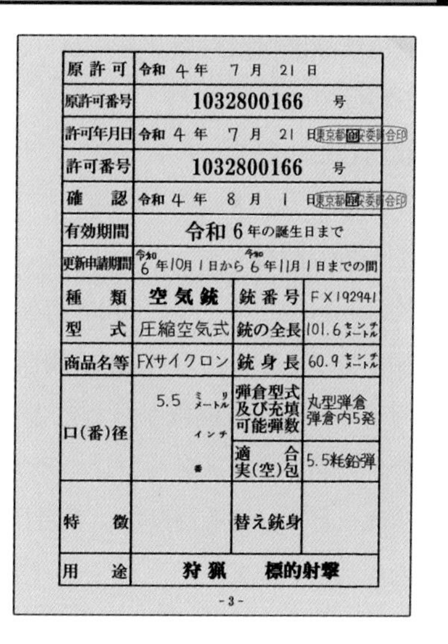

原許可	令和4年　7月　21日		
原許可番号	1032800166号		
許可年月日	令和4年　7月　21日 東京都公安委員会印		
許可番号	1032800166号		
確認	令和4年　8月　1日 東京都公安委員会印		
有効期間	令和6年の誕生日まで		
更新申請期間	令和6年10月1日から令和6年11月1日までの間		
種類	空気銃	銃番号	FX192941
型式	圧縮空気式	銃の全長	101.6センチメートル
商品名等	FXサイクロン	銃身長	60.9センチメートル
口（番）径	5.5ミリメートル	弾倉型式及び充填可能弾数	丸型弾倉 弾倉内5発
		適合実（空）包	5.5粍鉛弾
特徴		替え銃身	
用途	狩猟　標的射撃		

-3-

所持許可が下りたら、生活安全課の担当官から連絡があるので、なるべく早めに**猟銃・空気銃所持許可証**を受け取りに行きましょう。

3ヵ月以内に仮押さえしている銃を引き取りに行く

この時点であなたは、所持許可証を持っていますが、まだ許可の下りた空気銃は持っていません。そこで仮押さえしていた空気銃を、許可証が交付された日から**3ヵ月以内**に、引き取りに行きます。

銃を所持した日から14日以内に銃検を受ける

これにて長かった所持許可は終わり！…と言いたいところなのですが、最後に銃の検査を受けなければなりません。銃の検査は、その銃を所持した日から**14日以内**に生活安全課で行います。14日を過ぎてしまうと、再び所持許可申請を初めからやり直さないといけないため、できるだけ銃を引き取ったその足で生活安全課に向かうようにしてください。

生活安全課で銃の全長や口径、外観などが申請内容と相違ないことの確認が取れたら、これでようやく空気銃の所持許可が完了です！お疲れ様でした。

7. 所持後の手続き

銃の所持許可は一度下りたからといって、永久に所持し続けることができるわけではありません。せっかく下りた所持許可も、ちょっとしたミスで**取消し**になることもあるので、しっかりと管理しておきましょう。

年に1回の銃検

銃は、原則として年に1回の銃検を受けなければなりません。通常は猟期が終わって4月〜6月ごろに、警察署内や公民館など指定された場所に銃を持って行く**一斉検査**が行われます。一斉検査の案内は公安委員会や猟友会から届くので、あらかじめスケジュールを調整しておきましょう。一斉検査にどうしてもいけない場合は、事前に連絡をしておくことで個別の検査が行われます。

記載内容が変わったら書き換え申請

氏名や住所、銃の記載内容等に変更があった場合は、**銃砲等又は刀剣類所持許可証書換申請書**という書類を遅延なく所轄の生活安全課に提出し、許可証の内容を書き換えしなければなりません。このとき￥1,800の手数料が発生します。

なお、銃の全長を短くするなどの改造を行った場合は、改造を受けた銃砲店から**改造証明書**を書いてもらい、添付して申請しなければなりません。銃の改造は**武器等製造法**という法律で規制されているため、個人で勝手にカスタマイズしてはいけません。

所持許可証を亡くしたら再交付の手続き

所持許可証を亡くしたり破損したりした場合は、速やかに生活安全課で**銃砲刀剣類所持許可証の再交付申請**をしましょう。このとき￥2,200の手数料が発生します。

所持許可証は猟場で落としたり、雨に濡れて破れたりするケースがあるので、防水ケースに入れてファスナーの付いた内ポケットに入れておきましょう。

所持許可の更新申請

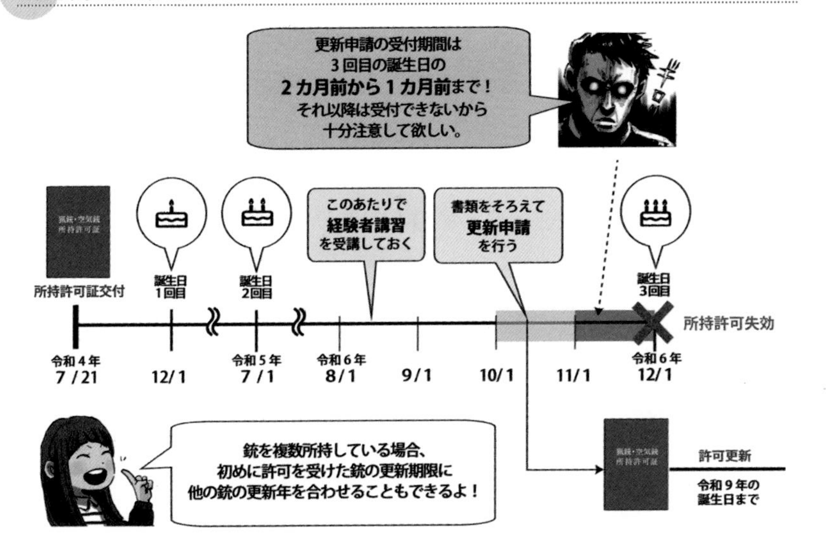

猟銃・空気銃所持許可証には自動車の免許と同じように有効期限が決められており、満期以降も同じ銃を所持し続けたい人は**更新申請**を行います。更新の申請期間は『3回目の誕生日を迎える2ヵ月から1ヵ月前まで』とされているため、提出する書類は早めに準備しておきましょう

銃の更新申請は基本的には所持許可申請と同じですが、講習修了証明書は初心者講習ではなく、**経験者講習**を受講して手に入れます。経験者講習には初心者講習のように長くはなく考査もないので楽ですが、開催が数ヵ月に1回程度のペースだったりするので、最低でも所持許可申請の3ヵ月前までには受講しておきましょう。

所持許可の抹消

銃を手放したい場合（廃棄する場合も含む）は、生活安全課に**許可事項抹消申請書**を提出します。抹消する銃は申請の前に銃砲店に預けておきましょう。

なお、所持許可証に抹消する銃1挺しか記載がない場合は、許可証ごと処分しなければなりません。この手続きは銃砲店が代理で行ってくれるので、銃と一緒に所持許可証を譲り渡してください。

狩猟者登録を行おう

狩猟免許と空気銃の所持許可を取得できたら、狩猟をする都道府県に狩猟者登録を行いましょう。狩猟者登録証とバッジが手元に届いたら、いよいよエアライフル猟の準備完了です！

1. 狩猟制度

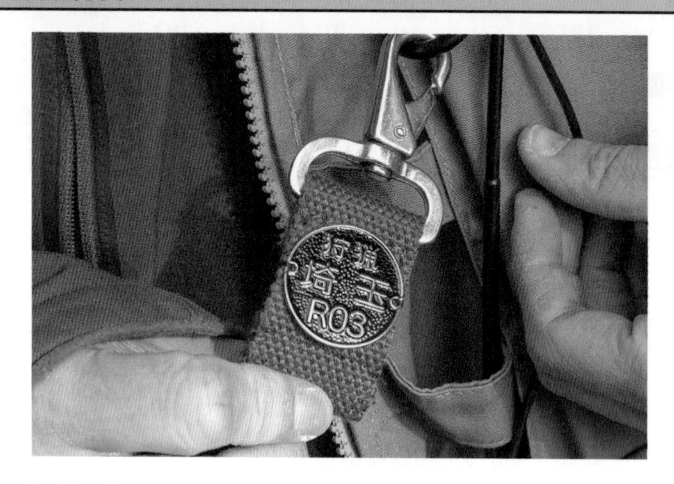

第二種銃猟免状とエアライフルの所持が揃ったので、「さっそく明日、狩猟に出かけてみよう！」と思う方もおられるかもしれませんが、待ってください！実をいうと**狩猟**（野生鳥獣を捕獲する行為）は複雑な制度で成り立っているので、簡単に始めることはできません。

狩猟制度の基本、すべての野生鳥獣は保護されている

まず、日本国内に生息するすべての**野生鳥獣**（鳥類と獣類）は、**鳥獣の保護及び管理並びに狩猟の適正化に関する法律（鳥獣保護管理法）**という法律で“保護”されています。これがどういうことかというと、たとえ公園に群れているハト1羽であっても、捕まえて食べたり、飼ったりするのは違法行為（**密猟**）になるということです。

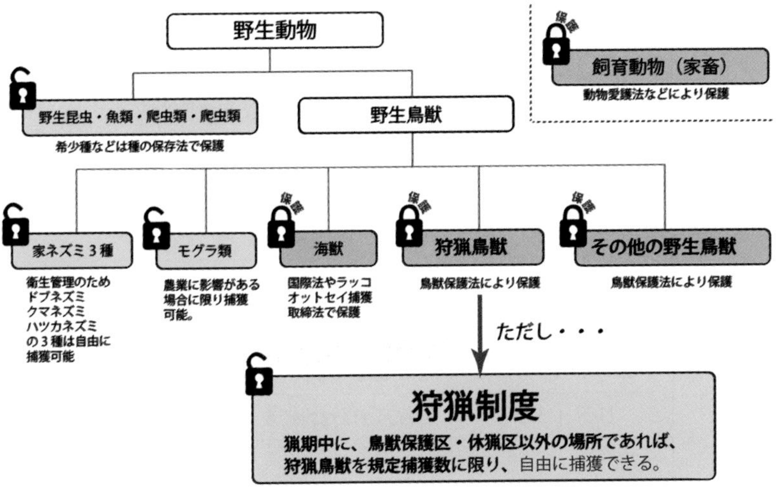

野生動物

飼育動物（家畜）
動物愛護法などにより保護

野生昆虫・魚類・爬虫類・爬虫類
希少種などは種の保存法で保護

野生鳥獣

家ネズミ3種
衛生管理のため
ドブネズミ
クマネズミ
ハツカネズミ
の3種は自由に
捕獲可能

モグラ類
農業に影響がある
場合に限り捕獲
可能。

海獣
国際法やラッコ
オットセイ捕獲
取締法で保護

狩猟鳥獣
鳥獣保護法により保護

その他の野生鳥獣
鳥獣保護法により保護

ただし・・・

狩猟制度
猟期中に、鳥獣保護区・休猟区以外の場所であれば、
狩猟鳥獣を規定捕獲数に限り、自由に捕獲できる。

つまり現代の日本では、法律的に野生鳥獣の捕獲はできないことになっているわけですが、野生鳥獣の中には増えすぎると農林水産業に問題を起こす種類や、文化として狩猟されてきた種類が存在します。そこで、日本国内に生息するおよそ730種の野生鳥獣のうち、限定的に保護が“解除される”種類がおり、それらを**狩猟鳥獣**と指定しています。

このように鳥獣保護法の保護が限定的に外れて狩猟ができる仕組みのことを**狩猟制度**といいます。

狩猟鳥獣の種類と捕獲頭数

狩猟鳥獣の種類は、令和3年の時点で獣類20種、鳥類28種（ヒナ・卵を除く）の計48種が指定されています。狩猟鳥獣の中には、1人の人間が1日あたりに捕獲できる上限数が定められている種類もいるので注意してください。次のページに令和3年度時点での狩猟鳥獣を一覧にして載せているので、参考にしてください。

なお、狩猟鳥獣の指定はおおむね5年毎に見直しがされています。令和4年4月の時点で、狩猟鳥獣であるバンとゴイサギについては「生息数の減少」という点から見直される流れになっており、今後狩猟鳥獣から外される可能性が高いと思われます。

分類		動物名	令和3年度時点での主な捕獲規制
獣類	大型獣	エゾヒグマ	
		ツキノワグマ	多くの地域で捕獲禁止規制あり
		イノシシ	ブタとの混血種イノブタを含む
		ニホンジカ	一部の地域・猟法で捕獲禁止規制
	中型獣	タヌキ	
		キツネ	一部の地域・期間で捕獲禁止規制あり
		テン	対馬に生息する亜種ツシマテンを除く
		イタチ	メスを除く
		シベリアイタチ	旧名チョウセンイタチ、長崎対馬市で捕獲禁止
		ミンク	
		アナグマ	一部地域・期間で捕獲禁止規制あり
		アライグマ	
		ハクビシン	
		ヌートリア	
		ユキウサギ	
		ノウサギ	
		ノイヌ	山野で自活するイヌ。野良イヌとは異なる
		ノネコ	山野で自活するネコ。野良ネコとは異なる
	小型獣	タイワンリス	
		シマリス	北海道に生息する亜種エゾシマリスを除く
鳥類	水鳥類	マガモ	一日の捕獲上限カモ類の合計5羽まで
		カルガモ	一日の捕獲上限カモ類の合計5羽まで
		コガモ	一日の捕獲上限カモ類の合計5羽まで
		ヨシガモ	一日の捕獲上限カモ類の合計5羽まで
		ヒドリガモ	一日の捕獲上限カモ類の合計5羽まで
		オナガガモ	一日の捕獲上限カモ類の合計5羽まで
		ハシビロガモ	一日の捕獲上限カモ類の合計5羽まで
		ホシハジロ	一日の捕獲上限カモ類の合計5羽まで

		キンクロハジロ	一日の捕獲上限カモ類の合計5羽まで
		スズガモ	一日の捕獲上限カモ類の合計5羽まで
		クロガモ	一日の捕獲上限カモ類の合計5羽まで。 一部地域で捕獲禁止規制
		バン	一日の捕獲上限3羽まで、一部地域で。 捕獲禁止規制 狩猟鳥獣の指定解除の予定あり
		ヤマシギ	一日の捕獲上限タシギとの合計5羽まで。 奄美地域で捕獲禁止規制
		タシギ	一日の捕獲上限ヤマシギとの合計5羽まで
		カワウ	
		ゴイサギ	狩猟鳥獣の指定解除の予定あり
	陸鳥類	ヤマドリ	放鳥獣猟区以外ではメスを除く。 一部の地域で捕獲禁止期間あり。 一日の捕獲上限キジとの合計2羽まで
		キジ	放鳥獣猟区以外ではメスを除く。 一部の地域で捕獲禁止期間あり。 一日の捕獲上限ヤマドリと合計2羽まで
		コジュケイ	一日の捕獲上限5羽まで
		キジバト	一日の捕獲上限10羽まで
		ヒヨドリ	一部の地域で捕獲禁止規制あり
		ニュウナイスズメ	
		スズメ	
		ムクドリ	
		ミヤマガラス	
		ハシボソガラス	
		ハシブトガラス	
		エゾライチョウ	北海道に生息。一日の捕獲上限2羽まで

狩猟ができる猟期

種別		4月	5月	6月	7月	8月	9月	10月	11月	12月	1月	2月	3月
登録の有効期限	北海道	15					15			7ヵ月			
	北海道以外	15						15		6ヵ月			
狩猟期間	北海道・一般							1		4ヵ月	31		
	北海道・猟区※	15					15			7ヵ月			
	北海道以外・一般								15	3ヵ月		15	
	北海道以外・以外							15		5ヵ月			15
	東北3県(青森・秋田・山形)カモ猟								1	3ヵ月	31		

※猟期は都道府県によって延長・短縮されることがあるので、狩猟者登録の際に都道府県から発行される情報誌には必ず目を通しておこう!

狩猟制度には狩猟鳥獣だけでなく、**猟期**という決まりもあります。これは「狩猟鳥獣の保護が解除される時期」のことで、都道府県や狩猟鳥獣の種類によって延長・短縮はありますが、おおむね**11月15日から翌年の2月15日**になります。

狩猟が冬限定である理由は様々ですが、例えばカモは冬に北方から日本に渡ってくるため獲物の数が増えます。さらに冬場は肉に脂がのり味わいもよくなり、気温が低いため肉の傷みも少なくなります。

銃猟ができる時間

猟銃・空気銃を使用した狩猟(**銃猟**)の場合は、「発砲ができる時間」が決まっています。これは**日の出から日の入り**までとなっており、日の出以前、日の入り後の発砲行為は違法になります。

日の出・日の入りというのは、感覚的に「もう日が出ている・まだ日が出ている」ではなく、国立天文台が発表する時刻になります。時刻は日付と都道府県によって変わるので、出猟前にあらかじめ確認をしておきましょう。

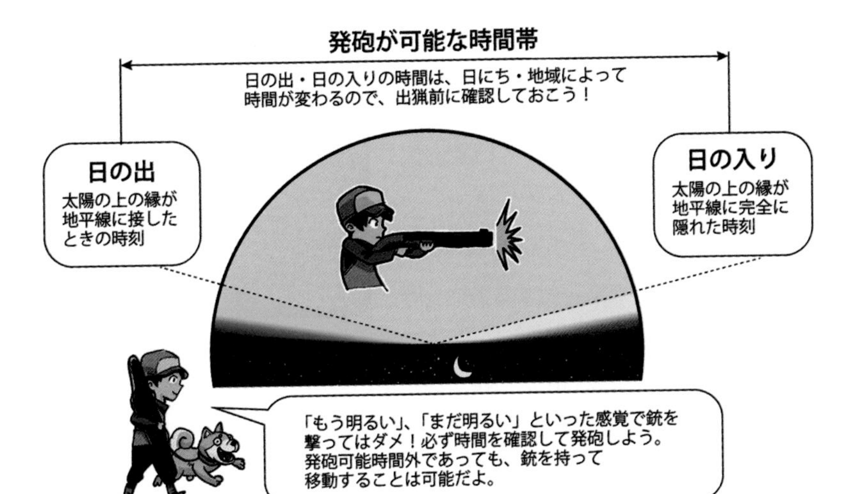

狩猟ができない場所

狩猟制度には「狩猟をしてはいけない場所」が存在します。これには下表に上げるような種類があり、この場所での狩猟は禁止されています。逆に言えば、これら以外であれば原則として自由に狩猟ができるため、日本の狩猟制度は**乱場制**と呼ばれることもあります。

名称	狩猟を禁止する理由
鳥獣保護区	鳥獣の保護繁殖を図るため
休猟区	鳥獣の保護繁殖を図るため、都道府県知事が3年以内の期間で設定している
公道、区域が明示された都市公園等	誤射などの事故を防止や景観維持のため
自然公園の特別保護地区・原生自然環境保全地域	狩猟行為や人の出入りによって、その土地に生息する保護動物、希少生物に悪影響を与えないため
社寺境内及び墓地	荘厳さを維持するため

銃猟が禁止されているエリア

銃猟は、**特定猟具使用禁止区域（銃）**、通称**「銃禁エリア」**と呼ばれる場所や、「住居が集合している地域若しくは広場、駅その他多数の者が集合する場所」での狩猟行為は禁止されています。

特定猟具使用禁止区域
（ 銃 ）
東 京 都
CERTAIN HUNTING EQUIPMENT
PROHIBITED AREA
(GUN)
TOKYO METROPOLIS

銃猟はさらに、銃を発射する方向、距離にも制限があります。ハイパワーエアライフルの場合は、300m以上弾が飛んでいくこともあるので、発射先の方角に建物や自動車、電車などの乗り物がないことを十分に確認しておきましょう。

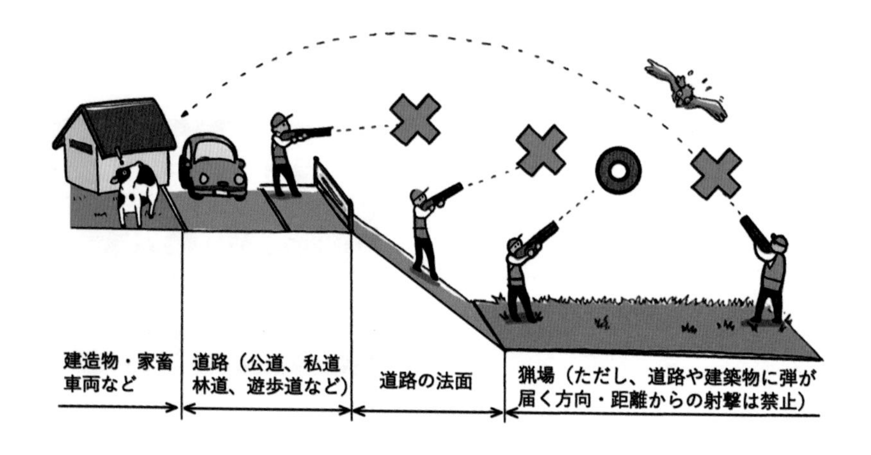

余談ではありますが、日本には狩猟鳥獣以外、猟期以外、狩猟禁止エリア内で野生鳥獣を捕獲しているハンターも存在します。ただしこれは**捕獲許可制度**や**特定鳥獣保護管理計画制度**と呼ばれる狩猟制度とは異なる制度で行われている狩猟行為です。この別の制度について本書では解説しませんが、一応、混同しないように覚えておいてください。

狩猟免許取得と狩猟者登録が必要な『法定猟法』

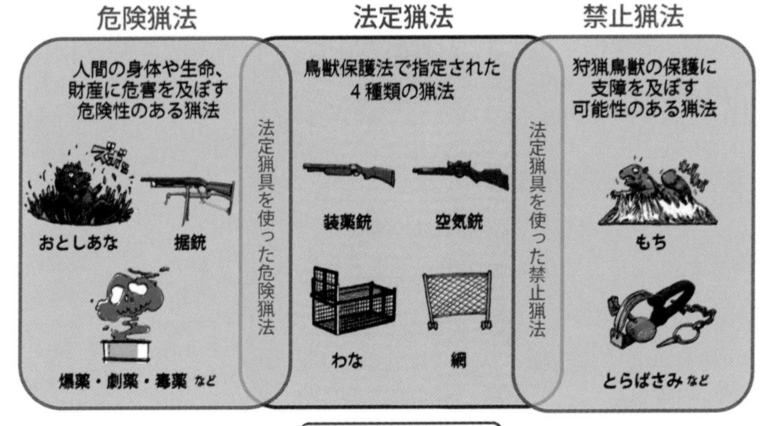

狩猟制度には狩猟を行う方法（**猟法**）として、**法定猟法**と呼ばれる区分が存在します。この法定猟法には、

① **装薬銃**｛散弾銃、ライフル銃、散弾銃と散弾銃及びライフル銃以外の猟銃（一般的に「ハーフライフル」と呼ばれる銃)｝

② **空気銃**

③ **わな**（くくりわな、はこわな、はこおとし、囲いわな）

④ **網**（むそう網、はり網、つき網、なげ網）

が指定されています。

法定猟法を使用して狩猟をする場合は、毎猟期ごとに、狩猟を行う都道府県に対して、法定猟法ごとに**狩猟者登録**をする必要があります。この狩猟者登録をするためには、その区分に合う狩猟免許、①第一種銃猟免許、②第二種銃猟免許、③わな猟免許、④網猟免許を取得する必要があるのです。

なお猟法の区分には**危険猟法**と**禁止猟法**という区分が存在します。これに該当する猟法で狩猟をすると違反になるので注意しましょう。法定猟法、危険・禁止猟法以外、例えば、手づかみや投石、ブーメランなどの猟法は法律上の定めがないため**自由猟**と呼ばれ、狩猟者登録の必要もありません。

2. 狩猟者登録の申請

狩猟者登録は毎年9月ごろから各都道府県で受付が始まります。エアライフル猟を始めたい場合は、狩猟を行いたい都道府県に対して、第二種銃猟登録を行います。

狩猟者登録に必要な書類

狩猟者登録は次の書類を揃えて、都道府県の狩猟担当窓口に提出します。窓口の名称は都道府県によって異なるため、「あなたが住んでいる都道府県 狩猟者登録」で検索してください。

1. **狩猟者登録申請書**
2. **狩猟免状**
3. **狩猟により生じる損害の賠償についての要件を備えていることを証する書面**（損害賠償能力（3,000万円以上）を有することの証明書）
4. **写真2枚**（3.0×2.4㎝、6ヵ月以内に撮影したもの）
5. **狩猟税**（※）￥5,500
6. **手数料**￥1,800

※エアライフル猟は第一種銃猟登録（装薬銃・空気銃）でも行える。その場合、狩猟税は￥16,500（道府県民税の所得割の納付を要しない者は11,000円）を納付する

※平成27年4月1日から令和6年3月31日までの期間において、有害鳥獣の許可捕獲等をした者又は許可捕獲等に従事した者として、狩猟者の登録を受ける人の税率は、上記税額の2分の1になる

※放鳥獣猟区のみに係る狩猟者の登録を受ける場合は税率が1/4に減額

狩猟税と手数料の納付方法は異なる

狩猟税は、あなたが住んでいる地区を管轄する**都道府県税事務所**で納付します。納付すると**狩猟税証紙**が渡されるので、狩猟者登録申請書に張りつけましょう。

手数料は都道府県の領収証紙で納付します。￥1,800分の証紙を「売りさばき所」で購入して申請書に張り付けてください。

狩猟者登録申請書の記入例

狩猟を行う都道府県の知事名

あなたの氏名、生年月日、住所、電話番号

(1) 狩猟免許を取得した都道府県、狩猟免許番号、交付年月日。第二種銃猟免許に☑

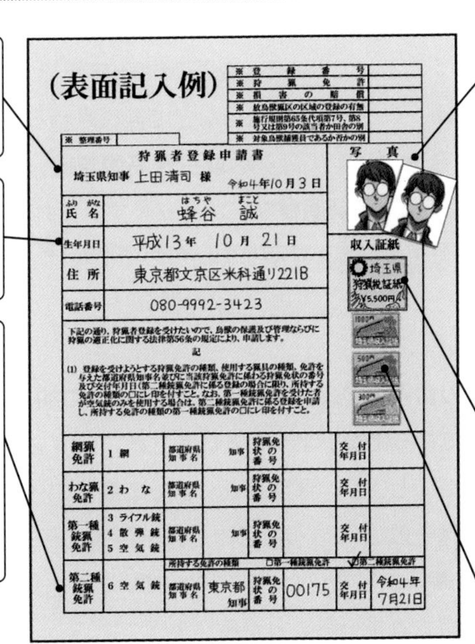

(表面記入例)

※ 登録番号	
※ 狩猟免許	
※ 損害の賠償	
※ 放鳥獣猟区の区域の登録の有無	
※ 施行規則第65条代項第7号、第8号又は第9号の該当者か否かの別	
※ 対象鳥獣捕獲員であるか否かの別	

※ 整理番号

狩猟者登録申請書

埼玉県知事 上田清司 様　令和4年10月3日

ふりがな 氏名	はちや まこと 蜂谷 誠
生年月日	平成13年 10月 21日
住所	東京都文京区米科通り221B
電話番号	080-9992-3423

写真

収入証紙

埼玉県 狩猟税証紙 ¥5,500円

1000円　500円　300円

下記の通り、狩猟者登録を受けたいので、鳥獣の保護及び管理ならびに狩猟の適正化に関する法律第56条の規定により、申請します。

記

(1) 登録を受けようとする狩猟免許の種類、使用する猟具の種類、免許を与えた都道府県知事名並びに当該狩猟免許に係わる狩猟免状の番号及び交付年月日(第二種銃猟免許に係る登録の場合に限り、所持する免許の種類の□にレ印を付すこと。なお、第一種銃猟免許を受けた者が空気銃のみを使用する場合は、第二種銃猟免許に係る登録を申請し、所持する免許の種類の第一種銃猟免許の□にレ印を付すこと。

網猟免許	1 網	都道府県知事名	知事	狩猟免状の番号		交付年月日	
わな猟免許	2 わな	都道府県知事名	知事	狩猟免状の番号		交付年月日	
第一種銃猟免許	3 ライフル銃 4 散弾銃 5 空気銃	都道府県知事名	知事	狩猟免状の番号		交付年月日	
第二種銃猟免許	6 空気銃	所持する免許の種類		□第一種銃猟免許		☑第二種銃猟免許	
		都道府県知事名	東京都 知事	狩猟免状の番号	00175	交付年月日	令和4年7月21日

あなたの写真2枚、1枚は貼り付け。3.0cm×2.4cm申請前6ヵ月以内、無帽、正面、無背景上三分身裏面に氏名と撮影年月日を記載

狩猟税納税証紙5,500円。都道府県税事務所で購入

都道府県収入証紙1,800円。売りさばき所で購入

(3), (4) 減税事項
初心者は関係ないので該当無しに☑

(6) あなたの銃砲所持許可証番号、許可証の交付日

(8) あなたの職業の分類に○

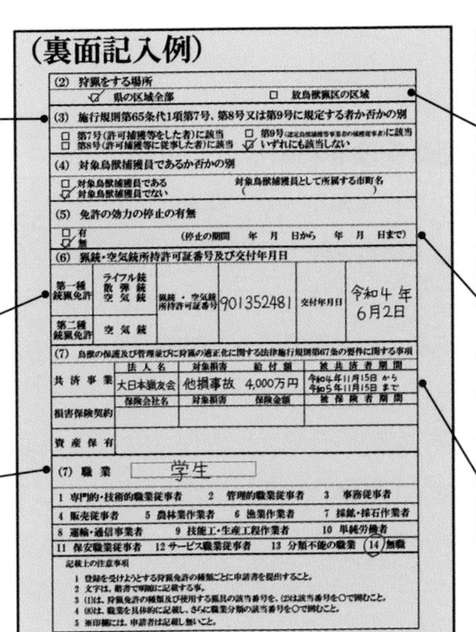

(裏面記入例)

(2) 狩猟をする場所
☑ 県の区域全部　□ 放鳥獣猟区の区域

(3) 施行規則第65条代1項第7号、第8号又は第9号に規定する者か否かの別
□ 第7号(許可捕獲等をした者)に該当　□ 第9号(認定鳥獣捕獲等事業者の捕獲従事者)に該当
□ 第8号(許可捕獲等に従事した者)に該当　☑ いずれにも該当しない

(4) 対象鳥獣捕獲員であるか否かの別
□ 対象鳥獣捕獲員である　対象鳥獣捕獲員として所属する市町名
☑ 対象鳥獣捕獲員でない　(　　　)

(5) 免許の効力の停止の有無
□ 有
☑ 無　(停止の期間　年　月　日から　年　月　日まで)

(6) 猟銃・空気銃所持許可証番号及び交付年月日

第一種銃猟免許	ライフル銃 散弾銃 空気銃	猟銃・空気銃所持許可証番号	901352481	交付年月日	令和4年6月2日
第二種銃猟免許	空気銃				

(7) 鳥獣の保護及び管理並びに狩猟の適正化に関する法律施行規則第67条の要件に関する事項

	法人名	対象損害	給付額	被共済者期間
共済事業	大日本猟友会	他損事故	4,000万円	令和4年11月15日から 令和5年11月15日まで
	保険会社名	対象損害	保険金額	被保険者期間
損害保険契約				
資産保有				

(7) 職業　学生

1 専門的・技術的職業従事者	2 管理的職業従事者	3 事務従事者	
4 販売従事者	5 農林業作業者	6 漁業作業者	7 採鉱・採石作業者
8 運輸・通信事業者	9 技能工・生産工程作業者	10 単純労働者	
11 保安職業従事者	12 サービス職業従事者	13 分類不能の職業	(14) 無職

記載上の注意事項

1 登録を受けようとする狩猟免許の種類ごとに申請書を提出すること。
2 文字は、楷書で明瞭に記載する事。
3 (1)は、狩猟免許の種類及び使用する猟具の該当番号を、(2)は該当番号を○で囲むこと。
4 (8)は、職業を具体的に記載し、さらに職業分類の該当番号を○で囲むこと。
5 ※印欄には、申請者は記載し無いこと。

(2) 放鳥獣猟区特別な区域で狩猟をする予定がなければ、区域全部に☑

(5) 初心者の場合は関係ないので、無に☑

(7) 賠償責任能力
共済証書、保険証書、預貯金の証明などの詳細

損害賠償能力（3,000万円以上）を有することの証明書

これは、万が一狩猟中に他人を死傷させてしまった場合、3,000万円以上の賠償金を支払うことができることを証明する書類です。

証明する書類にはいくつかあり、銀行などで発行される**預貯金残高証明書**や、証券会社が発行する有価証券の**取引残高報告書**、市区町村が発行する不動産の**固定資産評価証明書**などがあります。これら書類が3,000万円以上の資産を保有することを証明しているのであれば、その原本を申請書に添付します。

3,000万円以上の資産がない人はハンター保険に加入

「3,000万円なんて持ってないよ～」という方は、保険会社が提供するハンター保険に加入しましょう。保険会社によって商品の内容は異なりますが、ハンター保険は一般的に1～5億円の対人賠償責任保険と、死亡保険、通院保険、猟具損傷等の保険がセットになっています。保険料は年間1～2万円ぐらいで設定されていることが多いようです。

近年では損害賠償として1億円以上請求される事例も多いので、たとえ3,000万円の資産を持っていたとして、ハンター保険に加入していた方が良いでしょう。

ハンター保険は団体保険を利用しよう

非常に有用なハンター保険ですが、実をいうと、個人で加入できるハンター保険を取り扱っている保険会社は、現在日本国内に存在しません（令和3年の時点）。平成22年ごろまでは個人で入れるハンター保険もあったのですが、狩猟者の高齢化などいろいろと問題があり、取り扱いを中止したようです。

個人で入れる保険はありませんが、団体での加入は取り扱いがあります。これは狩猟クラブや射撃クラブなどが団体で加入しているハンター保険で、この団体のメンバーになることでハンター保険に加入することができます。詳しくは「ハンター保険 団体加入」などで検索してみてください。

猟友会を活用しよう

大日本猟友会

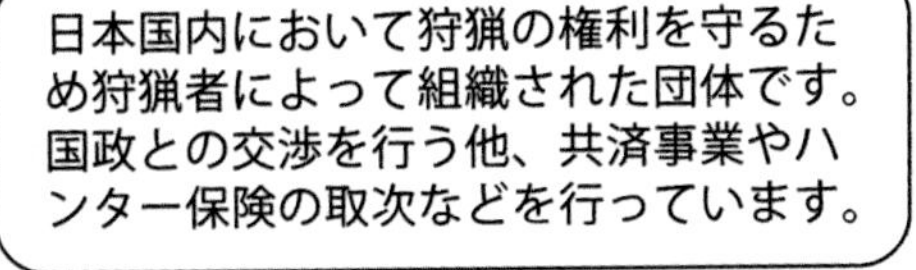

都道府県猟友会

都道府県行政との交渉窓口となる団体です。都道府県ごとに異なる狩猟情報をまとめ、狩猟者に提供しています。射撃大会を開催したりもしています。

支部猟友会

狩猟者登録の手続き代行を行うなど、皆様の窓口となる団体です。狩猟について困ったことがあれば、お気軽にご相談ください！

これまでお話したように、狩猟者登録は狩猟税の支払いや保険加入など手続きが非常に面倒くさいです。そのうえ、狩猟者登録の手続きは都道府県によって微妙にやり方が異なり、例えば狩猟免状の提出も「原本を窓口で提示するだけでOK」というところがあれば、「原本を送ってもらい確認次第返送」、「狩猟者登録用の狩猟免状を市町村で作成して送る」など対応が様々です。さらに都道府県外から狩猟者登録をする場合、狩猟税の支払いや、領収証紙の購入など、厄介な手続きが必要になります。

そこで、初めて狩猟者登録をする人は**猟友会**に加入しましょう。猟友会は狩猟者登録の手続きを代行してくれるだけでなく、狩猟者共済事業を行っているので損害賠償能力の問題も解決。団体のハンター保険の取り扱いもあるので安心です。猟友会への加入費用は第二種銃猟で1万数千円（金額は都道府県によって異なる）、ハンター保険を追加しても2万円程度なので、書類を集めたり役場に足を運んだりする手間を考えれば、**セルフ狩猟者登録**よりもお手頃と考えられます。

エアライフル猟は基本的に単独での狩猟になりますが、初心者のころは猟場のことや地元のローカルルールなどがわかりにくいので、情報収集のためにも加入をオススメします。

3. 狩猟中の携行品

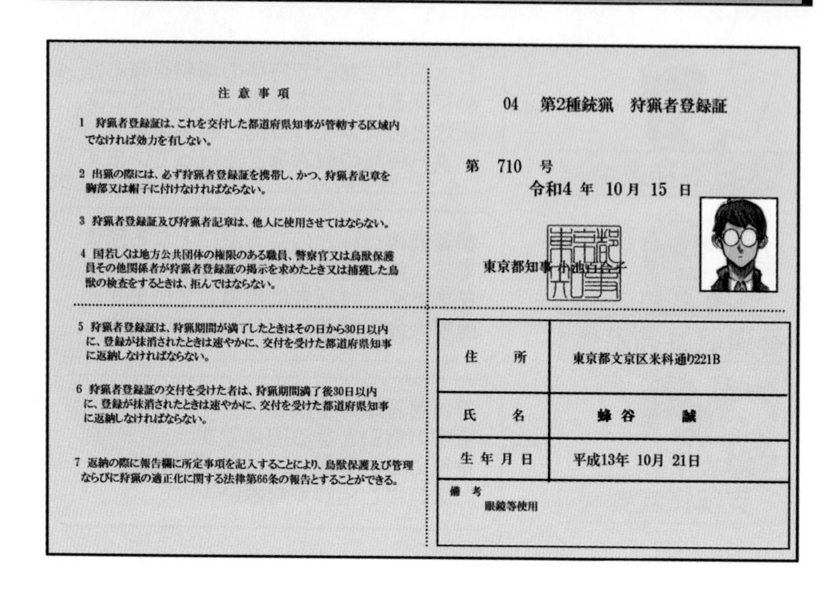

注 意 事 項

1 狩猟者登録証は、これを交付した都道府県知事が管轄する区域内でなければ効力を有しない。

2 出猟の際には、必ず狩猟者登録証を携帯し、かつ、狩猟者記章を胸部又は帽子に付けなければならない。

3 狩猟者登録証及び狩猟者記章は、他人に使用させてはならない。

4 国若しくは地方公共団体の権限のある職員、警察官又は鳥獣保護員その他関係者が狩猟者登録証の掲示を求めたとき又は捕獲した鳥獣の検査をするときは、拒んではならない。

5 狩猟者登録証は、狩猟期間が満了したときはその日から30日以内に、登録が抹消されたときは速やかに、交付を受けた都道府県知事に返納しなければならない。

6 狩猟者登録証の交付を受けた者は、狩猟期間満了後30日以内に、登録が抹消されたときは速やかに、交付を受けた都道府県知事に返納しなければならない。

7 返納の際に報告欄に所定事項を記入することにより、鳥獣保護及び管理ならびに狩猟の適正化に関する法律第66条の報告とすることができる。

04 第2種銃猟 狩猟者登録証

第 710 号

令和4 年 10月 15 日

東京都知事 小池百合子

住 所	東京都文京区米科通り221B
氏 名	蜂谷 誠
生年月日	平成13年 10月 21日
備考 眼鏡等使用	

狩猟者登録の申請が受理されたら、猟期前までに（猟期中に申請した場合は1週間前後で）都道府県から書類の入った包みが送られてきます。この中には、狩猟者登録証、狩猟者紀章、ハンターマップ、各冊子が入っています。

狩猟者登録証の携帯と提示の義務

狩猟中は、狩猟をしている都道府県が発行した**狩猟者登録証**を携帯しておかなければなりません。

この狩猟者登録証は、あなたが狩猟者登録をしたことを証明する物であり、猟場で鳥獣保護員やその他関係者から証明を求められた場合は、狩猟者登録証を提示する義務があります。

エアライフル猟の場合は、空気銃の所持許可証も併せて携帯しておく必要があるので、防水ケースやジッパーなどに入れておきましょう。

なお、意外に勘違いしている人も多いですが、狩猟免許試験に合格して受け取った狩猟免状は、携帯する必要はありません。

捕獲鳥獣数報告

狩猟で獲物をしとめたら、狩猟者登録証の裏面に、獲物を捕獲した場所、捕獲日、鳥獣の名前、捕獲数を記入します。都道府県はハンターからの捕獲情報や目撃情報などを頼りに、どの場所にどのくらいの鳥獣が生息しているかを調査しています。生態系の保護管理にはハンターからの報告が重要なデーターになっているので、漏れがないように記入しましょう。

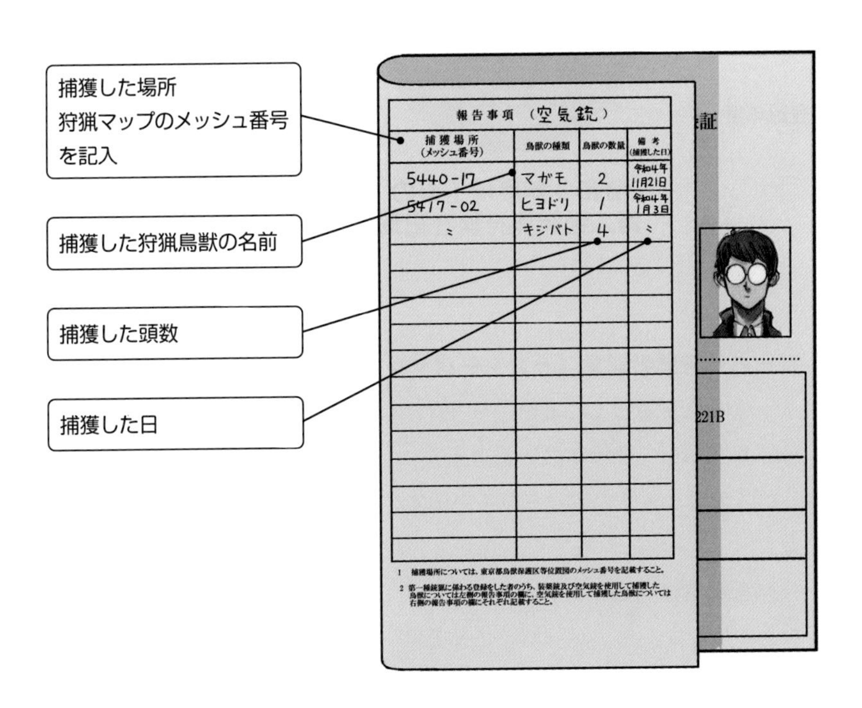

猟期が終わったら忘れず返納

狩猟者登録証は猟期が終わったら、交付された都道府県へ30日以内に返納しましょう。猟友会に所属している人は、支部猟友会に提出するだけでOKです。

猟期中はハンターバッジを装着

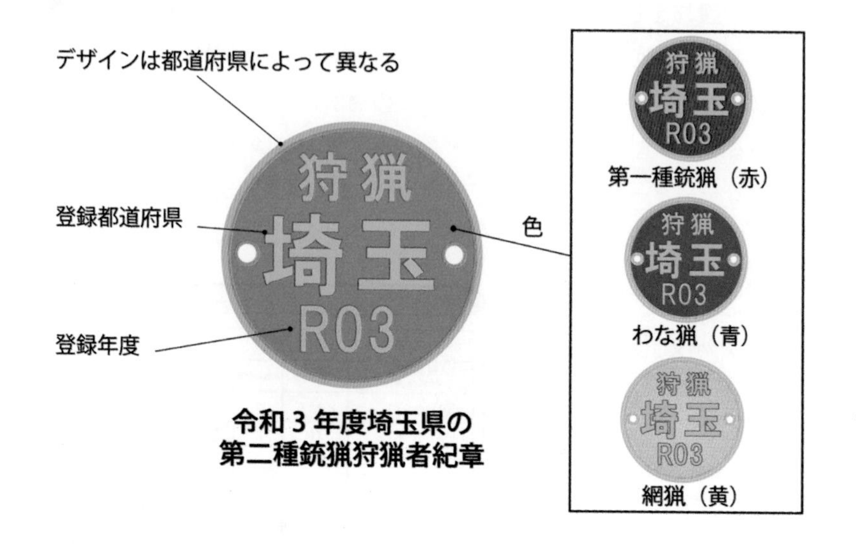

令和3年度埼玉県の
第二種銃猟狩猟者紀章

狩猟中は**狩猟者記章（ハンターバッジ）**を帽子、もしくは服の胸元の目立つ位置に装着しましょう。

狩猟者記章は、登録年度と都道府県によってデザインが異なり、また登録した区分によって色分けされています。第二種銃猟の紀章は緑色をしています。

狩猟者紀章は猟期が終わっても返還する必要はありません。記念にとっておきましょう。

狩猟者登録証・狩猟者紀章を失くした場合

狩猟者登録証や狩猟者記章を紛失した場合は**許可書等亡失届出書**を担当窓口（もしくは所属している支部猟友会）に提出して再交付を受けなければなりません。狩猟者紀章の裏はピンバッチ式になっているのですが、枝に引っかかって猟場で失くしてしまうことがよくあります。

猟期中に住所や氏名が変わった場合は、**住所等変更届書**を提出して登録内容を書き換えてください。

ハンターマップ

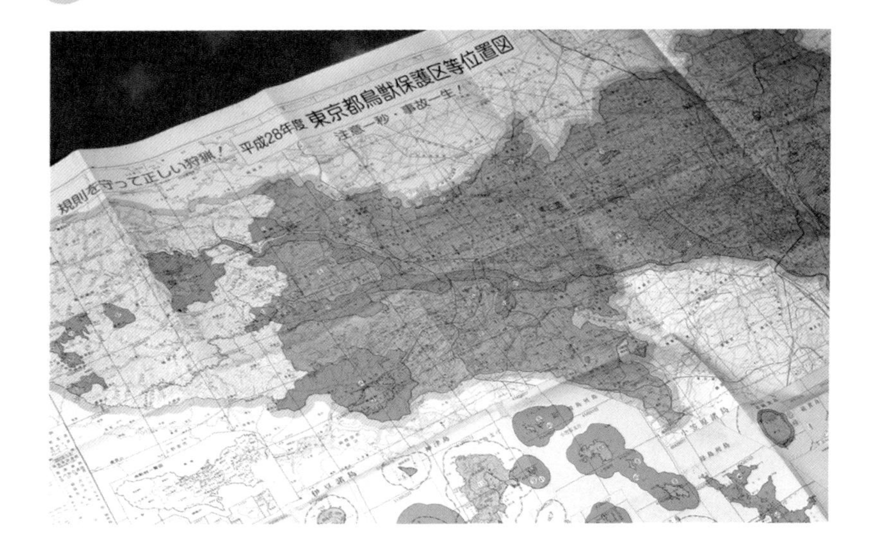

都道府県から送られてくる書類の中には**ハンターマップ（鳥獣保護区等位置図）**が入っています。この地図には、その年度の鳥獣保護区や休猟区、特定猟具使用禁止区域などが色分けされています。

表記は都道府県によって違いがありますが、鳥獣保護区などの狩猟ができないエリアは赤色、銃禁エリアは青色で色分けされていることが多いようです。

色がついていないエリアが**可猟区（狩猟実施可能地域）**となりますが、先に述べたように公道上や公園内、社寺境内、墓地などで狩猟をすることはできません。これについてはハンターマップには細かく書かれていないので注意してください。

エリアは年度によって変更されることも多いので、「毎年行っている猟場だから大丈夫だろう」とは思わずに、毎年確認するようにしましょう。

ハンターマップには、猟期中の日の出・日の入り時間や、鳥獣行政担当事務所の連絡先、狩猟者心得などの役立つ情報が載っているので、何か困ったときは確認しましょう。

4. 出猟前の確認事項

狩猟には様々な法令が絡んでおり、一つ間違えると重大な違反につながる危険性があります。そこで本章の最後に、エアライフル猟で違反となるケースをまとめておきます。出猟される前に再度読み返していただき、事故や違反のない狩猟ライフを楽しんでください！

狩猟者登録証・所持許可証の不携帯

銃を持ち出す場合は、必ず所持許可証を携帯しましょう。不携帯のまま銃を持ち出すと、20万円以下の罰金になります。

また狩猟者登録証を不携帯で狩猟を行った場合は、30万円以下の罰金になります。

裸銃で公道を移動する

銃は人に対して恐怖感を与えるため、道路上を移動するときは、銃におおいをかぶせなければなりません。

違反した場合、安全措置義務違反として20万円以下の罰金になります。これは車内においても同様で、銃を裸のまま助手席に置いていたりすると違反になります。銃を運搬するときはガンケースに収納し、携帯するときは布製のガンカバーに入れましょう。

不適切な装填

銃には、獲物に対して射撃をする直前まで弾を装填してはいけません。これに違反した場合、安全措置義務違反として20万円以下の罰金になります。

一般的に、銃には安全装置（セーフティロック）が付いていますが、これは引き金にロックがかかるだけで「発射を防止する機構」ではありません。転倒などで銃に強いショックがかかると、撃鉄が落ちて暴発する危険性があります。弾を装填したままの移動は絶対にやめましょう。

所持許可を持たない者へ銃を携帯させる

銃を他人に撃たせたり、持たせたりするのは銃刀法違反になり、5年以下の懲役または100万円以下の罰金になります。これは、銃を持った人、持たせた人の両方が罪に問われる可能性があります。

「ちょっとトイレに行ってくる！」と言ったときも、銃は必ず自身で携帯してください。

例外として、猟場で川や崖を通るとき、銃を携帯したままだと身の危険があるような場合は、一時的に他人へ携帯してもらう行為が認められています。

許可を受けた区分以外で発砲する

所持許可の用途以外で発砲した場合、発射制限違反となり5年以下の懲役または100万円以下の罰金になります。

海外ではよく、裏庭で空き缶を撃ったり、スイカを撃ったりしていますが、日本ではこのような行為は違法です。みなさんは「狩猟」の用途で所持許可を受けているはずなので、発射して良いタイミングは獲物を目の前にしたとき、または射撃場で練習をするときだけです。

発砲禁止区域での発砲

鳥獣保護区や休猟区、銃禁エリアなどで発砲した場合、発射制限違反となります。

なお、銃猟が禁止されているエリアに「住宅密集地」がありますが、過去に最高裁で「半径200m以内に人家が10軒あったら住宅密集地といえる」という判決が出ています。銃猟をする際は事前に周囲を確認するようにしましょう。

とはいえ、これは「200m以内に人家が10軒なければ銃を撃ってもOK」というわけではないので、少しでも発砲に不安を感じるようであれば止めておきましょう。

狩猟鳥獣以外への狩猟行為

狩猟鳥獣ではない動物に向かって狩猟行為をした場合は鳥獣保護管理法違反となり、1年以下の懲役または50万円以下の罰金になります。

銃猟における「狩猟行為」は、標的に向かって弾を発射した時点で成立します。たとえ獲物に弾が命中しなくても罪に問われる可能性があるので、鳥獣判別はしっかりと行えるようになりましょう。

禁止・危険猟法を併用した法定猟法

車や飛行機、5ノット以上（時速9.26km）で航行するモーターボート上からの銃猟は、危険猟法として禁止されています。

なお、車上発砲以外でエアライフル猟に関係する禁止・危険猟法には次のような項目があります。

爆発物、劇薬、毒薬、落とし穴、その他危険と判断される道具を併用した猟法
据銃（トリガーに獲物が引っかかると自動的に発砲する罠）の使用
ヤマドリおよびキジの捕獲等をするためテープレコーダーなどを使用する猟法。
キジ笛を使用する猟法
吹き矢、弓矢、クロスボウ、釣り針、とりもちを併用した猟法

用途目的外で銃を携帯する

銃は用途目的外で携帯していた場合（例えば「護身のため」などの理由）、2年以下の懲役又は30万円以下の罰金になります。

「銃を検査に出すため」や「修理に出すため」などは正当な理由として認められます。ただし、銃の修理が終わった足でスーパーに買い物に行ったり、友達の家に遊びに行くようなことは違反になります。

狩猟目的外で刃物を携帯する

狩猟ではナイフ類を扱うことも多いですが、刃渡りが6cmを超える刃物については、「業務その他正当な理由による場合を除いて、これを携帯してはならない」とされており、これに違反すると2年以下の懲役又は30万円以下の罰金となります。

一応、狩猟はナイフを持ち歩く正当な理由になりますが、例えば「狩猟中、腰にナイフを下げたままコンビニに入った」などといった場合、違法な携帯とみなされます。

狩猟でナイフを持ち出すときは、猟場に着くまでバッグにしまっておきましょう。ナイフを車に積みっぱなしにしていても違法とされたケースがあるため、狩猟が終わったら自宅内に持って上り、適切に保管しましょう。

なお、刃渡りが6cm以下のバードナイフのような刃物であっても違法とされるケースがあります。この場合は軽犯罪法違反となり、拘留または科料の刑に処せられます。

不適切な銃の保管

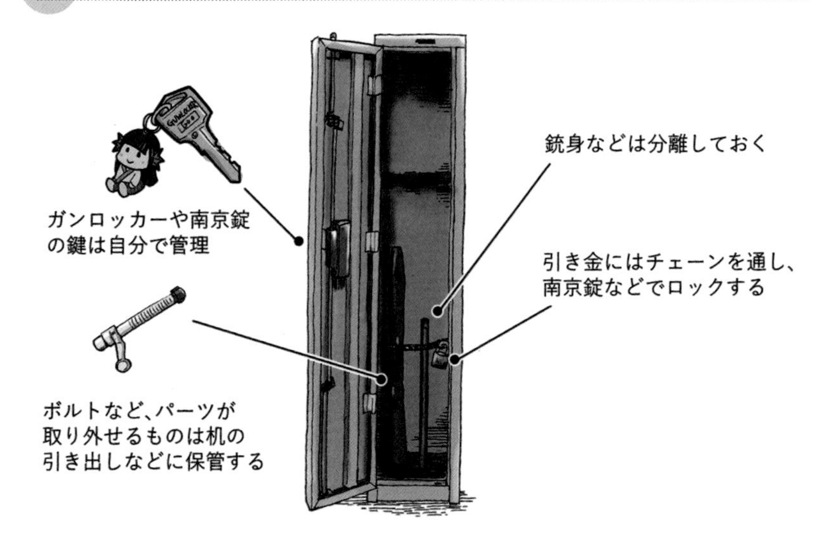

　銃を家で管理するときは、ガンロッカーに入れて施錠しましょう。銃を出しっぱなしにするなどのずさんな管理が発覚した場合、保管義務違反として20万円以下の罰金になります。

　ガンロッカーの鍵も銃と同様の扱いになるので、自分で管理しましょう。とある銃所持者が、銃の立ち入り検査のときに「母さん、ガンロッカーの鍵はどこにしまってたっけ？」と聞いたことで、違反になったという話もあります。

　普段からまじめに管理していないと、検査のときにこのようなボロが出てしまうので、日ごろから銃の管理は徹底しましょう。

その他、ローカルルールを順守する

　法律上明文化されているわけではありませんが、狩猟ではその土地に住んでいる人の意見や、ハンター同士のローカルルール、警察官や鳥獣保護員の指導を尊重しましょう。たとえ狩猟ができる区域であっても、地元の人から「ここでは狩猟をしないでほしい」と言われたら素直に従うようにしてください。「無用なトラブルを起こさないこと」は、ハンターにとって必須の能力です！

Chapter 2

エアライフルを知ろう

THE AIRRIFLE

執筆：佐藤一博

エアライフル選びに銃砲店へ！

エアライフルを選ぶポイント
◉エアライフルのタイプは、高威力・高精度のPCP（プレチャージ式）を選ぼう！
◉口径は狙いたい獲物の大きさによって決める！
初心者には5.5mmがオススメ！
◉野外を歩き回って狩猟がしたいなら、軽いエアライフルを選ぼう！
◉最後は「この銃かっこいい！」で選んじゃおう！
メーカーや機種によっても性能が変わってくるから、まずはエアライフルの仕組みをしっかりと理解しておこう！
銃のタイプによって性能が違うんだね!!
メモっておこう
MEMO
エアライフルの平均価格は20～30万円。安くはない買い物だからこそ、納得のいく銃をチョイスしたいです。
私は大きさや重さが心配
HEAVY GUN
エアライフル選びは本体だけじゃなく、照準器（サイト）の選択も重要だよ！
テレスコープサイト
レンズの話とかさっぱり…
SCOPE CATALOG
NEXT PAGE

エアライフルを知ろう

空気銃(エアガン)という言葉を聞くと、多くの人は玩具を想像されると思います。しかし狩猟で使う空気銃・エアライフルは、百メートル離れた獲物でも一撃でしとめるパワーを持っている、正真正銘の“銃”です。その仕組みについて詳しく見ていきましょう。

1. エアライフルとは？

皆さんは「空気銃（エアガン）」と聞いて何を連想するでしょう？40～50代の方は子供のころに遊んだ、ピンク色のてるてる坊主のプラスチック弾を撃ち出すオモチャを思い出す方が多いでしょう。もっと若い人はBB弾を撃ち出す、サバゲーに使われる銃を思い浮かべると思います。しかしこれら**ソフトエアガン**と狩猟で使われる**エアライフル**は、持っているパワーや構造が大きく異なります。

ソフトエアガンとエアライフルの違い

最近は威力により販売年齢制限があるようですが、ソフトエアガンは一番威力の高いものでも許可なしで買えます。そしてそれらは許可なしで買えるがゆえに、人や動物を殺傷する能力は持っていません。

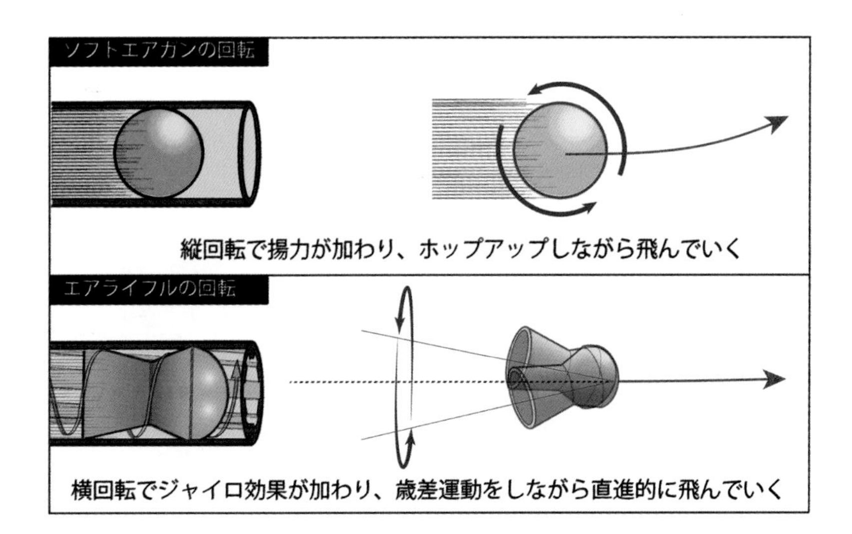

ソフトエアガンとエアライフルの最も大きな違いは、弾を撃ち出す仕組みです。ソフトエアガンは手動やモーターでスプリング付きピストンを引っ張り、バネの力で空気を押し出して弾を射出します。このときソフトエアガンは弾をなるべく遠くに飛ばすために、縦方向の回転を加えます。野球の投手が“ストレート”を投げる原理と同じです。

対してエアライフルは銃身の内側に**ライフリング**と呼ばれる螺状の溝が刻まれており、弾を横回転させて飛ばします。横回転が加わった弾はコマのように空中を安定しながら進むようになるため、100m先にいる鳥の急所を狙えるほど高い精度を出すことができます。ラグビーボールのパスと原理は同じです。このライフリングがあるがゆえに「ガン」ではなく「ライフル」なのです。

使用する弾の違い

ソフトエアガンとエアライフルは使用する弾にも違いがあります。ソフトエアガンは射出する弾に縦回転を加えることで揚力を生み出しホップアップさせます。そのため弾の形状は球状でなければならず、必然的にBB弾のような弾が使用されます。

対してエアライフルは横回転なので、弾は球状以外でも構いません。一般的にエアライフルの弾は鉛や錫製の“てるてる坊主”のような形をしており**ペレット**と呼ばれています。なぜエアライフルの弾がこのような形状をしているのかについては、後ほど詳しくお話をします。

準空気銃

ソフトエアガンとエアライフルの違いについてお話をしましたが、もちろんソフトエアガンも改造によって人を殺傷するパワーを出すことができます。しかし法律上、人を傷つけるぐらいのパワーがあるソフトエアガンは「**準空気銃**」と呼ばれ、2006年から所持が禁止されています。

またソフトエアガンは銃本体がハイパワーに耐えられない仕組みや素材になっており、ユーザーの違法改造を制限しています。

エアライフルの歴史

空気銃の歴史は意外と古く、誕生したのは15〜16世紀ごろといわれています。このころの銃といえば「マスケット」と呼ばれる先込め式銃なのですが、この銃は装填のたびに火薬と弾を詰めなければならず、一発撃つごとに凄い煙がでて視界を遮り、さらに火薬が湿ると発射できないため、戦場では扱いが難しい武器でした。

そのような時代に一躍脚光を集めたのがエアライフルです。1780年代にはナポレオン戦争でオーストリア軍がプレチャージ式エアライフルを使ったという記録が残っており、不安定な馬上から1分間に20連発できたこの銃は、戦場で大活躍でした！

もちろん19世紀に入ると無煙火薬や薬莢、雷管の発明で装薬銃が台頭してくるわけですが、「エアライフルが戦場の花形になったときもあった」ことは覚えておいて欲しいですね。

シリンダー内の空気を、強力なバネが付いたピストンで押し出してペレットを飛ばす方式。空気銃の中では最も普及している方式であり、日本でもソフトエアガンの多くはこのスプリングピストン式が採用されている。

ガスカートリッジ式

液体ガスが封入された炭酸ガスカートリッジをタンクに入れ、針付きの蓋を閉めるとカートリッジに穴が開き、タンク内にガスが充満させる。引き金が引かれるとガスの一部がチャンバーに流れ込み、ペレットを発射する方式。

マルチストローク式

本体に装備されたレバーを複数回ポンプしてチャンバー内に空気を圧縮していき、引き金を引くことで銃口から空気圧を開放する方式。原理としてはペットボトルロケットと同じ。

プレチャージ式

エアライフルの構造の一部に空気を貯めるシリンダーが付いており、ハンドポンプやエアタンクから、圧縮空気を充填する。引き金を引くとシリンダー内の空気の一部がチャンバーに流れ込み、ペレットを発射する方式。

さて、このように意外と歴史の深いエアライフルには、大きく4種類の機構が存在します。現在主流なのはプレチャージ式というタイプですが、それぞれ細かく仕組みを解説していきましょう。

2. スプリングピストン式

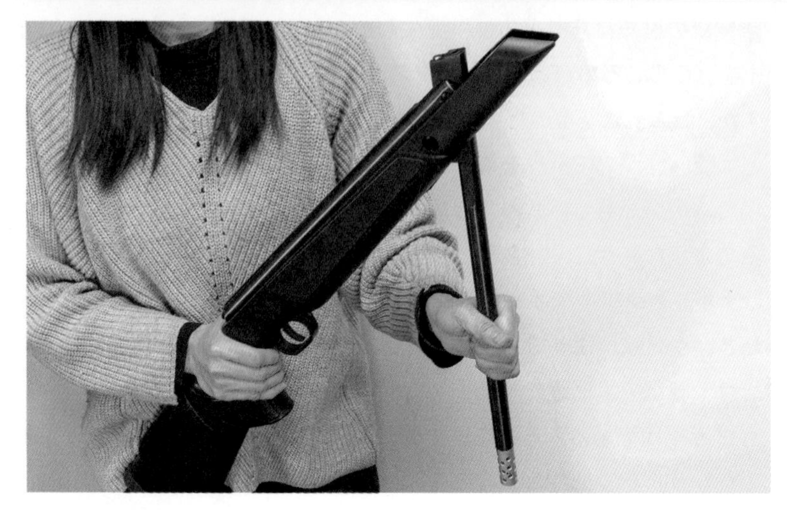

突然ですが、「ストローの中にペレットを入れて、注射器の先を刺した姿」を想像してください。この状態で注射器のピストンを押すと、ストローの中のペレットは空気に押し出されていきます。これが**スプリングピストン式**（以下、スプリング式）の仕組みです。

強力なスプリングでピストンを押し出す

注射器の場合はピストンを指の力で押し出しますが、エアライフルの場合は強力な**スプリング**を使ってピストンを押します。

エアライフルでは金属製のペレットを高速で撃ち出す必要があるため、ピストンを高速で動かさなくてはなりません。よってスプリングはものすごく強力にできており、人間の腕の力ではとても圧縮できません。そこでスプリングをテコの原理で押し縮めます。

テコとなるのは銃身そのものを折る方法と、別途設けられた長いレバーを動かす方法の大きく2種類あり、前者を**ブレイクバレル方式**、後者を**レバー方式**といい、レバー方式にはさらにサイドレバー方式とアンダーレバー方式に分けられます。

近年で出回っている方式としては、ブレイクバレル≧サイドレバー>アンダーレバーの順で多いようです。

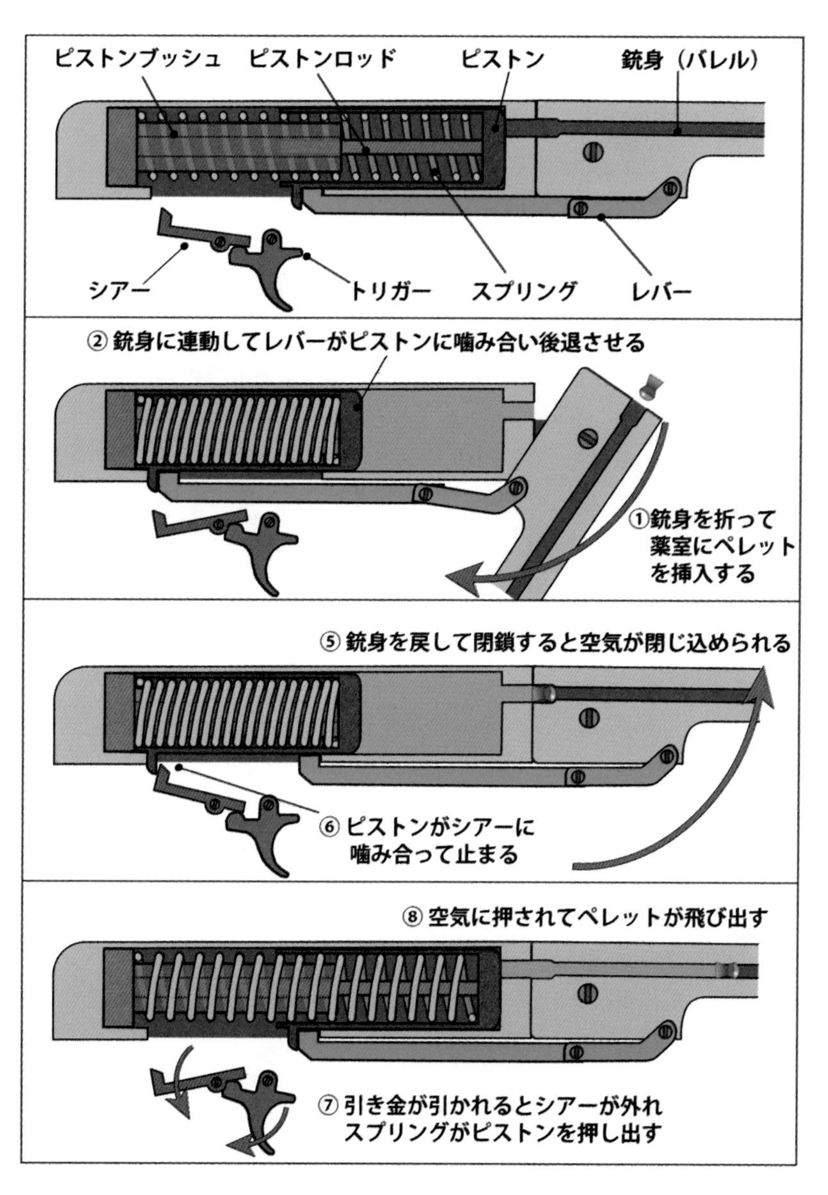

テコの原理でスプリングピストンが圧縮（**コッキング**）されたら、ピストンがトリガー部分に引っ掛けられて止まります。

この状態で引き金を引くとスプリングが物凄い勢いでピストンを押し上げ、ペレットを射出します。

ライフリングの摩擦抵抗に打ち勝つ圧力で射出される

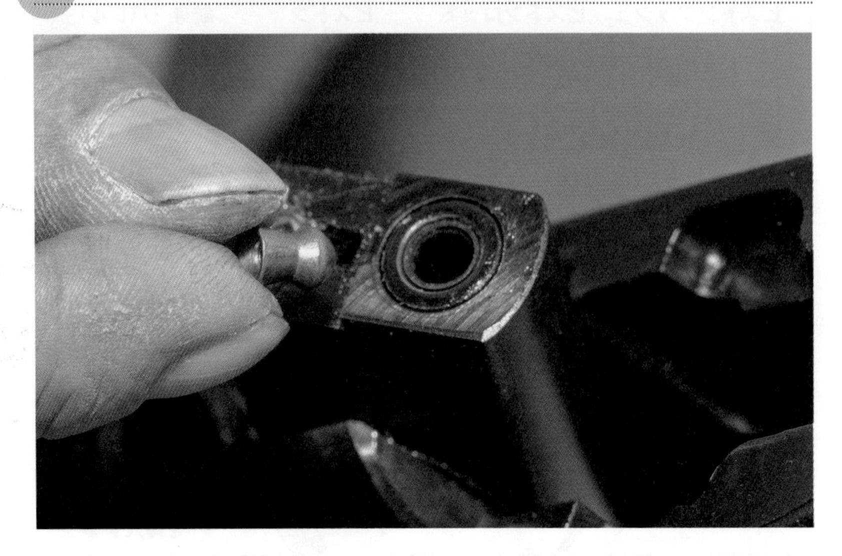

さて、ここまでが初心者向けの解説で、本書ではもう少し突っ込んだお話をしましょう。前ページの説明図では「ピストンが押した空気でペレットを射出する」ような説明をしましたが、実はこれは間違いです。

先ほどライフリングの説明をしましたが、ライフリングでペレットを回転させるためには、ペレットの径がライフリングよりも大きくなければなりません。だって、ペレットで銃身内を密閉していないと隙間から空気が漏れてしまいますよね？つまりペレットとライフリングの間には大きな**摩擦抵抗**があり、ペレットを撃ち出すためにはその抵抗に発射圧が打ち勝たないといけません。

さて、この説明をしたうえで、もう一度前ページ⑦のシーンから解説をしましょう。トリガーが引かれるとピストンは、ものすごい速さで前方へ進みます。しかし！ピストンがシリンダー内を進んだからといってペレットは動けません。なぜならライフリングとの摩擦抵抗があるから。

ペレットは動けませんが、それでもピストンはドンドン前に進んできます。そして、シリンダー内の圧力がライフリングの摩擦抵抗とつりあったときに、ペレットはようやくライフリング内を進みだすことができるのです。

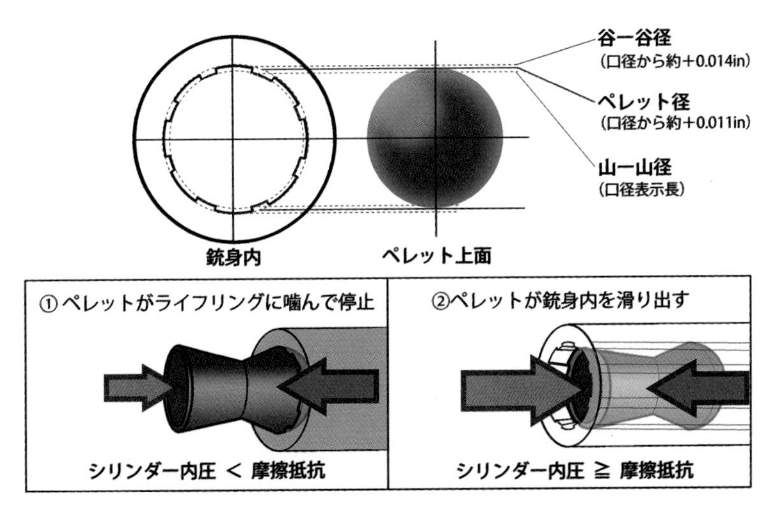

　このようにスプリング式のペレットは、バネの力で「ポン♪」と押し出されるのではなく、内部で物凄い圧力を受けて「バシュッ！」と発射されるのです。

スプリング式の長所

　スプリング式は銃身やレバーの操作を一回するだけで発射準備が完了するので、お手軽に使えるエアライフルです。そのうえ値段も現在主流のプレチャージ式に比べてかなり安くなるため、普段は猟銃で狩猟をする人がたまにエアライフル猟を楽しむ目的で持つ人も多いです。構造上単発がほとんどなので、罠の止め刺しに所持する人も増えてきています。

　有効射程距離は30～40mなので遠距離狙撃は難しいですが、用水路に群れるカモを狙うのであれば、パワー的にも十分です。構造がシンプルで故障が少ない点もスプリング式の魅力ですね。

　海外では入門用のエアライフルとしても人気があるので取り扱うメーカーも多く、ドイツの「RWSダイアナ」や、アメリカの「クロスマン」などが有名です。ダイアナのM54という銃は、これからお話するダブルリコイルをほぼ無効にする機構を組み込んでいたり、金属のスプリングの代わりに**ガスピストン（ガスラム）**を採用した機種があったりと、現在でも研究開発が行われています。

スプリング式独特の反動

値段が安くて性能も十分なことから、最近ではスプリング式を「お手軽なエアライフル」として選ばれるお客様も多くなっています。確かにお値段はお手頃なのですが・・・スプリング式の射撃は決して“お手軽”ではないことは覚えておいてください。

先ほどお話したように、シリンダー内の圧力は、ペレットとライフリングの摩擦抵抗を越えるまで高圧になります。そしてペレットが動き出した後も、しばらくはシリンダー内の圧力は高いままです。この状態でピストンが前進し続けると、シリンダー内の圧力が強い空気抵抗となり、前進してきたピストンを押し返そうとします。

これによって起こる反動は決して強くはないですが、この時点でペレットはまだ銃身内を加速中なので、銃口が少しでもブレてしまうと狙いが大きくそれてしまうことになります。

さて、ペレットが銃口から発射されたらシリンダー内の圧力が急激に下がります。するとブレーキがかかっていたピストンは、また前方へ加速してシリンダー前方の壁にぶつかります。

このようにシリンダー内の圧力が急低下したときにピストンが加速する反作用と、最後にピストンが壁にガツンと当たる反動で、スプリング式には**ダブルリコイル**と呼ばれる二度の反動が生じます。

コッキングのときは銃身を握って行おう！

ブレイクバレルのスプリング式を使う注意点として、ペレットを装填するときは必ず片手で銃身を握ってください。なぜなら、銃身を折った状態で引き金が引かれると、スプリングが暴発してその衝撃で銃身が跳ね上がり、ペレットを入れようとしていた指を挟んでしまうからです。この挟む力はすさまじく、実際に指を骨折する事故が起こっています。

スプリング式の中にはコッキング中の暴発を防止する**アンチベアトラップ**という安全装置を持つものもありますが、過信は禁物！暴発したとしても銃身が跳ねないように、装填中は銃身を握っておきましょう。

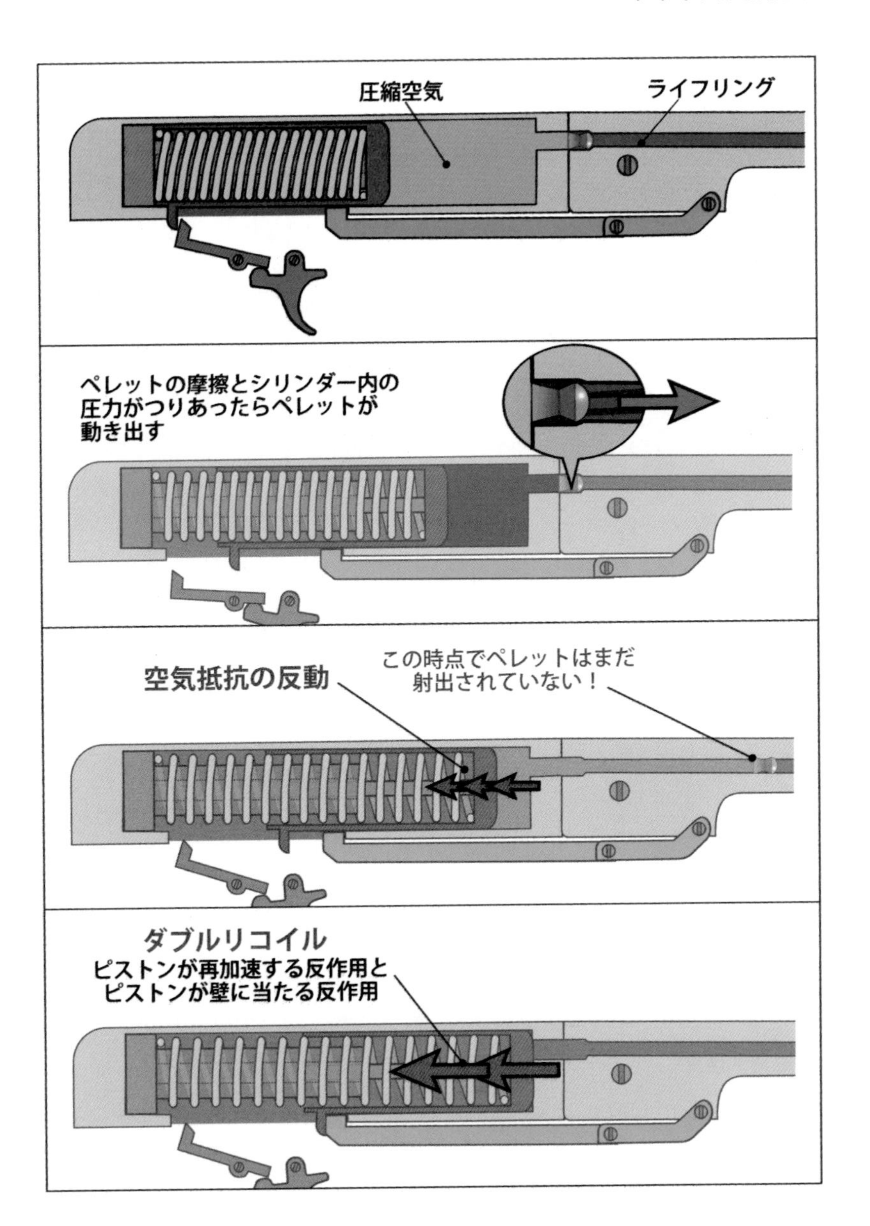
圧縮空気
ライフリング
ペレットの摩擦とシリンダー内の
圧力がつりあったらペレットが
動き出す
空気抵抗の反動
この時点でペレットはまだ
射出されていない！
ダブルリコイル
ピストンが再加速する反作用と
ピストンが壁に当たる反作用

3. マルチストローク式（ポンプ式）

マルチストローク式（ポンプ式）は現在国内では中古しか手に入りませんが、価格が安く多数出回っており手に入れやすい銃ではあります。次弾を撃つまでものすごく時間がかかるので、このタイプを持つ場合は一発必中を心がけましょう。

ポンプ回数の増減はデメリットもあるので注意

このマルチストローク式は、分割された台木（ストック）や別途設けられたレバーを動かして4, 5回ほど**蓄気室**に空気を送り込み、引き金を引いて「つっかい棒」（**バルブシャフト**）を外して、溜めていった空気を一気に解放します。

ポンピングの回数によって溜める空気の圧力が増えていきますが、そのぶんバルブシャフトにかかる力も増えるためトリガーが重くなってしまいます。すると、引き金にかける力が強くなりすぎて、引き金ごと銃をひったくるように引いてしまう**ガク引き**が起こり照準がブレてしまうので注意しましょう。

なお、トリガーを解消するためのセットトリガーというカスタムパーツをつけると高圧に蓄気してもトリガーは軽いままになります。

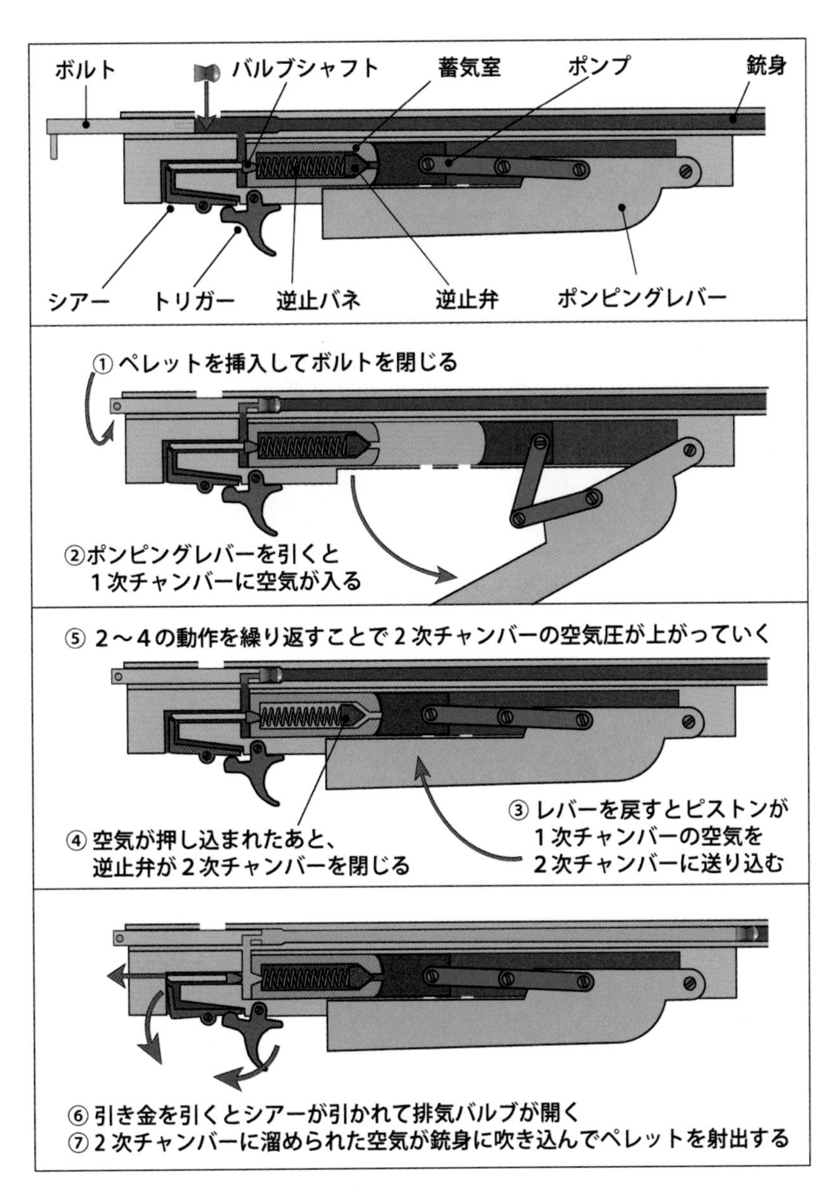

マルチストローク式はポンプの回数によってパワーが変えられることがウリですが、射出圧が変わるとペレットの弾速も変わるため、スコープのゼロインが狂います。初心者のうちはなるべく同じポンプ回数で射撃することをオススメします。

4. ガスカートリッジ式

最近では家庭で炭酸水を作る装置も販売されていますが、**ガスカートリッジ式**ではそれに使うような小さな炭酸ガスのボトルを使って、ペレットを飛ばします。

プレチャージが台頭して衰退した方式

ガスカートリッジ式のエアライフルにはシリンダーが付いており、炭酸ガスのボトルをそのまま入れます。シリンダーの底面とキャップには針が付いており、キャップを締め込むと針がボトルを突き刺してシリンダー内に炭酸ガスが充満します。この充満した炭酸ガスの圧力（約80気圧）を小出しにしてペレットを射出するのですが、その仕組みについては後ほどプレチャージ式でお話します。

この方式はひと昔前までは結構人気がありました。しかしスプレー式の殺虫剤や缶ペイントなどを使用された経験からおわかりいただけると思いますが、液体は気温が低いと気化しにくくなります。そして、射撃をしてシリンダー内の圧力を使うと、シリンダーはドンドンと冷えていきます。つまりガスカートリッジ式は、連射すればするほど液化炭酸ガスが気化しにくくなり、次第に吐出圧力が下がって精度を保てなくなるといった欠点があるのです。

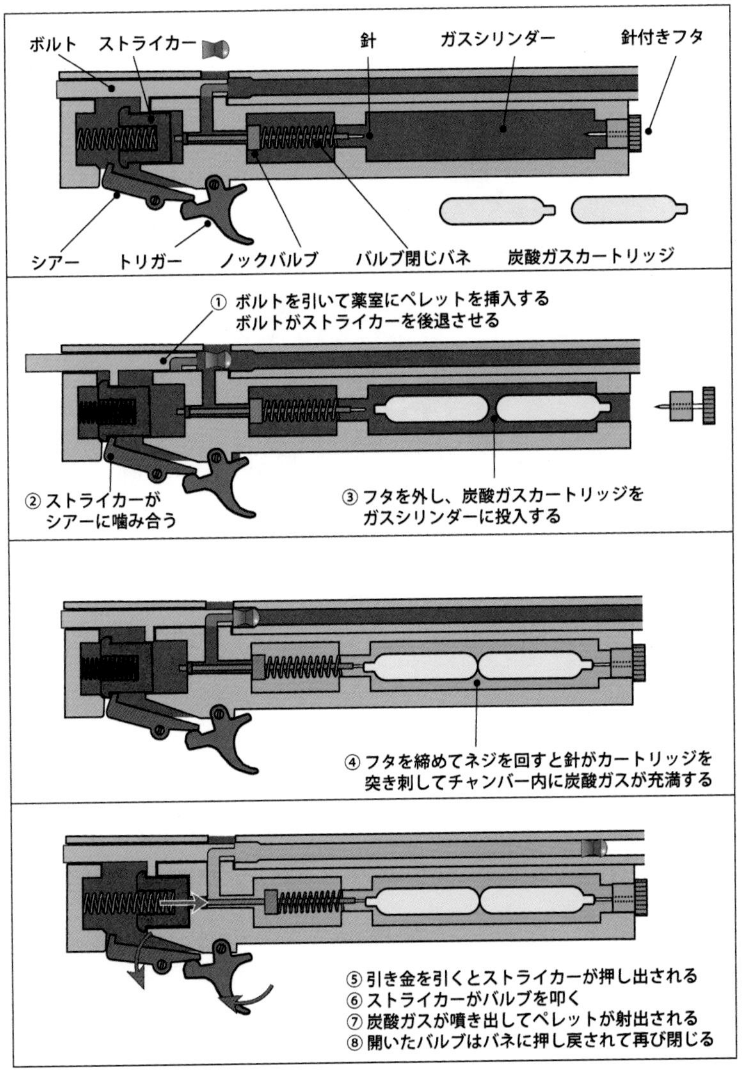

さらに困ったことに、猟期は冬場なので外気温が低いとパワーダウンしてしまい、最悪寒すぎて気化できなかった液体のままの炭酸ガスが噴き出すなんてことも！

このような欠点があり、次にお話するプレチャージ式が主流になった現在、ガスカートリッジ式を見ることはほとんどなくなりました。唯一生き残っているのはホーワ55Gという機種ぐらいです。

5. プレチャージ式

現在主流となるエアライフルの機構がPre Charged Pneumatic（**プレチャージドニューマチィック**）略して**PCP**と呼ばれる方式です。なお、ニューマティックのPは発音しません。和泉を「いずみ」と読み、「和」を発音しないのと同じですね。

現代技術で驚異の再発展！

その構造は読んで字の如し。銃身下部や後部にある**エアシリンダー**内に外部からあらかじめ高圧空気を充填しておき、それを小出しに撃ち出します。

特徴としては連射が効き、ガスカートリッジ式のような気化熱によるパワーダウンの影響もほぼ無視できるなど長所があり、現代の主流になっています。

冒頭でお話したように、PCPは15世紀ごろにはすでに存在していた方式でしたが、当時は金属加工の技術が未熟だったためスプリング式・ポンプ式に後塵を拝する存在になってしまいました。

しかし1980年代ごろから高圧機器の技術が発展すると見事に再発展！PCPは現代技術によってよみがえった「最も古くて最も新しい方式」なのです。

PCPに入っている空気は超高圧！

PCPは「高圧空気を小出しに撃ち出す」と述べましたが、それは簡単な話ではありません。なんせPCPは銃本体に「200気圧」近くもの高圧空気が入っているわけです。

「200気圧」と聞いても多くの人はピンと来ないかもしれませんが、例えば車のタイヤは2.4気圧です。タイヤがバーストしたら「パーン！」と大きな音がしますよね？超びっくりします。

また10トントラックのタイヤやホームセンターで売っている小型コンプレッサーは約10気圧です。トラックのタイヤやコンプレッサーが破裂すると、「ズドーンッ！」という爆音と共に、人間なら数メートル吹っ飛ばされます。下手したら衝撃波で内臓破裂。ムチャクチャ恐ろしいですね。

さてもう一度言います。「PCPは"200気圧"」です。そしてこの恐ろしい超高圧から、1グラム程度のペレットを射出する圧力をチクチクと抜いていかなければならないわけです。難しさがおわかりいただけたかと思います。

危険物を扱っている自覚を持とう

ちなみにPCPを扱う場合、この「超危ない物を扱っている」という感覚を大事にしてください。高圧の恐ろしさを知らない狩猟者の中には、一般ユーザーが発信したネットの情報などをもとにして自分で修理しようとする人がいます。しかしこれはまさに自殺行為！何かあったときに怪我で済めば滅茶滅茶ラッキー。もしかすると自分自身、または、近くにいる他人の人生を終わらせてしまう可能性もあります。

実際に、素人がエアライフルを分解しようとしてシリンダーがブッ飛び、壁に突き刺さったという事故が起こっています。幸いこのときは人身事故にはなりませんでしたが、もしこれが「頭」に命中していたら・・・想像するだけでも恐ろしいです。

高圧を小出しにするストライカー

高圧空気を小出しにする仕組みの肝となるのが**ストライカー（ハンマーウェイト）**です。ストライカーはボルトやレバーを引いてスプリングと共に後退し、トリガーシステム（シアー）に噛み合って停止します。そしてトリガーが引かれると勢いよく前方に飛び出してバルブシャフトめがけて前進します。この部分の構造はノック式のボールペンと同じです。

ストライカーがバルブシャフトを勢いよく叩くと、バルブは一瞬だけ内圧に勝ち、エアシリンダー側に開きます。すると高圧空気が銃身側に流れ込んでペレットが射出されます。

さて、ストライカーに叩かれて開いたバルブですが、シリンダー内は依然として高圧の状態です。そのためバルブは気圧差で閉まり、空気の吐出がストップします。

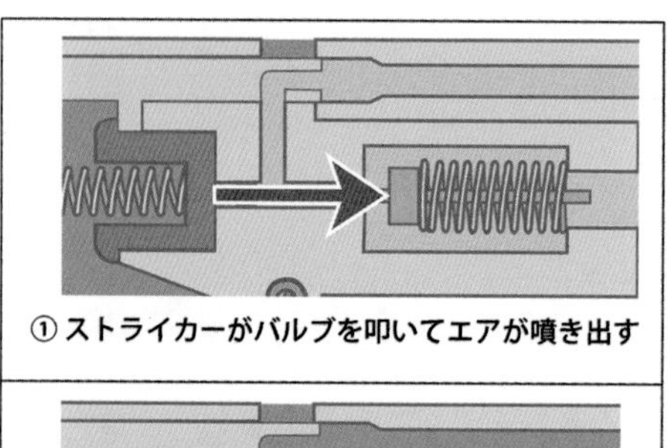

①ストライカーがバルブを叩いてエアが噴き出す

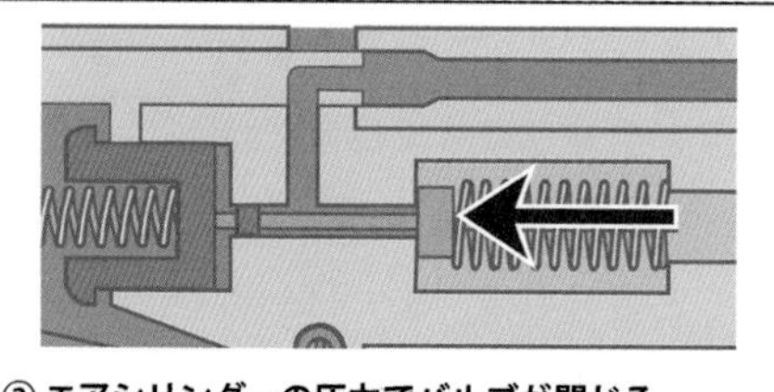

②エアシリンダーの圧力でバルブが閉じる

PCPのバルブが閉じる仕組みは、水を貯めた風呂桶の栓を引っ張ったとき、栓が水圧で引っ張られる現象に似ている

この現象をわかりやすく例えると、お風呂の栓です。風呂桶に大量の水が入っている状態で栓を抜くと、栓が排水穴に引き込まれます。PCPの場合もお風呂の栓と同じように、高圧側（シリンダー側）から低圧側（ストライカー側）にバルブが引っ張られることで、自動で閉じる仕組みになっているのです。

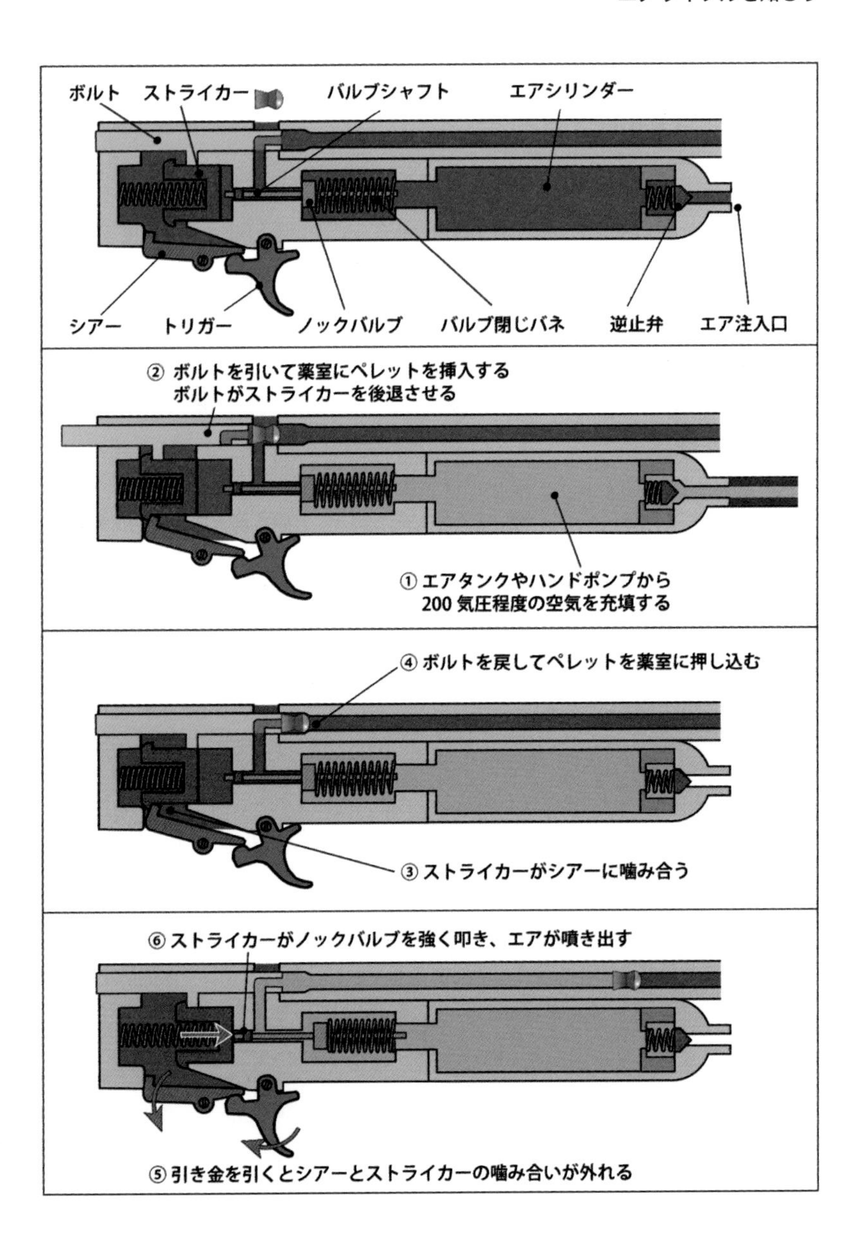
ボルト
ストライカー
バルブシャフト
エアシリンダー
シアー
トリガー
ノックバルブ
バルブ閉じバネ
逆止弁
エア注入口
② ボルトを引いて薬室にペレットを挿入する
ボルトがストライカーを後退させる
① エアタンクやハンドポンプから
200 気圧程度の空気を充填する
④ ボルトを戻してペレットを薬室に押し込む
③ ストライカーがシアーに噛み合う
⑥ ストライカーがノックバルブを強く叩き、エアが噴き出す
⑤ 引き金を引くとシアーとストライカーの噛み合いが外れる

本来の力を発揮できる「美味しい圧力」

PCPを扱う上では「正しい気圧で使わないと本来の力が出せない」という特徴を理解しておきましょう。

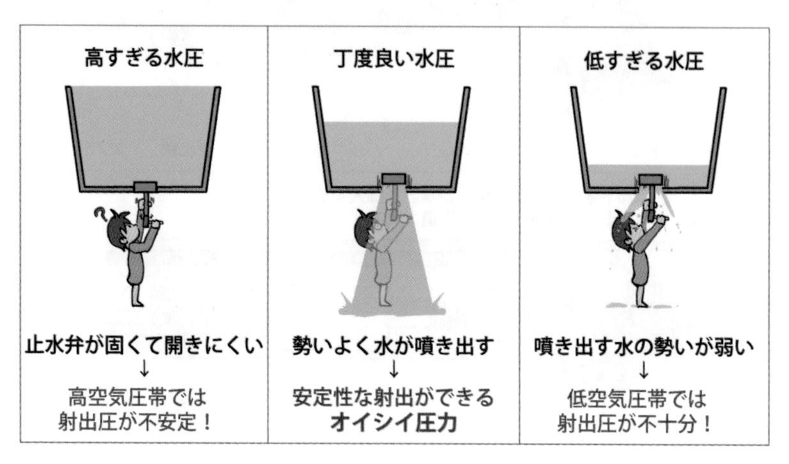

これを風呂桶に張った水で説明すると、まず風呂桶に大量の水が溜められている場合、栓は非常に重くなるため簡単に開くことができません。たとえ栓が開いたとしても、水圧ですぐに栓が閉じるので、水はちょろっとしか出てきません。逆に、風呂桶に水が少しか入っていない場合、水圧が低いので栓は開きやすいのですが、あふれ出る水の量は少なくなります。

このような現象は空気圧でも起こります。つまり、シリンダー内の圧力は高すぎても低すぎても吐出する空気の量は少なくなるのです。PCPを扱う上では、最も沢山の空気を吐出する最適な圧力帯、通称**「美味しい圧力」**を見つけて、この圧力帯で射撃をすることが大事になるのです。

美味しい圧力はエアライフルの種類によって異なる

なぜこのようなお話をしたかというと、PCPを始めて扱う方の多くが「充填する空気が高圧であればあるほどパワーが出る」と思っている人が多いためです。しかしその考えは先にお話したように大間違いで、PCPはシリンダー内の圧力を高くしすぎると本来の性能を発揮することはできません。

それでは「どの圧力帯が美味しい圧力なのか？」という話ですが、これはエアライフルの設計によって異なります。150〜180気圧が最適という機種があれば、200気圧を超える圧力が最適という機種もあります。そこでエアライフルを新しく購入したときは広い圧力帯で連続して試射を行い、ゼロインからどのくらい弾がドロップするか（※）確かめる必要があります。（※ゼロインについてはスコープの項で詳しく説明します）

美味しい圧力を出し続けるためのエアレギュレータ

PCPはエアシリンダー内の残圧によって吐出する空気圧が変わっていきます。つまりペレットを押し出すスピードが発射回数によって変わってきてしまうということです。ペレットのスピードが落ちればそれだけ狙った位置よりも下に命中するわけですから、精密射撃にとってこれは致命的！常に同じ発射圧を保つことができるスプリング式に比べて、唯一PCPが負けるのがこの**安定性**です。

この欠点を補うために、近年のエアライフルには**エアレギュレータ**と呼ばれる装置が取り付けられることが多くなりました。

エアレギュレータの仕組みを簡単に解説すると上図の通りです。一次圧がシリンダーの圧力、二次圧がエアレギュレータの圧力です。このように圧力を小分けにしていけば、常に美味しい圧力を取り続けることができます。

エアレギュレータの仕組み

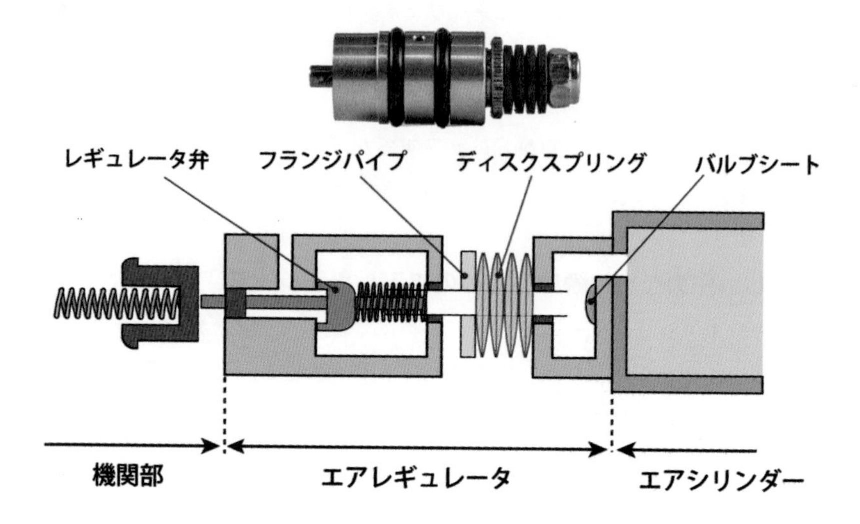

エアレギュレータの仕組みはメーカーによって様々ですが、ザックリと上図のようになっています。エアシリンダーとエアレギュレータ本体は**ディスクスプリング**をかませた中空のフランジパイプでつながっています。

エアシリンダーからの高圧がフランジパイプを通してエアレギュレータに流れ込み一定の圧力になると、ディスクスプリングがペチャっと潰れます。すると、シリンダー側のパイプの口がバルブシートに抑え込まれて空気の流入がストップします。このようにして、エアレギュレータ内はエアシリンダー内よりも低圧の状態を保ちます。

さて、ストライカーがエアレギュレータのバルブシャフトを叩き圧力を抜くと、ディスクスプリングは再び膨らんでパイプの口を開きます。こうしてエアシリンダーから高圧が流れ込み、エアレギュレータ内の圧力を上昇させます。

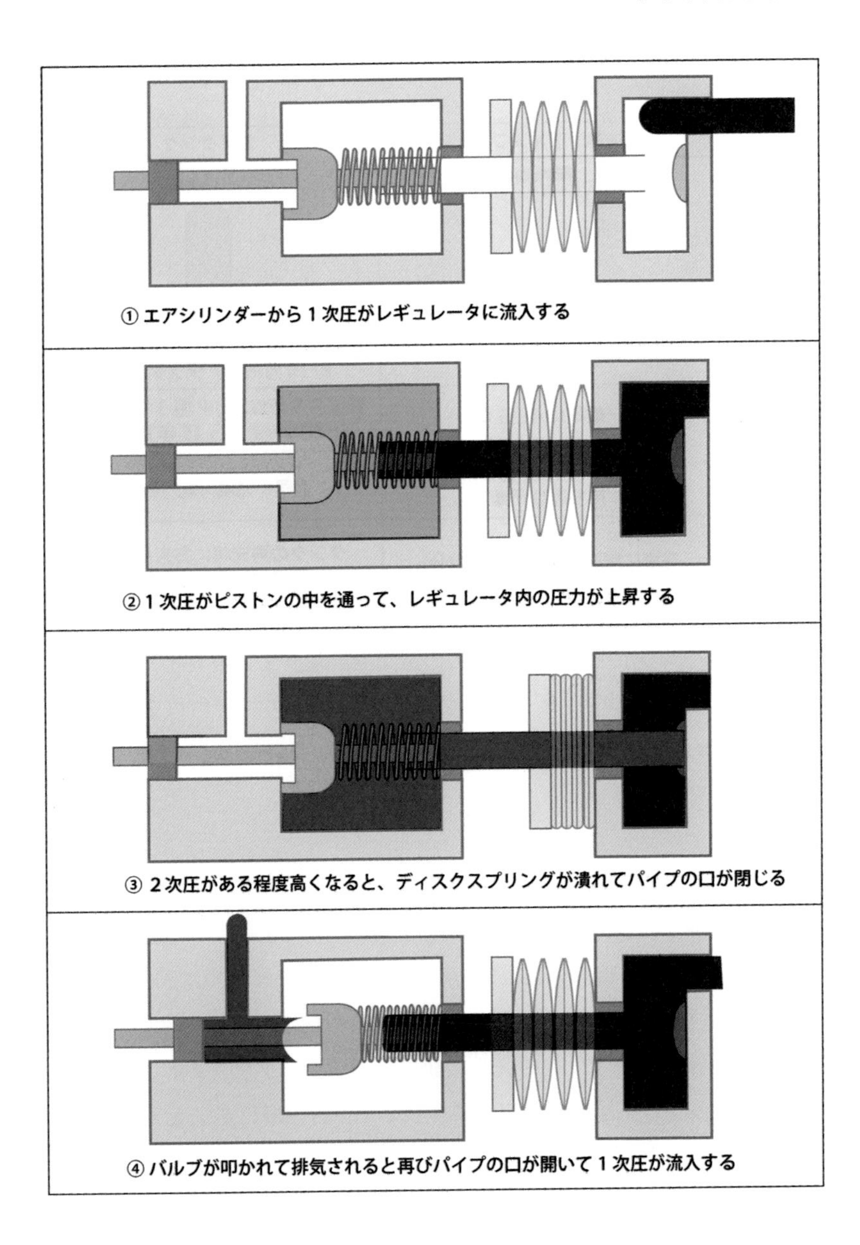

① エアシリンダーから１次圧がレギュレータに流入する

② １次圧がピストンの中を通って、レギュレータ内の圧力が上昇する

③ ２次圧がある程度高くなると、ディスクスプリングが潰れてパイプの口が閉じる

④ バルブが叩かれて排気されると再びパイプの口が開いて１次圧が流入する

6. エアのチャージ

	ハンドポンプ	エアタンク
相場価格	2～3万円	約10万円+アダプタ1万円
耐用年数	一般的に4、5年	鋼鉄製5年毎、FRP製3年毎に検査 FRP製は製造から15年で廃棄処分
長所	人力でエアを充填できる 持ち運びが楽	素早く充填可能（数秒）
短所	充填に時間がかかる（十数分）	タンクの再充填にお金がかかる 鋼鉄製は持ち運び困難

PCPにはペレットを射出するための空気を充填する必要があります。その方法にはハンドポンプとエアタンクの2種類があり、どちらを選んでも構いません。ただし、どちらも一長一短あるので、その違いについてあらかじめ知っておきましょう。

ハンドポンプはコストがかからないが・・・

ハンドポンプは、一見すると自転車の空気入れのような見た目をしています。もちろん、自転車は3気圧程度に対してエアライフルは200気圧を入れるわけですから、見た目は似ていても中身の構造はまるで違います。

使い方は単純で、ホースの先端に銃専用のコネクター（**フィリングコネクタ**）を取り付けます。それを銃に接続して、自転車に空気を入れるようにポンピングをしていきます。

最初はホース内の圧力を上げるだけなので簡単にポンプできますが、ホース内の圧力が銃のシリンダーと同じになってからは体力勝負です。それはもう真冬でもうっすらと汗をかいてしまうほど大変な作業です。

ポンプについているゲージを見ながら、希望の圧力になるまで充填し、終わったら**リリーフバルブ**を解放してホース内の残圧を抜いてからコネクターを外します。この残圧を抜かずにフィリングコネクタを引っ張ると200気圧が噴き出して凄い音がするので注意してください。なお、エアシリンダー側には逆止弁が付いているので、コネクターを抜いても空気が抜けることはありません。

ハンドポンプは持ち運びしやすく、銃の価格に含まれていることも多いのでリーズナブルです。ただし、先ほども説明した通りエアの注入作業はものすごく大変！ハンドポンプ一択で考えている人は体力と覚悟を付けておきましょう。

エアタンクは楽だが取扱注意！

エアタンクは、300気圧ほどの高圧が詰まった容器で、主にダイビングの用途で使われています。

使い方はハンドポンプと同じように、フィリングコネクタをエアシリンダーに差し込み、あとはタンクのバルブを開くだけです。ただしここで注意！このバルブは絶対に一気に開けてはいけません！

まず、タンクについている**インジケータ**を見ながら、少しずつ、本当に少しずつ「そ〜っ」とバルブを開け始めます。すると、エアシリンダー内の圧力とホース内の圧力がつりあったところで、インジケータの針が止まります。そこからまた少しずつバルブを開けていき、希望圧力になったらバルブを閉め、レギュレータ（※エアタンクのレギュレータ）のリリーフバルブを開放してホースの内圧を抜き、フィリングコネクタを外します。

なお、まれにエアシリンダーの値とインジケータの値がズレることがあります。こういった場合は、インジケータの値を信じてください。工業製品の常として、機器がデカい方が中身の部品も大きく作られているので正しいです。なので、例えばエアシリンダーのメーターが150気圧、インジケータが160気圧を指している場合は、インジケータの160気圧の方を信用してください。

もしどうしてもエアのチャージに不安がある人は銃砲店でエアチャージを行っているので、お店に持ち込んでください。

エアタンクの構成

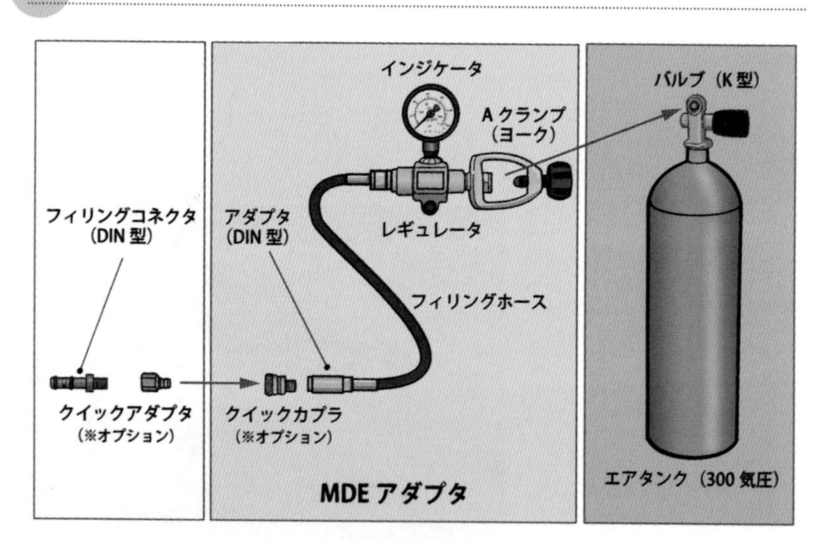

エアタンクからエアライフルに空気を注入する方法ですが、一般的には**MDEアダプタ**と呼ばれる装置を噛ませます。海外ではエアタンクのバルブから直結する猛者もいますが、日本で流通しているバルブの型式（K型）とヨーロッパで流通しているフィリングコネクタの形状（DIN型）は合わないため、基本的には直結できません。

フィリングコネクタは機種によって種類が異なる

ちなみに、フィリングコネクタの形状は機種によって違います。例えば上の写真では左から、

①エアアームズS510アルティメット
②FXクラウン・ボブキャット・デイステート製品など
③ウィンディシティー・エバニクス製品など、
④エアアームズ・ガラハド
⑤FXサイクロン・ストリームライン・ボブキャットMk II、ハッサンアームズ製品など

になっています。「メーカーごとに違う」ならわかりやすいのですが、「機種によってバラバラ、しかも他メーカーと適合することがある」ので、なかなか厄介です。エアライフルメーカーは部品を一般の空気圧機器メーカーから買って組み立てるので、こういうことが起こるようです。

機種によってフィリングコネクタが違うので、私たち銃砲店ではフィリングコネクタにクイックアダプタ、MDEアダプタ側にはクイックカプラを装着しています。こうすることで、わざわざホースのアダプタにフィリングコネクタをねじ込まなくても、ワンタッチで取り付けることができるからです。家にエアライフルが数挺ある方は、この方法を試してみるのもオススメです。

ペレットを知ろう

エアライフルに使用する弾「ペレット」は、何の変哲もない金属の塊のようにしか見えません。しかしそこには、高速かつ精密に射撃を行うための、様々な工夫が施されているのです。

1. 命中率を高めるペレットの仕組み

散弾銃やライフル銃などの弾は、弾頭と火薬、そして雷管が薬莢（ケース）に込められたセットになっており、実包（カートリッジ）と呼ばれています。対してエアライフルは、銃本体に蓄えられたエネルギーを使って弾を発射する仕組みなので、使用する弾も実包のような組み合わせではなく、弾頭だけ使用されます。この弾頭が粒状であることから、エアライフルの弾は**ペレット**と呼ばれています。

狙ったところに飛んでいく工夫

「狙ったところに当たる」というのは、逆の言い方をすれば「狙ったところ以外には当たらない」ということです。これは安全上とても大切なことであり、「銃」という道具の最大の特徴です。だって、弾がどこに飛んでいくかわからない道具なんて、銃ではなくただの「凶器」じゃないですか。

前節でお話したように、エアライフルはライフリングによって弾を横回転させ、**ジャイロ効果**という現象を利用して弾道を安定化させます。

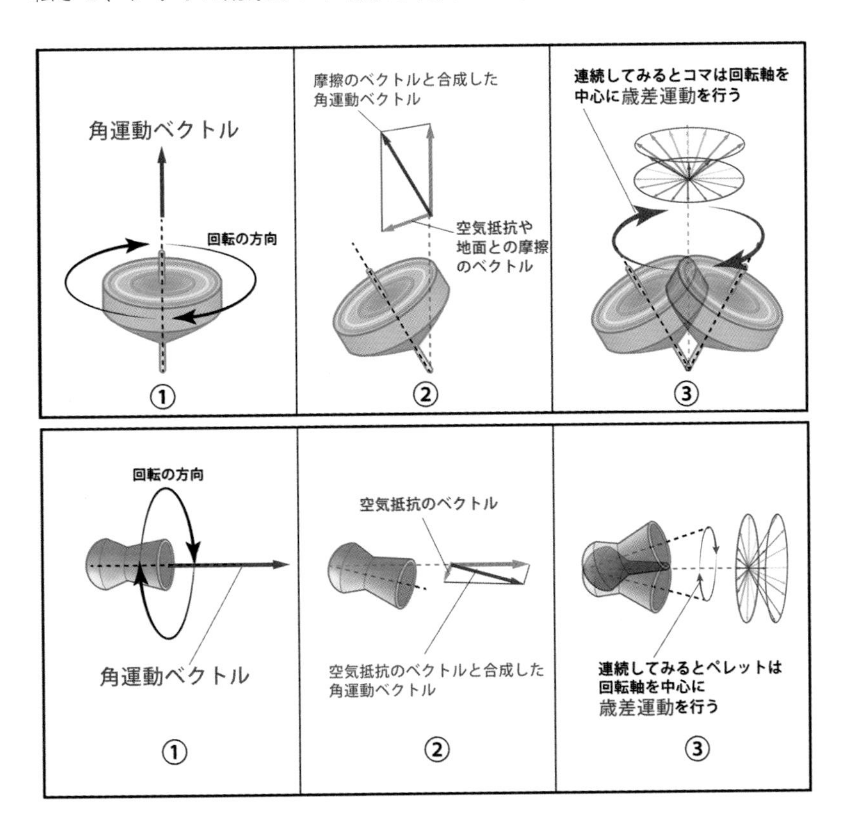

安定する理由がいまいちピンとこない方はコマを想像してみてください。コマは回っている内はまっすぐに立って、なかなか倒れようとしません。回転しながら飛んでいるペレットは、コマが90度傾いたのと同じ原理で姿勢が安定しています。

さて、狙ったところにペレットを当てるためには、まずはペレットがライフリングで横回転しなければなりません。よってペレットはライフリングに噛み合う材質でなければなりません。

また、ペレットが縦回転してしまうと、BB弾のようにホップアップして狙ったところに当たりません。そこでペレットは縦回転しないような形状である必要もあります。

ペレットの材質

ペレットは何で作られているかわかる方はいらっしゃいますか？…「鉛？」、そうですね。しかしその答えは△です。

ライフリングで横回転を加えるためには、ペレットの材質は比較的柔らかい金属でなければなりません。そのため、柔らかくて比重が重い鉛が使われているのですが、鉛は水分に触れるとすぐに錆びるため、材質は鉛だけではありません。その正体は、様々な添加物とコーティングが施され「ライフリングで回転しやすい上に、錆びにくく、銃身内での変形は少ないけど、命中したら潰れる」という特徴を持った鉛合金です。

また、近年は狩猟用銃弾の鉛規制が叫ばれており（※）、エアライフルにも**鉛不使用（リードフリー）**のペレットが増えてきました。この「リードフリー」というのは「鉛“は”使っていない」という表記であり、素材が何なのかは明記されていません。右の写真のように、見た目は鉛タイプよりもやや白味を帯びており、少し硬い材質になっているので、おそらくは錫と何かの合金だと思いますが、よくわかりません。

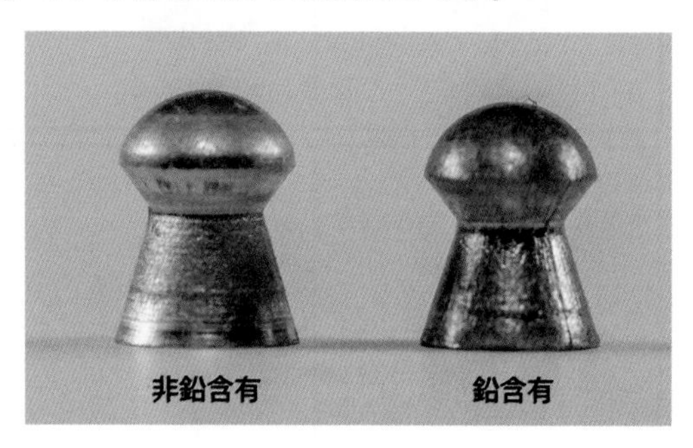

というわけで。冒頭クイズの正解は「企業秘密なのでよくわからん」でした。

(※これを執筆している令和4年の時点では規制されていませんが、今後ペレットも規制対象になる可能性があるのでご注意ください)

なぜペレットの鼻は丸いのか？

ここまで出てきたペレットの写真を見て、皆さん疑問に思ったのではないでしょうか。「空気抵抗は減らしたいだろうに、なぜ先が尖っていない？」と。そうなんです。ペレットはそのほとんどが半球状になっています。それはいったいなぜなのでしょうか？

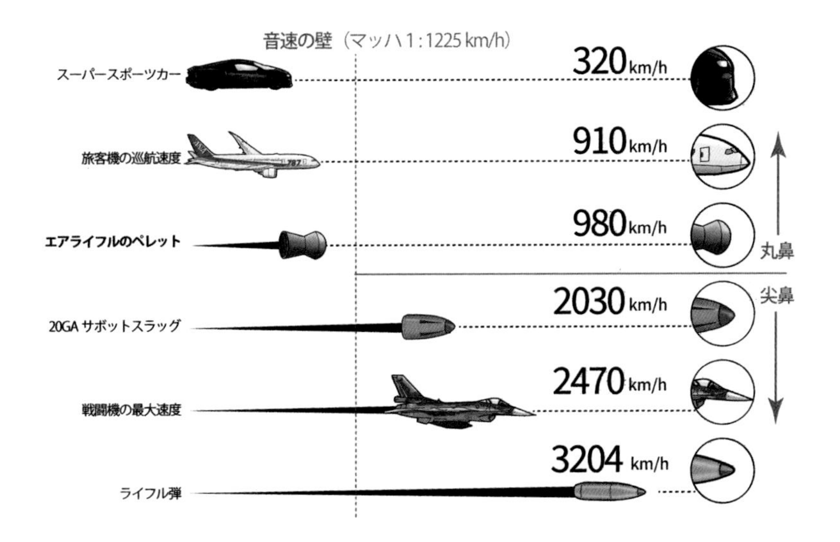

例として、早く動く物体の先端形状を速度順にまとめてみました。どうでしょうか、何か傾向があることに気が付きましたか？…そうですね、**音速**を壁にして「音速以上は先が尖っていて、音速以下は丸い」という傾向があります。

私たちの周りにある空気は何の抵抗もなく触ることができますが、音速を超えて空気にぶつかるとゴムのような壁になります。そこで物体が音速を越えるためには空気の層を“切り裂く”必要があるため、先端がとがった形状をしていなければならないのです。

一方、音速を下回る速度で動く物体は、空気の層を切り裂く必要はほとんどなく、空気を“受け流す”ことの方が大事になります。数学的な説明はしませんが、動いている物体は空気が表面を流れる量が一定であるほど、流れる時間が長いほど姿勢が安定します。よって音速以下で飛ぶ物体の正面は、最も面積が稼げる半球状になっているのです。

話しをもとに戻すと、ペレットは音速以下で飛びます（正確には飛ばないように速度を抑えています。詳細は後述）。ペレットの速度は偶然にも旅客機の巡航速度とほぼ同じなのですが、こちらも先端が丸くなっています。航空機メーカーの超頭が良いエンジニアが「丸鼻」を選んでいることからもわかる通り、ペレットの丸鼻は最も理にかなった形状なのです。

速度と重さの関係

さて、先ほど「ペレットは音速以下で飛ぶのが前提」とお話ししましたが、射出圧を上げまくることで音速を超えて飛ばすことは可能です。しかし、良識あるガンスミス達は音速を超えてペレットを撃とうと考えません。なぜならペレットには“重さ”の限界があるからです。

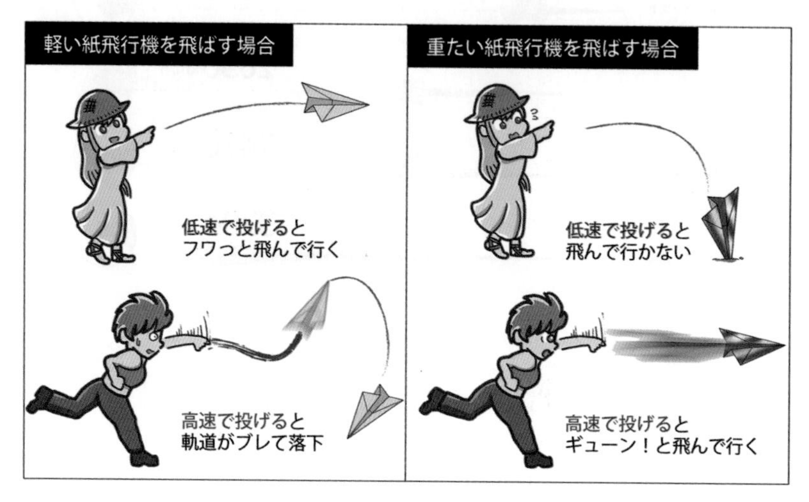

紙飛行機を思い出してください。紙飛行機を上手く飛ばすためには「ふわっ」と投げ出さなければなりません。早く投げようと思いっきり振りかぶっても、紙飛行機はキリモミしてすぐに落ちてしまいます。このように物を速く・正確に飛ばすためには、速度に見合った質量が必要になるのです。

ペレットの重さは1〜2グラム程度です。この重量の物を音速で飛ばそうとすると、どこに飛んでいくか想像がつかないほど大暴れします。音速で飛ばしたいのであればペレットを重くすれば良いのですが、材質や口径制限の問題があり重量には限界があります。

もちろん世の中には「ペレットは速い方がいい！」と主張する人たちもいますが、それについては賛成しかねます。だって、そんなスピードがなくても“獲物はとれる”のですから。

私たちが扱う空気銃は狩猟が目的であり、所持許可はその用途で下りています。つまり過剰なスペックを求めるのは興味本位でしかなく、本来の目的を見失っているといえるのです。

底の部分が空洞だと綺麗に飛んでいく！

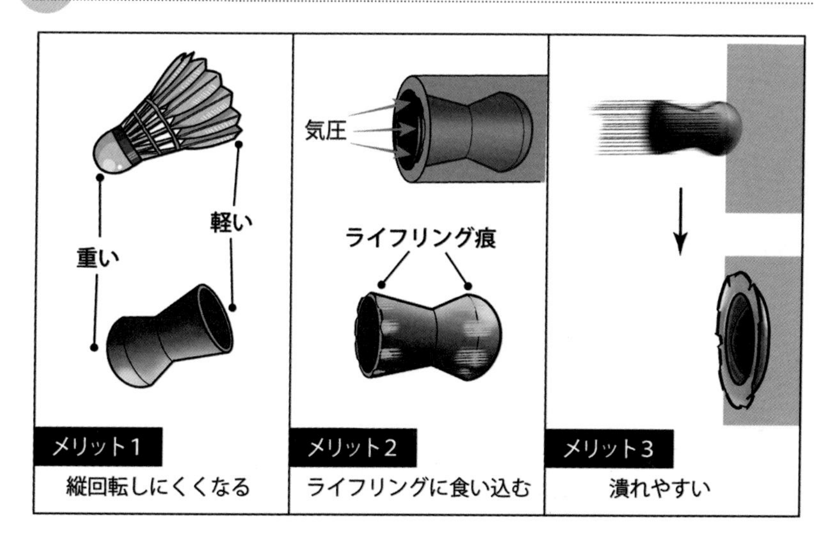

ペレットの底面は末広がりの空洞になっており**スカート**と呼ばれますが、これにはいくつかのメリットがあります。

まず1つ目が縦回転になりにくいことです。変なたとえですが、靴下に野球のボールを入れて口を縛り投げたとします。このとき両端に寄ったボールが交互に前進しながらグルグルと飛んでいきます。このように物体は両端に荷重があると縦回転しやすくなるのです。

ペレットでは中空のスカートを作って軽くし、縦回転が起こりにくい仕組みになっています。バトミントンのシャトルも同じような理由で、あのような形状になっています。

2つ目のメリットがライフリングに噛みやすくなることです。先述の通り、ペレットは高圧を受けてライフリング上を進んでいきます。このときスカートに高圧が当たると、マリリンモンローのスカートのようにブワっと開いてライフリングに張り付き、圧力が漏れるのを防ぎます。このため、発射されたペレットを観察してみると、頭の部分とスカートの部分の両方にライフリング痕が刻まれています。

3つ目のメリットが潰れやすくなることです。これがなぜ「メリット」と言えるのかについては、次の節で詳しく解説をします。

2. ダメージを増加させるペレットの仕組み

銃は、狙ったところに当たらなければ意味がありません。しかし射撃の目的が狩猟である以上、命中したペレットで獲物を屠ることができなければ、こちらも意味がありません。それでは、ペレットがどのように獲物へダメージを与えるか、詳しく見ていきましょう。

パワーがなければ狩猟には使えない

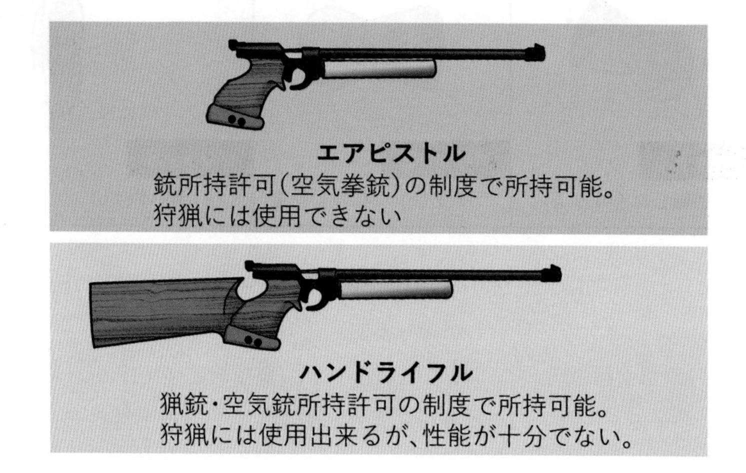

空気銃の一種に**ハンドライフル**という銃があります。これは**エアピストル**という拳銃型空気銃に銃床が取り付けられており、10m先の的に向かってペレットを発射して点数を競うためのスポーツ用空気銃です。「エアピストルと何が違うん？」と疑問に思う人もいるかと思いますが、…まぁそれは日本のちょっと特殊な銃事情から来ています。今回の話とは関係ないので、いずれどこかで。

さて、このハンドライフルですが10m先で超精密な射撃をすることができます。射撃用語で「ワンホール」と呼ばれる通り、1発目の弾痕に2発目がスッポリ入るぐらい高精度です。

「そんなに命中精度が良いなら、狩猟に使えそうだ！」と思われる方が多いと思います、実際はまったく使えません。「法律的に」ではなく、パワーが無さ過ぎて狩猟では使い物にならないのです。

ペレットのパワー評価

マズルエネルギー	衝突エネルギー	ノックダウンパワー
銃口付近におけるペレットの持つエネルギー。パワーを評価する目安。	ペレットが標的に与えた衝突のエネルギー。貫通した場合は運動エネルギーぶん衝突エネルギーは減少する。	ペレットが標的内部に侵入し、生体に与えるダメージ。
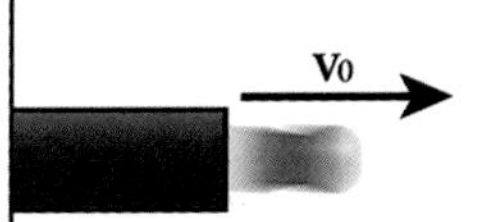	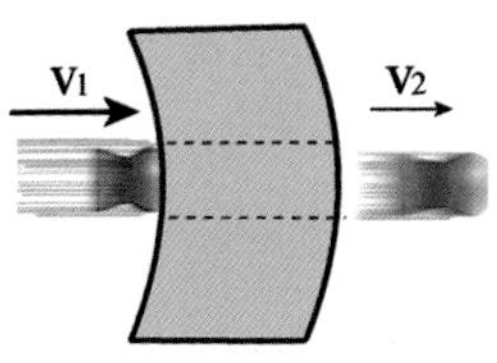	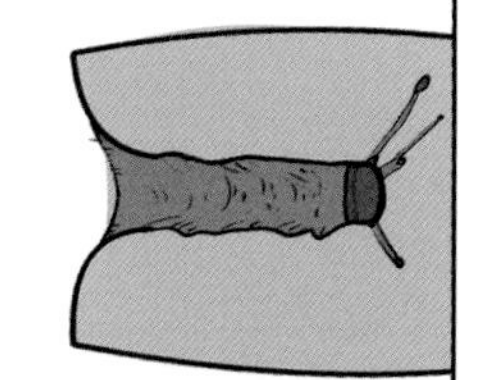
銃口におけるペレットの速度 v_0 ペレットの重量 m マズルエネルギー E_0 は $E_0 = \frac{1}{2} m v_0^2$	衝突時の速度を v_1、貫通時の速度を v_2 とすると、衝突時のエネルギー E は $E = \frac{1}{2} m (v_1^2 - v_2^2)$	侵入したペレットや断片化したフラグ、また衝撃波が、神経や臓器を破壊することで生じる生理的ショック。物理的だけでなく神経学的な要素を含むので、数値による評価は難しい。

ペレットの持つパワーには、①マズルエネルギー、②衝突エネルギー、③ノックダウンパワーという3つの見方があります。

まず①**マズルエネルギー**は、ペレットが射出された瞬間に持っている運動エネルギーです。これを評価するのは簡単で、銃口付近にスピード計を取り付けて発射する弾の速度を測定し、これに使用したペレットの重さで計算できます。ペレットが重ければ重いほど、スピードが速ければ早いほど高い数値になります。

次に②**衝突エネルギー**は、ペレットが標的に命中することで**仕事**に変換するエネルギーです。仕事とは、物体を動かすのに消費されたエネルギーのことで、ペレットは獲物の細胞を動かしながらと内部に浸透してきます。

この仕事を評価するためには、獲物に命中する直前のペレットの速度と、貫通したペレットの速度を計測すればわかります。獲物に命中した後の速度が「0」になった場合は、持っていた運動エネルギーをすべて仕事（生体の破壊）に使用したと考えることができます。

逆に、命中した後のペレットの速度が全く変わらなかった場合、それはおそらく幽霊です。困ったことに、この幽霊は猟場でスコープ調整をしたくなったときによく現れます（!?）

最後に③**ノックダウンパワー**は、先2つの物理的評価とは異なり、様々な要素が絡み合っています。ペレットがたとえまったく同じ仕事をしたとしても、命中したところが足先か、心臓や脳などの**バイタルポイント**かで、獲物を倒しきる（ノックダウンする）可能性は大きく変わります。このような生物的要素については3章でお話をしています。

さて、このようにペレットの与えるダメージは様々な要素が絡んでくるわけですが、話をまとめると「ダメージが大きくなるペレット」は次の要素が考えられます。なお、（※）が付いている項目については、すでにこれまでお話した中で解説しています。よくわからない方は読み返してください。

ダメージUPの要素		理由（※解説済の内容）
①	射出速度が速い	初速が早いほど命中時の速度も速い （※ペレットが軽いほど速度は出るが安定性は下がる）
	重量が重い	重いほど命中時のダメージが大きい （※材質的・法律的に重さには限界がある）
②	速度減衰が少ない	空気抵抗が小さいほどダメージが大きくなる （※ペレットの速度では丸型が最も安定）
	材質が柔らかい	貫通しにくくなる （※柔らかさには材質的な限界がある）
	形状が潰れやすい	貫通しにくくなる （※ペレットが中空なのは潰れやすいようにするため）
③	口径が大きい	生体を破壊する表面積が大きくなる
	命中時に破片（フラグ）が飛び散る	バイタルポイントを傷つける可能性が高くなる
	劇薬が塗ってあったり、命中時に爆発したりする	ペレットの命中に加え副次的ダメージを与える （※危険猟法として日本では禁止されている）

先端形状は用途に応じて使い分けよう

ペレットには、重さ、大きさ、口径、材質、先端形状など、実に様々なタイプが売られています。それではこのなかで、どのペレットを選べば良いのか？一言で答えるとしたら「用途による」です。

例えば先端が槍型になった**ピアシング弾**と呼ばれるペレットは、貫通しやすくなるためダメージが出ず、さらに空気銃の速度では軌道が安定しないので、カモを狙撃するような用途では使い物になりません。しかしこの形状は貫通性が高いことから、罠の止め刺しで近距離からイノシシ・シカの頭蓋骨を貫通させる目的では有用です。

また、ペレットの先端にくぼみをつけて命中時に弾が大きく潰れる**マッシュルーム効果**を持たせた**ホローポイント弾**は、肉へのダメージが大きいため狩猟（肉を得る）には向いていません。しかし肉を得なくても良いカラスやカワウなどの駆除を目的とした場合は、とても有用なペレットです。

基本はラウンドノーズ、重量は銃種で選ぶ

数が多くて迷ってしまうペレットの選択ですが、基本的にはこれまでお話してきた丸鼻の**ラウンドノーズ弾**がベストな選択です。先端形状はこれに固定して、250気圧を超えるようなハイパワーのエアライフルを使う場合は、ペレットのくびれをなくした重量タイプの**ヘビーウェイト弾**を選択

するのが良いでしょう。

また近年では**エアスラッグ弾**も注目を集めています。このペレットはホローポイント弾とヘビーウェイト弾の合いの子のような性能を持っており、精密性と命中時のパワーの両立を目指しています。

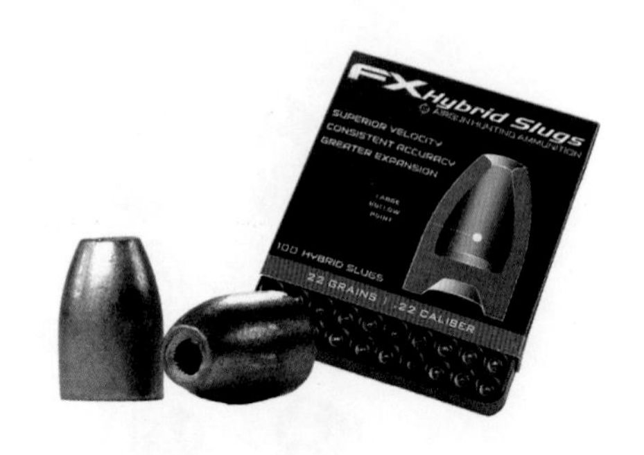

ただし注意が必要なのは、ラウンドノーズ弾の使用を前提に設計されたエアライフルでは、エアスラッグ弾の性能を出し切れない場合があります。銃種によってはエアスラッグ専用の銃身を持つものもあるので、銃種選びの参考にしてください。

ペレット選びは自分の銃で確かめよう

ペレット選びの話題ではしばしば、「このペレットは10円玉サイズに集弾しないから役に立たない！」といった話が聞こえてきます。しかし、ペレットはエアライフルとセットであり、お互いの相性によって性能は大きく変わります。

例えば、ペレットの中に「ジェット弾」という種類があるのですが、このペレットを最新型のエアライフルで撃つと、精度はまったくでません。ではこのジェット弾が不良品なのかというと、そうではなく、エースハンターやイノバといったマルチストローク式ではとても良い精度になるのです。逆に、新型のペレットを旧式のエアライフルで撃つと、こちらも精度はまったく出ません。

つまりペレットは、使用するエアライフルの種類、銃身の設計、使用する圧力帯などで変わってくるため、ペレット単体での評価はあまり意味がないのです。

あなたが所持するエアライフルは、あなたの相棒であり恋人です。あまり人の意見を鵜呑みにせず、自分自身でベストマッチなペレットを探してみてください。

ペレットを評価する際の単位系

	メートルグラム法		ヤードポンド法
重さ	グラム g	1[g] = 15.43 [gr] → ← 0.064 [g] = 1[gr]	グレーン gr
距離	メートル m	1[m] = 1.09 [yd] → ← 0.92 [m] = 1[yd]	ヤード yd
長さ	センチ cm	1[cm] = 2.56 [in] → ← 0.39 [cm] = 1[in]	インチ in
速さ	メートル毎秒 m/s	1[m/s] = 3.30 [ft/s] → ← 0.30 [m/s] = 1[ft/s]	フィート毎秒 ft/s
エネルギー	ジュール J	1[J] = 0.74 [ft·lb] → ← 1.35 [J] = 1[ft·lb]	フィート重量ポンド ft·lb

ここまでで、ペレットの重さやエネルギーなどの物理量に触れてきたので、最後に単位についてお話をしましょう。

空気銃の性能を評価する際に用いる単位は、イギリスやアメリカで使われている**ヤードポンド法**を用います。これは、空気銃がイギリスで発展してきたので、現在もその影響が残っているためです。

ヤードポンド法では、重さを**グレーン**（gr）、速さを**フィート毎秒**（ft/s）、ペレットのエネルギーを**フィート重量ポンド**（ft・lb、「ft/lbs」という表記もあるが、本書ではこちらを使用）で表記します。重さの単位がグレーンとポンド、長さをインチとフィートと2種類ずつ用いるので非常にややこしいのですが、そこは慣れてください。本書でもこれから何度も使う単位なので、わからなくなったら上の表で読み替えてください。

余談ですが、ソフトエアガンはメートルグラム法で評価されます。これは東京マルイなどの国産品が超強いからです。一応こういった点にもエアソフトガンとエアライフルの違いがあります。

3. ペレットのサイズ

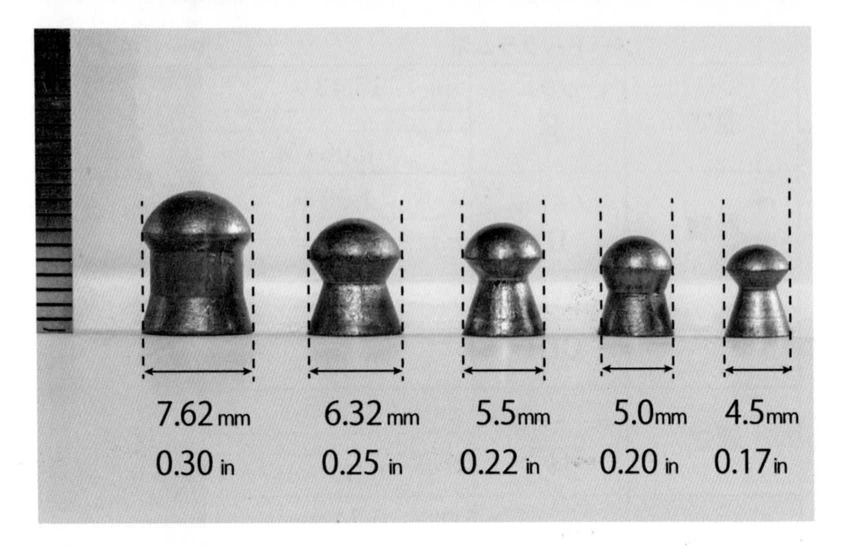

銃は基本的に口径に合ったサイズの弾しか撃ち出すことができません。よってエアライフルを購入するときは、まず、どの口径を選ぶか考えなければなりません。後々後悔しないためにも、口径をどのように選べば良いか知っておきましょう。

日本で流通しているペレットの口径

日本の法律では「8mm（31口径）以上の口径は所持できない」とされているので、7.9mm以下（30口径）であればどれでも所持はできます。ただしエアライフルも工業製品として共通規格のもと作られているので、選べる口径長は限定されます。

空気銃の長い歴史の中で衰退した口径や、海外には12.7mm（50口径）というトンデモナイ口径までありますが、現在日本で流通しているのは7.62mm、6.32mm、5.5mm、5.0mm、4.5mmの5種類です。

どのように選ぶかですが、何も知識がない人は「大きいペレットは大きい獲物へ。小さいペレットは小さい獲物へ」と思われるでしょう。実はこれ、まったくその通りです。ただし「5.5mmが基準」という点だけ押さえておいてください。

4.5mm（0.17口径）はヒヨドリ以下の小鳥に

現在日本各地で離農が進み、後継者を失ったミカン農家などでは「甘い果物大好き」なヒヨドリで大盛況になっています。また、テレビなどでご存知の方も多いと思いますが、市街地の街路樹を寝ぐらにするムクドリが増えており、糞害や騒音問題に発展しています。エアライフルはこのような小鳥の駆除を目的で所持する人も多く、こういった方は**4.5mm口径**がオススメになります。

口径が小さいということは空気抵抗を受ける面積も小さくなるため、他の口径よりも精度が高くなります。唯一の欠点は重量が7〜8グレーン（0.5グラム程度）しかないためストッピングパワーが小さいことですが、小鳥であれば体に小さい穴が空けばしとめられるので、それほど大きな問題ではありません。

余談ですが、ヒヨドリって意外と美味しい小鳥なのですが、駆除に駆り出される一般ハンターのほとんどは5.5mmを使っているため、肉の傷みが大きくなります。対して、ヒヨドリの駆除を専門にやっている猟師さんは、あえて4.5mmのエアライフルで捕獲を行ない、駆除後の処理として焼き鳥にして食べているとか。役得ですね。

5.0mm（0.20口径）は衰退中の口径

はじめに申し上げておくと、これからエアライフル猟を始める方は**5.0mm口径**を持つのはオススメしません。なぜかというと、この口径は主に日本で開発されていたエアライフルに採用されていた口径で、現在の輸入品が99％の現状で適合するペレットがほとんどないためです。

5.0mm口径のエアライフルで今でも出回っているのは、エースハンターやイノバと呼ばれるSharp社製品ぐらいです。「どうしてもこの銃が欲しい」という方は止めませんが・・・一つだけ。近年の狩猟用鉛弾規制の方針で、下手をすると5.0mmの弾はすべて使えなくなるかもしれません。ご留意ください。

5.5mm（0.22口径）は小鳥から大鳥までオールマイティ

5.5mm口径は、スズメからキジまで様々な獲物にオールマイティに使える口径です。もう「迷ったらこれ！」的な口径です。

ペレットの重さは14〜18グレーン（1グラム前後）が主流です。最近の若いエアライフルマンの中には「パワーが心配」と思われる方も多いようですが、遠距離でも残存パワーは十分に残っています。「獲物に当たったのにしとめられなかった。5.5mmだとパワーがないせいだ！」というベテランさんも見かけますが、おそらく当たり所の問題なので6.35mmでも逃げられています。

なぜここまで5.5mmを推すのかというと、「世界の主流が5.5mmだから」です。「世界の基準が正しい」と言う気はありませんが、主流だということはエアライフルメーカーも5.5mmを基準に研究をしているということなので、デザインなどの設計も5.5mmの射撃に調整している、というわけです。

また5.5mmは流通量が多く、ペレットの種類も豊富です。装薬銃（散弾銃・ライフル銃）の弾は、警察の許可がなければ他人にあげることはできませんが、エアライフルのペレットは貸し借りOKです。ニッチな弾を仲間内で購入して銃種とペレットの相性を調べるなど、5.5mmユーザーが集まればそういった面白いことも可能です。

6.35mm（0.25口径）は肉のダメージは大きいがパワーが強い

この書籍の初版（2017年）では「6.35mmが最近ひそかにブーム！？」なんて書いちゃいましたが、最近ではこの**6.35mm口径**を選ぶ人が非常に増えてきました。

6.35mmは5.5mmに比べて表面積が大きく、空気抵抗を受けやすくなるため精度は少し劣ります。しかしペレットの重量が25〜34グレーン（約2グラム）と5.5mmよりも倍程度重く、そのうえ弾速も5.5mmと同等に出るため、キジやカモといった比較的矢に強い獲物に対して効果的です。

7.62mm（0.30口径）は止め刺し用。鳥猟にはオススメしない

さて、2022年現在、「最近問い合わせが増えてきたなぁ」と感じるのが**7.62mm口径**です。重量は50グレーン（約3グラム）と、5.5mmの3倍の重量があります。速度も5.5mmと同レベルに出るマグナムパワードエアライフルも登場しています。

さて、7.62mmですが、この書籍を読んでいる方にはオススメしません。この本は「エアライフル猟の教科書」なので、対象は小鳥やキジ・カモといった大型鳥です。

このサイズの獲物に対して7.62mmの弾を撃ち込むというのは、人間サイズでいうと、単二電池が旅客機の速度で突っ込んでくるのと同じ状態です。当たった獲物はもちろん死にますが、命中した部分には羽毛が混じって肉はボロボロになり、内臓が破裂して可食部はほとんど残りません。

7.62mmをオススメするのは有害鳥獣駆除（捕獲許可制度）で狩猟を行うような人たちです。このような人たちは肉を得るためでなく、獲物を駆逐することを目的としているので、獲物をしとめ切れれば良いわけです。対して、みなさんは獲物をしとめた後はその肉を美味しく料理して食べたいはずです。そういった意味で、7.62mmは本書の主旨には合っていないと言えるのです。道具は適材適所で使い分けましょう。

スコープを知ろう

伝説のスナイパーであれば目視で何十メートルも先にある標的に数ミリの弾を当てることができますが、それは私たちにマネができる芸当ではありません。しかし、スコープという道具を使えば、私たち凡人でも伝説のスナイパーに匹敵する命中率を得ることができます。

1. 照準とは

シモ・ヘイヘという名前を聞いたことがあるでしょうか？ 1939〜1940年にソビエトとの間で起こった冬戦争で活躍したフィンランド人で、迫りくるソ連兵を500人以上しとめた記録を持つ英雄です。

このシモ・ヘイヘは身長150cmの小柄な体格なので、敵陣に飛び込むようなマッチョな戦闘はできません。それではどうやって敵を打倒できたのか？それは、彼が凄腕のスナイパーだったからです。

弾はまっすぐ飛んで行かない

地球上にある物はすべて1秒毎に、約9.8mという加速度（重力加速度）で落下し、落下した距離は1/2×9.8×時間の二乗［m］で計算できます。空気抵抗もろもろを無視して計算すると、0.3秒後は0.44m、0.5秒後は2.45m、

1秒後は4.9m落下することになります。これは高速で飛んでいる弾丸であっても例外ではありません。

つまり、銃から撃ち出された弾は、どんなに正確に真っすぐ狙ったとしても、必ず狙った場所の“下”に命中します。弾が命中するのが0.1秒後であれば5cm、0.2秒後であれば20cm落ちるわけです。

それではどうすれば遠くの獲物に弾を当てることができるのか？その答えは、弾が落下するのを初めから計算に入れて、獲物の“頭上”を狙って撃つのです。0.3秒後に命中する位置にいる獲物には44cm頭上を、0.5秒後に命中する位置にいる獲物には2.45m頭上を狙うのです。

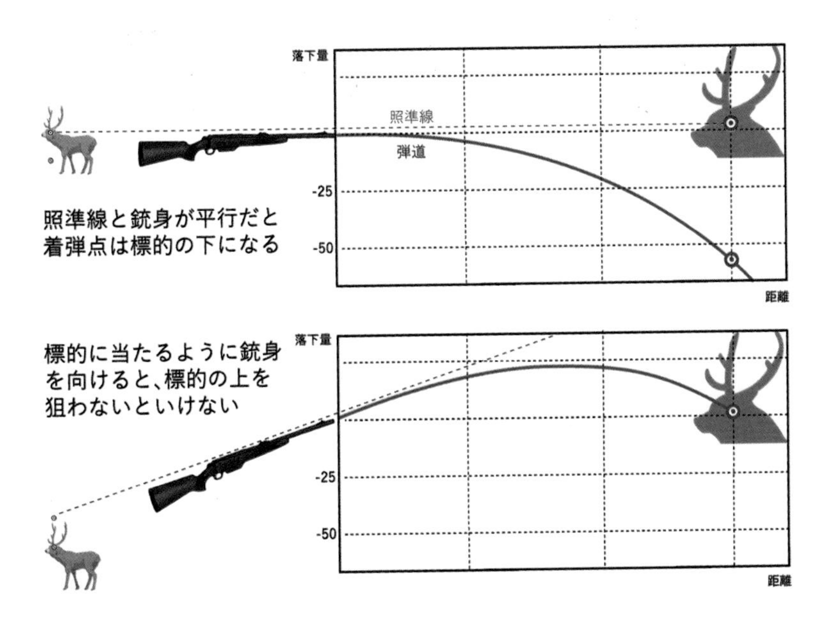

このように撃てば、弾は放物線を描いて標的に命中する…わけですが、皆さん、こんなことできますか？戦場では敵が動き回り、どんな攻撃を仕掛けてくるかわかりません。シモ・ヘイヘが「白い死神」と呼ばれる存在だったとしても、のん気に空を見上げて銃を構えていたら、命はなかったはずです。

そこで実際の銃には、この弾の落下を補正する装置として**照準器（サイト）**を取り付けます。

照準器の基本・アイアンサイトの仕組み

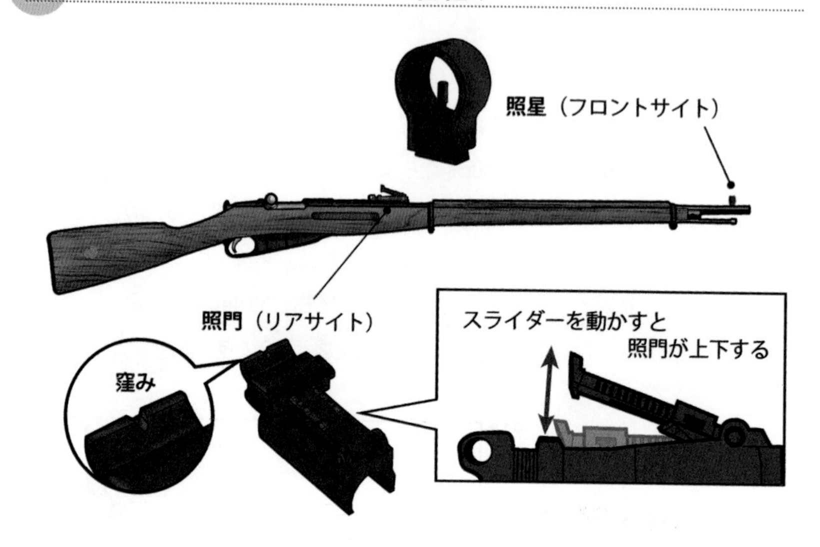

照準器と言っても色々な種類がありますが、その考え方自体はすべて同じです。まずは最も基本的な照準器である**アイアンサイト**を例にご説明しましょう。

アイアンサイトは銃口付近についた**照星（フロントサイト）**と銃身の根元付近についた**照門（リアサイト）**という2つがセットになっています。そして、照星の方には棒が立っており、照門のくぼみの間から棒を見ることで、銃身と目線を平行に構えることができます。

しかし先にもお話したように、銃を平行に構えたままでは、弾は必ず標的の下を通ってしまいます。そこで照準器には照門の“高さを上げる”仕組みが付いています。

照門の高さを変える方法は照準器の種類によって違いますが、シモ・ヘイヘが使っていたアイアンサイトの一種である**タンジェントサイト**では、スライダーを前後させると照門の高さが変わります。

照門の高さを変えると照星との距離が決まります。照門と照星は常に垂直なので、高校の数学で勉強した「サイン・コサイン・タンジェント」のタンジェントを使えば照準線の角度が決まります。なのでこの照準器はタンジェントサイトという名前が付いています。

弾が照準器の中心を通る距離『ゼロイン』という考え方

さて、照準器を調整すると、照準器を覗いた中心と落下してきた弾が交差する距離が現れるのですが、この距離のことを**ゼロイン**といいます。このゼロインをあらかじめ調整（**ゼロイン調整**）しておくことで、射撃はものすごく楽になります。

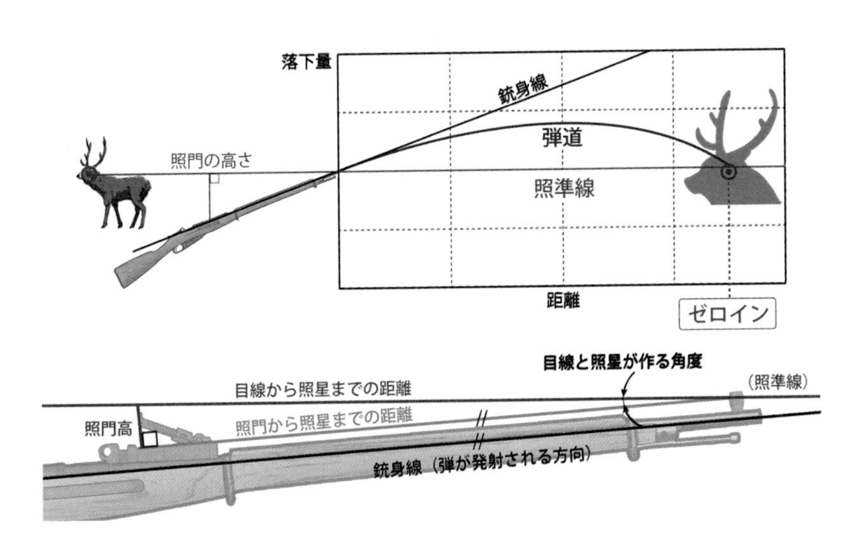

例えば、照門を「300m先でゼロインする高さ」にあらかじめ設定しておきます。こうしておけば、標的が300m先にいた場合、照準のど真ん中に標的を合わせるだけで命中します。命をやり取りする戦場や猟場で「弾の落下を考える手間」を省けるのは、ものすごくありがたいことです。

絶対に理解してほしい「弾速でゼロインは変わる」ということ

ゼロインの概念はご理解いただけたと思うので、もう一つ「ゼロインは発射する弾の速度で変わってくる」ということを覚えておいてください。

例えば先のアイアンサイトの例では、スライダーの目盛り「5」に合わせると、「500m先でゼロインする」高さに照門がセットされます。しかしこれは、照準器が取り付けられた銃で、既定の弾を撃ったときに限られます。例えば、シモ・ヘイヘが使っていたモシン・ナガンM28という銃は、弾丸を812m/sで発射する「7.62×53mmR」というライフル弾を使用します。よって、これ以外の弾を撃ったり、火薬の量を間違えていたり、規定より重たい・軽い弾頭を使ってしまうと弾頭の速度が変わるので、ゼロインは正確ではなくなります。

このようにゼロインは、『銃・弾・照準器』の3つがセットになって成り立つ考え方であり、どれか一つでも変えると調整したゼロインは狂ってしまうことを理解しておいてください。

「スコープがすぐに狂う！当たらない！」という人の中には、「ゼロイン？何それ？」という人は論外として、ペレットを適当に変えて射撃をしていたり、PCPの場合は射撃圧をまったく管理せずに射撃をするような人が結構な割合でいます。

エアライフルの照準はライフルよりもはるかに難しい

さて、ここまでアイアンサイトを例に照準の仕組みを細かく解説してきましたが、読者様の中には「はやくスコープの話をしてよ〜」と、この話に飽きてきた方も多いかと思います。しかし！エアライフル猟では、照準が物凄く重要になってくるんです。それも、ライフル銃で狩猟をするよりも“はるかに”です。

すでにお話したように、ペレットの速度はライフル弾に比べて物凄く遅いので、同時刻における弾の落下量（**ドロップ**）はライフル弾に比べて大きくなります。

例として、エアライフルマンとライフルマンの2人が、同じ高さ（1.6m）から弾を水平に発射したとします。この弾が腰の位置（0.8m）に落下するまでの時間を求めると、約0.4秒後になります。

では、0.4秒後にペレットとライフル弾はどれだけ進んでいるのでしょうか？ペレットの速度を272m/s（時速980km）、ライフル弾を890m/s（時速3204km）とすると、ペレットは110m、ライフル弾は356mとなります。つまり、目線の高さからバーン！と発射した弾丸は、ペレットであれば110m、ライフル弾であれば350m先で腰の高さまで落ちている計算になります。

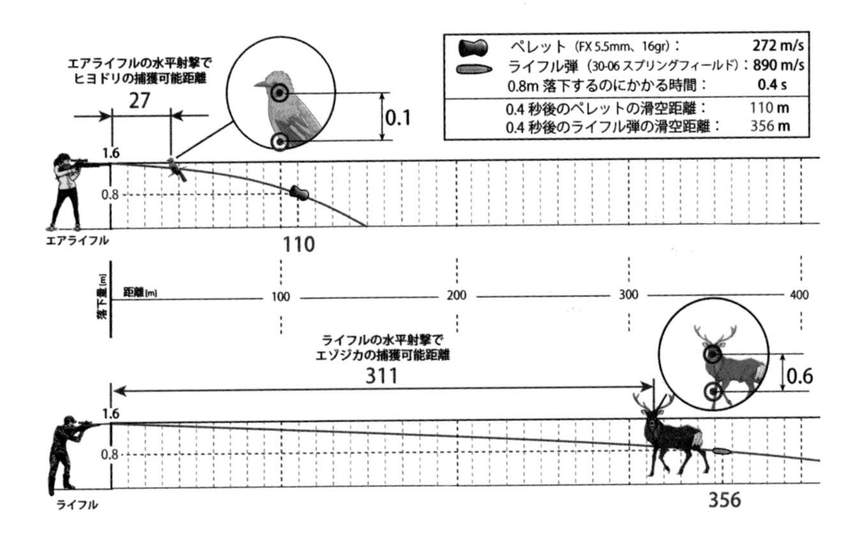

ここで思い出していただきたいのが、エアライフル猟とライフル猟では“獲物の大きさがまったく違う”ことです。例えばエアライフル猟でよく狩猟されるヒヨドリの場合、ペレットが頭部から10㎝以上落ちると命中しません。対してライフル猟のターゲットであるエゾジカの場合、頭部から60㎝ぐらいまでなら、胸元に命中する可能性があります。この情報を先ほどの水平射撃したときの図に当てはめると、エアライフル猟の場合は27m、ライフル猟の場合は311mまでなら、銃を真正面に構えるだけで命中させることができます。

言い換えると、ライフル猟の場合はゼロインした距離から前後100m程度誤差があっても獲物をしとめる可能性はあります。対してエアライフル猟は、ゼロインした距離から前後数メートルズレただけで捕獲失敗になる可能性が高いのです。

このようにエアライフル猟はライフル猟以上に、ゼロイン調整や距離の測定がシビアにできていないといけません。もちろんライフル銃は射撃の反動が強いなど難しいことも多いのですが、多くの方が持つであろう「エアライフルはライフルよりも射撃は簡単」というイメージだけは大間違いだということを理解しておいてください。

2. スコープの仕組み

エアライフルの照準器としてよく用いられるのが**テレスコピックサイト（スコープ）**です。「俺はシモ・ヘイへみたいにアイアンサイトで行くんだぜ！」と言う人も、それはそれでカッコいいんですが、エアライフル猟で狙うのは遠くにいる“鳥”だということを思い出してください。獲物を拡大して見なければ、精密な射撃はできません。

望遠鏡とはまったく違うスコープの仕組み

スコープは景色や星を眺めるための望遠鏡のように見えますが、もちろん中身はまったく違います。これまでお話したように、照準器には『①銃身が向いている方向がわかること』と、『②照門を上げることができること』の2つの機能を持たせなければなりません。

まず①についてですが、スコープをのぞき込むと内部に十字線を見ることができます。この十字線は**レチクル**と呼ばれており、スコープを銃に真っすぐ取り付けると、レチクルの中心は銃身の向きと平行になるよう設計されています。スコープのゼロインは、このレチクルを調整することで行いますが、それについては後ほど説明します。

レチクルの不思議

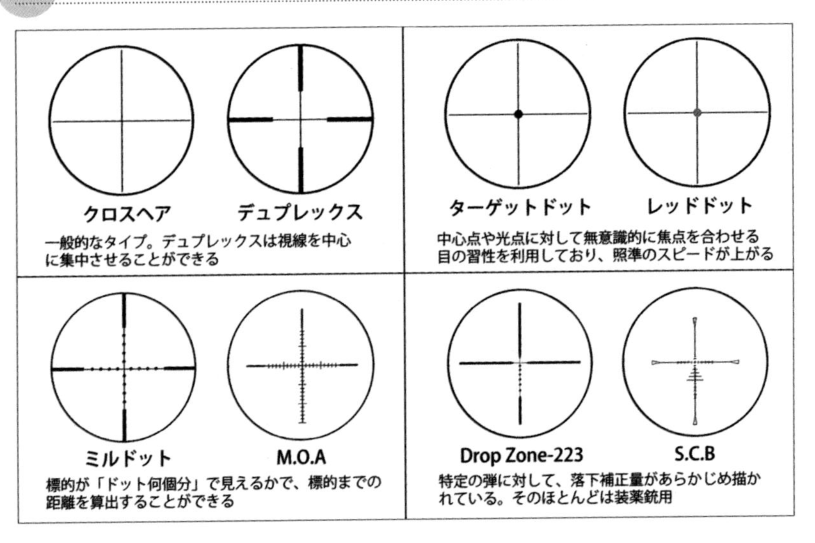

レチクルの種類は色々あり、スコープの種類やグレードなどによって変わります。どれを選んでも照準器としての役割は同じなので最も一般的な**クロスヘア**で十分ですが、エアライフル猟では距離の測定がとても重要になるので、**ミルドット**を使いこなせるようになるのがオススメです。

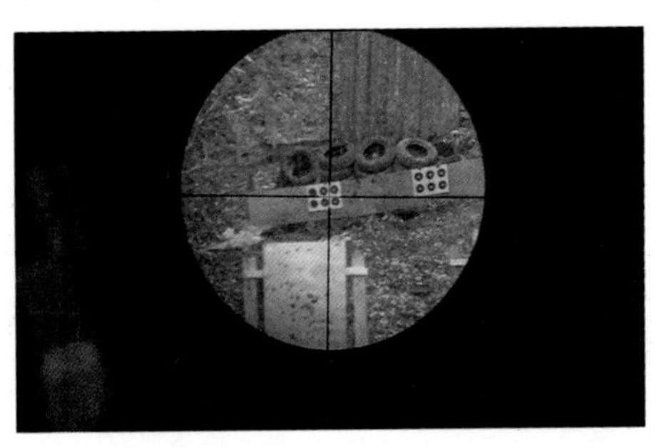

ところで、レチクルを見て不思議に思うことはありませんか？スコープの中に獲物や的と一緒にレチクルが“綺麗に”映るのです。獲物や的の距離は数十から数百メートル。かたや、レチクルはスコープ内部にあるわけですから、目から10〜20cm程度のところにあります。目の前に指を立てて遠くの景色を見ても指はぼんやりとしか見えないように、遠くの標的と近くのレチクルが両方ともキッチリと見えるのは、考えてみれば不思議です。

これについて説明をするために、まずはスコープの中身について詳しく見ていきましょう。

スコープの内部構造

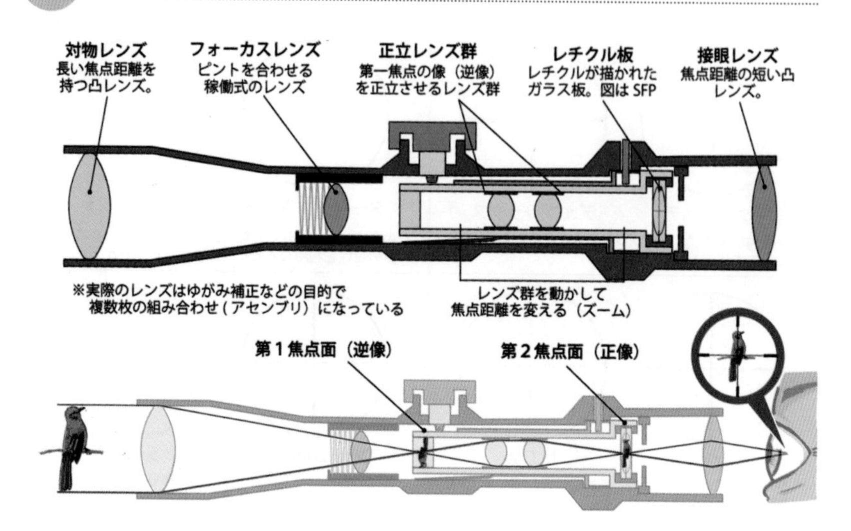

スコープの内部構造を簡単に説明すると、望遠鏡の内部に小さい望遠鏡が入れ子になっており、「望遠鏡が映す像を望遠鏡で見る」ような構造になっています。

まず望遠鏡の仕組みは、対物レンズが光を集めて実像を作り、それを接眼レンズで拡大することで、遠くの物を大きく見ることができます。しかし、この状態では上下が逆さまになっているので、間にプリズムを入れて逆さまになった像を正立させます（※これはケプラー式と呼ばれる仕組みで、望遠鏡には色々な仕組みがあります）。

これで遠くの物を正立した状態で見ることができるわけですが、お話した通り、スコープは照準器なのでレチクルがなければ意味がありません。そこでスコープではプリズムを利用せず、『1つめの望遠鏡で見た像（逆立）を2つ目の望遠鏡で見る（正立）』という仕組みになっています。「逆の逆は真なり」というわけです。

それでは、この仕組みで**レチクル板**（※昔は馬のタテガミや細いワイヤで十字線を作っていましたが、現在では印刷されたガラス板が使われます）をどこに差し込むのか？という問題ですが、これには2つの方法が考えられます。

1つ目が、対物レンズの焦点にレチクル板を置き、逆立した像にレチクルの像を重ねる方法です。これは第一焦点にレチクルを重ねるので、**ファストフォーカルプレーン（FFP）**と呼ばれます。

2つ目が、対物レンズの像を正立させた後にレチクル板に投影する方法です。これは第二焦点にレチクルを重ねる方法なので、**セカンドフォーカルプレーン（SFP）**と呼ばれています。

FFPとSFPの違い

FFP 標的を拡大縮小するとレチクルも拡大縮小する

SFP 標的を拡大縮小してもレチクルの大きさは変わらない

スコープの拡大縮小は、正立レンズ群の焦点距離を動かして行うため、FFPではレチクルの像ごと拡大縮小されます。対してSFPは拡大縮小した後の像にレチクルの像を重ねるので、レチクルの大きさは固定です。

これが何の役に立つかというと、ミルドットなどの距離測定機能を持つレチクルや、弾道補正機能を持つレチクルは、SFPの場合は最大倍率でしか使用できないのに対し、FFPであればすべての倍率で使用できるようになります。

FFPはSFPに比べて値段が高くなり、重量も重くなるといった欠点もありますが、これらレチクルの機能をフル活用したいと考えている人には、FFPがオススメです。

パララックス（視差）を正しく理解しよう

スコープには**パララックス（視差）**という問題があり、これがエアライフル猟では大きな影響を与えます。この問題は文章だけではわかりにくいと思うので、とりあえず、下図のように透明な下敷き（透明であれば何でも構いません）にレチクルと獲物の絵を描いて、視差とは何なのかイメージをつかんでください。

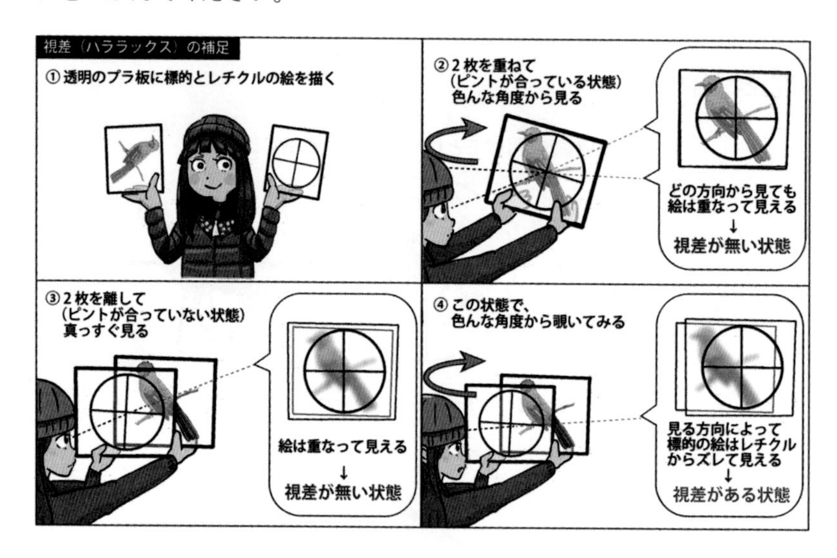

視差は、ピントがズレている状態でのぞき込む角度を変えると、レチクルと標的の像がズレて見えてしまう現象です。この視差が出ている状態に気づかずにレチクルの中心を獲物に合わせて照準を付けると、弾は照準から外れて飛んで行ってしまいます。これは数メートルの誤差が成否を分けるエアライフル猟においては大問題です！

高級スコープはエアライフル猟に向かないこともある！？

ちなみに、スコープの中には「パララックスフリー」という種類もあり、どんな距離でもピントが合って見えるものも存在します。このパララックスフリーは比較的高級なスコープに採用されていますが、「ピントを合わせる手間がなくなるのなら、投資と思って高級スコープを載せちゃうぞ！」という方もいらっしゃいます。しかし実をいうとパララックスフリーの高級スコープは、エアライフルの射撃精度を“損ねてしまう”危険性があります。

なぜかというと、パララックスフリーのスコープは初めから視差を加味して設計されているからです。具体的にいうと、100ヤード（約90m）において数センチ、“必ずズレる”ようになっています。

ライフル猟では、シカやクマなどの大型獣を捕獲するため、数センチは大した誤差ではありません。なぜなら、心臓の中心に着弾しようとも、数センチズレて着弾しようとも、ライフル弾の威力であれば着弾した衝撃波で心臓は破壊されるからです。

対して、主に鳥類を狙うエアライフル猟では、数センチのズレは狩猟の成否を分けます。狩猟スタイルも、突然現れた獲物を素早く狙撃しないといけないシーンはほとんどなく、浮いているカモや枝に止まっているキジバト、草むらに隠れているキジが主なターゲットなので、ピント調整の時間は十分に取れます。

話しをまとめると、ライフル猟では数センチの誤差よりもピントを調整する手間を省けた方がありがたいため、パララックスフリーのスコープが求められます。対して、数センチの誤差が致命的なエアライフル猟でパララックスフリーを使ってしまうと、「大枚をはたいて高級スコープを買ったのに精度が悪い！」といった悲しい結果になる可能性があるのです。

ここで言う「視差」と、レンズ業界で言う「視差」は少し意味合いが違うので注意です。エアライフル界隈で「視差」と言ったら、このことだと思ってください。

3. スコープの外観

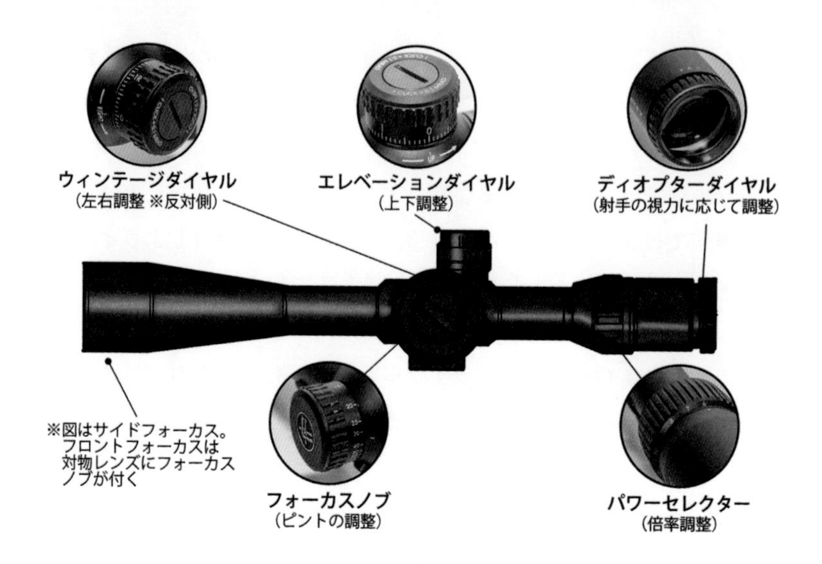

スコープには色々なダイヤルが付いていますが、基本にはパワーセレクター、フォーカスノブ、ディオプターダイヤル、エレベーションダイヤル、ウィンテージダイヤルの5種類を覚えておけば大丈夫です。エレベーション・ウィンテージについては後ほど詳しく解説します。

パワーセレクター（倍率調整）は3〜24倍が理想

パワーセレクターは、視野の倍率を変えることができるダイヤルです。スコープの中には倍率が変えられない**単焦点**のタイプもありますが、エアライフル猟では**バリアブル（可変倍率）タイプ**がオススメです。

スコープは最高倍率が高いほど獲物を狙いやすくなります。しかし、40倍！50倍！といった超高倍率だと、そもそもエアライフルのペレットはそんなに遠くに飛ばすことができないため、あまり意味がありません。これらはライフル銃用のスコープと理解しておきましょう。

一般的なエアライフル用のスコープにおける最高倍率は、12倍から16倍ぐらいがよく使われています。ただし、この倍率だと50mの射撃場でペレットの弾痕が見えにくいため、後にお話するゼロイン調整時にスポッティングスコープという単眼鏡が別途必要になります。24倍であればスポッティングスコープがなくても弾痕確認ができるので、この事情も考慮して選んでいただければと思います。

低倍率の方ですが、理想を言えば**等倍率**「1倍：まったく拡大しない」が理想です。なぜなら、スコープ越しに猟場を広く見ることができるため、走ったり飛んでいった獲物の追跡がしやすかったり、足元の距離にうずくまっているキジを見つけやすくなったりします。

とはいえ、最低倍率等倍のスコープは、かねがね最高倍率が低くなっているので、3〜6倍あたりで選んでおきましょう。

サイドフォーカスとフロントフォーカス

視差のお話で述べたように、エアライフル用のスコープには**フォーカス（ピント）**の調整機能が必須です。このフォーカスの調整には、対物レンズ側に付いている**フロントフォーカス**と、上下左右調整ダイヤルの並び（多くは左側面）についている**サイドフォーカス**の2種類があります。

両者の違いですが、まず、フロントフォーカスの調整機構は対物レンズの径よりも大きいので、調整のために回す力が比較的少なくてすみます。作動工程が長く細かい目盛りを振ることができるため、視差を可能な限り小さくすることができるのです。

対して、サイドフォーカスは構造上、とても狭い鏡胴内に機構を作り込んであるので、フロントフォーカスに比べると回す力が多少必要になります。しかし、手元に近い位置にダイヤルがあるので、狙いながらピントを調整することができます。

どちらを選ぶかは好みで大丈夫ですが、エアライフル猟に使われるスコープはサイドフォーカスが多いようです。なお、フロントフォーカス機はスコープの名前に「**FF**」または「**AO**」（**アジャスタブル・オブジェクト**）（オブジェクト：対物レンズ）、サイドフォーカス機は「**SF**」または「**AS**」（**アジャスタブル・サイド**）が付けられています。

スコープの外観

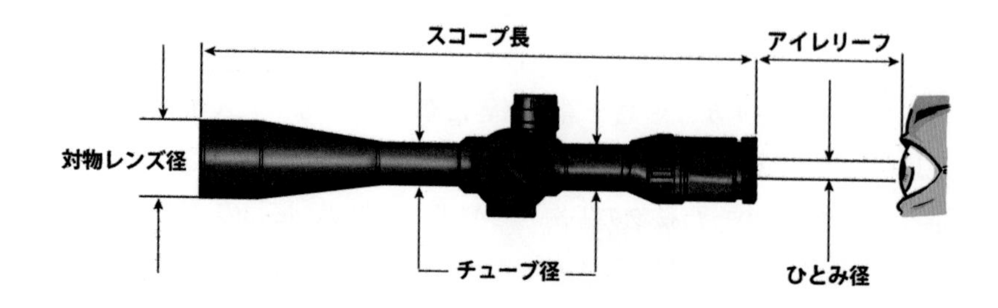

スコープの外観については、スコープ長、対物レンズ径、チューブ径の3つを覚えておきましょう。

スコープ長は読んで字のごとくスコープの全長です。スコープに限らず望遠鏡のような光学機器は、対物レンズと接眼レンズの間が長ければ長いほど倍率を高くすることができます。星を見る望遠鏡が長〜いのは、そのためです。

対物レンズ径は、大きければ大きいほど光を多く集めることができるため、像をクッキリと見ることができるようになります。ただし、対物レンズ径が大きすぎると、後ほどお話するマウントレールと干渉してしまうため注意しましょう。また、対物レンズが大きいスコープは相対的に値段が高くなります。

チューブ径は、スコープのくびれの部分の大きさで、**1インチ**（25.4mm）または**30mm**の2種類あります。この数値はスコープを銃に搭載するときに使うマウントリングを選ぶときに必要になります。

アイレリーフ

スコープのスペック表を見ると、スコープ長やチューブ径といった外観的な数値だけでなく、アイレリーフやひとみ径、F.O.V.といった光学的な数値も載っています。この数値の意味についても知っておきましょう。

まず**アイレリーフ**は、接眼レンズと瞳までの最適な長さのことで、接眼レンズの屈性率によってこの距離は変わります。望遠鏡や双眼鏡では、なるべく「サッ」と構えられるように、アイレリーフは非常に短く設計されいます。そのため望遠鏡や双眼鏡は、アイピースに目を押し当てるようにして使うことができます。

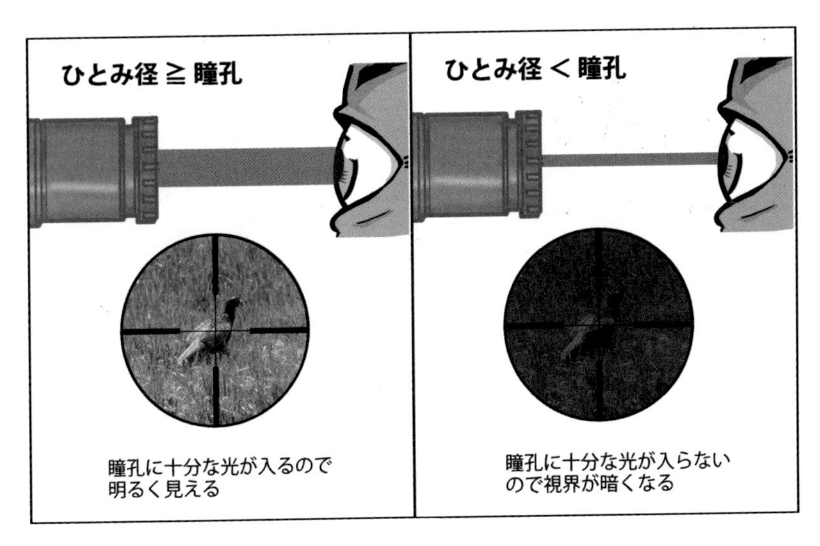

対してスコープの場合は、射撃の反動で銃が跳ね上がるため、アイレリーフが短すぎると目の上をスコープで切ってしまいます。そのためスコープのアイレリーフはかねがね100mm程度になるように設計されています。

なお、エアライフルの場合は射撃の反動が少ないため、アイレリーフは80〜90mmあたりのスコープがよく用いられています。

倍率による像の明るさを知る、ひとみ径

ひとみ径は瞳に入る光の径を表す数値で、(対物レンズの口径)÷(倍率)で計算ができます。例えば、対物レンズ径44mmで倍率が3〜12倍のスコープがあった場合、ひとみ径は14.6mm〜3.6mmになります。人間の瞳孔は、明るいときは約2.5mm、暗いときは約7mmなので、ひとみ径が瞳孔の大きさ以下になる暗い場所でこのスコープの最高倍率を使うと、像が暗くなって見えなくなります。

なお、“高倍率”を売りにする安物スコープの中には、計算してみると「少しでも薄暗くなると最高倍率は使い物にならないじゃん!」という物もあります。安物買いの銭失いにならないように覚えておきましょう。

F.O.V.は視野の広さ

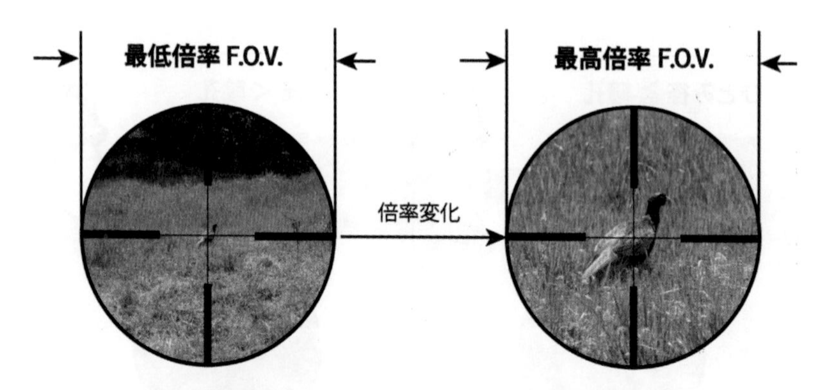

F.O.V.（フィールド・オブ・ビュー）
スコープ上で見たときの視野の広さ

F.O.V.（フィールド・オブ・ビュー）はスコープを覗いたときに見える視野の広さを指します。倍率可変ができるスコープの場合は、最低倍率のF.O.V.と最高倍率のF.O.V.の2種類が表記されています。一応、参考値として覚えておきましょう。

スコープの名前の呼び方

対物レンズ径、倍率、フォーカスノブのある位置は、スコープの名称に表記されます。例えば「6−24×42 AO」という名前のスコープは、「最低倍率6倍、最高倍率24倍、対物レンズ径42mmのフロントフォーカススコープ」と読むことができます。

名前にレチクルの種類が載っている場合は、「SF3−9×40MIL」（最低倍率3倍、最高倍率9倍、対物レンズ径40mm、ミルドットレチクル採用のサイドフォーカス式スコープ）といった感じに表記されます。

さらに高級スコープになっていくと「ヤサイカラメマシアブラスクナメニンニク」みたいな呪文のような長さになっていきますが、読み方の基本がわかっていれば迷うことはないはずです。

4. スコープの取り付け

スコープは銃に水平・垂直に取りつけられていないと、照準器として意味がありません。よって取り付けは「スコープの事がよくわかっている銃砲店にお願いしてください」というのが結論ですが、それでは「エアライフル猟の教科書」としては不躾です。

そこで本書では、簡易的ではありますが、自宅でもできるスコープの取り付けについて解説をします。

マウントベース

照準器は取り付けが少しでもズレると照準が狂ってしまうため、アイアンサイトの場合は銃本体上面にガッチリとネジ止めで固定されています。では、スコープも同じように固定するのかというと、そういうわけにはいきません。なぜならスコープには大きな対物レンズが付いているため、スコープを銃本体から浮かして取り付けなければなりません。このためスコープを取り付けるためには、マウントベースとマウントリングが必要になります。

マウントベースは銃の上面に装着されたレールです。エアライフルには初めからマウントベースが取り付けられているものがほとんどですが、ない場合は機関部（レシーバー）にネジ穴をあけて固定する必要があります。

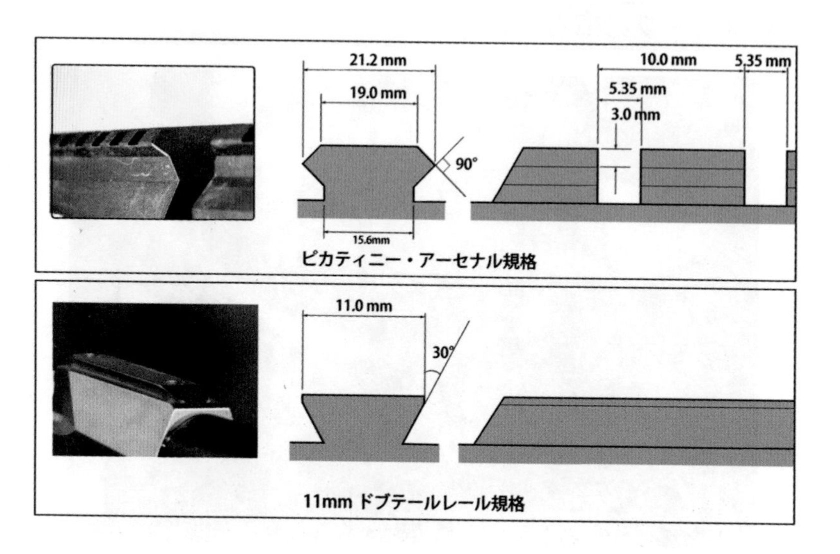

ピカティニー・アーセナル規格

11mm ドブテールレール規格

マウントベースの規格には色々あるのですが、エアライフルの場合は**11mmドブテール**という規格が一般的です。「ドブ」とは「鳩」という意味で、鳩の尻羽のような逆台形をしていることから名づけられています。

最近発売されているエアライフルには、**ピカティニーレール**もよく用いられています。この「ピカティニー」とは、アメリカのニュージャージー州にあるピカティニー・アーセナル（造兵廠）で開発されたマウントベースの規格で、現在でもアメリカ軍兵器の共通規格（MIL）として用いられています。

エアライフルは装薬銃よりも反動が小さく、火薬の燃焼に対する排熱の問題もないため、機関部を小さく・軽く設計できます。そのため古くから11mmという幅の狭いレールが使われていたわけですが、なぜ現在になってから20mmのピカティニーが増えてきたのでしょうか？その理由は…単純に“カッコいい”からです！

近年ではユーザーの需要にこたえてミリタリーっぽいエアライフルが増えており、エアソフトガン用のアクセサリーも豊富に出回っています。ベテランさんの中には「けしからん！」という人もいますが、狩猟は別に仕事ではなく遊びなわけですから、自分が気に入ったカッコいいデザインのエアライフルを持ちましょう。

マウントリングの形状

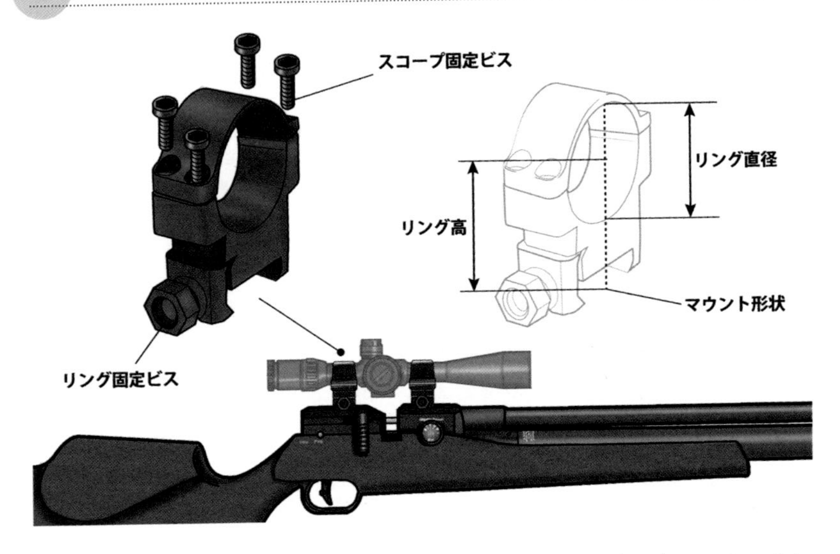

スコープとマウントベースを繋ぐのがマウントリングです。このマウントリングは、爪の部分でベースを引っかけるようにしてネジ止めし、スコープの方はチューブを挟み込むようにして固定します。

先に触れたようにチューブ径は1インチと30mmの2タイプがあるので、マウントリングの直径もそれに合わせた物を選ばなければなりません。また、マウント形状も11mmドブテールの場合は11mmの物を、ピカティニーレールの場合はピカティニー用を選びましょう。

古い銃から新しい銃にスコープを載せ変えるときに「マウントの形状が合わない！」といった問題がしばしば起こりますが、11mmドブテール⇔ピカティニーを変換するアダプタがあるので、それを間に噛ませましょう。

リング高さはスコープと本体が干渉しない長さが必要

マウントリングの高さは、スコープの対物レンズ径が大きくなるほど背が高い物を選びます。一般的なマウントリングの高さは28mmぐらいなので、対物レンズ径50mmなら取り付けられるような気がしますが、銃種によってはマガジンと干渉してしまったり、対物レンズのフレームが厚くてギリギリ干渉してしまう場合もあります。よってマウントリングを選ぶときは現場合わせした物を購入し、それができない場合は対物レンズ径×85%÷2の高さを持つマウントリングを選びましょう。

なお、対物レンズ径の小さいスコープを、背の高いマウントリングに取り付けることはできます。ただし、スコープをのぞき込む位置が高くなってしまうので、ほほ付けの高さが必要になります。銃種によっては頬を当てる位置（**チークレスト**）を上下させる機能を持つ銃もあります。

ちなみにマウントリングは、千円程度の安物から、1万円を超える高級品まで値段差があります。これは製造方法の違いなどから来ており、高級品ほど製造誤差が小さくなります。エアソフトガン用は適当な造りの物も少なくないので、実銃基準の物を購入するようにしてください。

スプリング式のスコープはショックレジストタイプを選ぶ

スプリング式に乗せるスコープは、エアライフルメーカーが推奨した物か、**ショックレジスト**、**スプリンガー・レイテッド**と表記されている物を選んでください。

スプリング式の反動はライフル銃に比べてはるかに小さいのですが、反動の出方が独特なので、装薬銃用に設計されたスコープだとすぐに壊れる危険性があります。

スプリング式にスコープを取り付ける場合は、マウントリングとスコープが接触する面に松脂を付けておくと良いです。松脂は擦る方向には物凄く強力な摩擦があるのに対して、引っ張り上げる方向にはほとんど抵抗がないため、接着剤などを使うよりも綺麗に取り付け・取り外しができます。松脂は楽器用（バイオリンなどの弦に塗る用）が売られているので、簡単に手に入ります。

松脂の塗り方は、少量をカッターで削って粉にして、スコープの接地面に薄く塗布します。べったり塗る必要はありません。

なお、PCPエアライフルは、それほど大きな反動はないため、スコープに松脂を使う必要はありません。

スコープを取り付ける工具

使用する工具は、購入したマウントリングに六角レンチが付属されていなければ用意してください。トルクスレンチと呼ばれる道具を使えば、ネジを締める力（トルク）を自動的に調整してくれるので、取り付け時のゆがみが少なくなります。

マウントリングのネジ穴はメーカーによってサイズがまちまちですが、六角レンチの場合は2.5〜4mm、トルクスレンチの場合はT10〜T20というサイズが使われています。

さて、これからスコープを取り付け方についてお話をしていくわけですが、まず前提として、銃を真っすぐに・しっかりと固定できる台を用意してください。

取り付け作業には**水平器**という、取り付けた物体が水平にくっ付いているか調べる道具を使うのですが、銃が傾いていたり、作業テーブルが傾いていたり、そもそも家全体が傾いていたりすると、正確に取り付けることができません。

また銃は、ガンレストやベンチレストに固定して作業しましょう。ネジを締めるときに銃が傾いて取り付け角度が曲がってしまうぐらいならまだ良いですが、銃が倒れて壊れてしまう危険性があります。取り付けられるか不安な人は、迷わず銃砲店にお願いしてください。

①エアライフルを、ガンレストやベンチレストに乗せる。あらかじめ作業台が平行であることを水平器で確認してから、銃が水平に置かれていることを確認する。

②銃身の先に水平器を乗せてエアライフルが作業台に対して水平に置かれていることを確認する。マウントリングをマウントベースに噛ませて仮止めする。

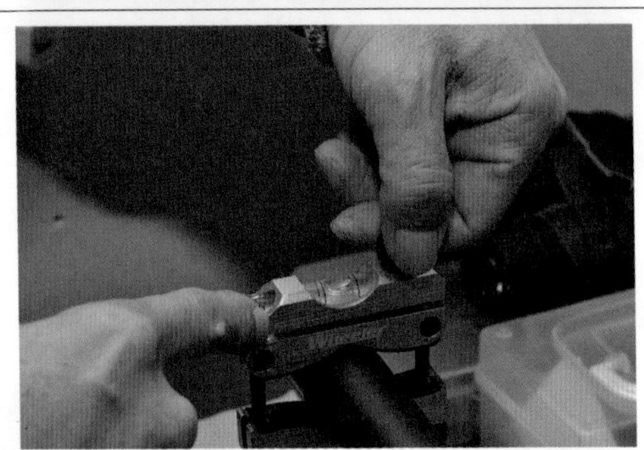

③マウントリング同士の距離はスコープのチューブ部分の距離。手前側のリングは、ほほ付けしたときの目との距離（アイレリーフ）を測って配置する。

④マウントリングの固定ネジを締め込んでいく（ネジの形状はメーカーなどで異なる）。リング同士が水平に取り付けられていることを確認する。

⑤マウントリングにスコープを載せて上面に水平器を置き、銃に対して垂直に置かれていることを確認する。スプリング式の場合は接触面に松脂を塗っておくと良い。

⑥マウントリングの上側を乗せてビスで固定していく。このときビスを対角上に少しずつ力（トルク）を加えて締め込んでいくこと。

⑦ビスで止めたスコープリングの下側、上側の隙間（クリアランス）が均等になっているか確認する。

⑧スコープを覗いてほほ付けし、アイレリーフが適切であるか確認する。

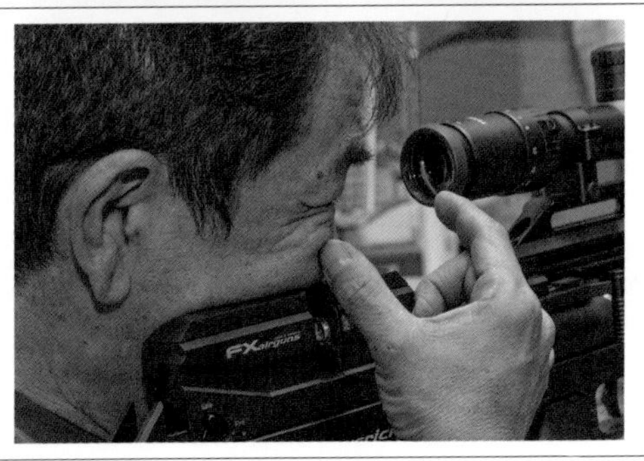

5. ゼロイン調整

本節の初めにお話したように、照準器はゼロインを調整することで、遠距離射撃が可能になります。ゼロインを何メートルで合わせるかは、射撃場の射台が何メートルかで決まります。

近年では狩猟用エアライフルが大口径ライフル射撃場で射撃できるようになったため、50mまたは100mで合わせるのが一般的です。

ゼロイン調整の準備

ゼロイン調整では、使用するペレットと、PCPの場合は射撃圧を一定に決めてから行いましょう。すでにお話した通り、ペレットの重量や射撃圧が変わると発射速度が変わるため、ゼロインもくるってしまいます。

どうしても猟場で複数のペレットを使い分けたいときは、ベースとなるペレットを決めてゼロイン調整を行い、重量弾や軽量弾がどのくらいゼロインからズレるのかを覚えておきましょう。猟場ではそのズレを加味して射撃をしてください。

銃をシューティングレストに固定する

ゼロイン調整では**シューティングレスト**を用意します。これは、銃を的にむけて固定する台座で、価格の高いものほどしっかりとした造りで、上下左右調整など色んな機能が付いていて便利です。

もしシューティングレストが用意できない場合でも、銃を机の上や硬い物の上に置いて射撃をすると、発射したときの反動や振動で弾道が乱れてしまいます。「反動や振動がある」ということは、銃身内をペレットが通過している最中にもブレがあるということです。

本格的なレストを用意できない場合は、固めのクッションや、柔らかい物を詰めたバッグなど何でもいいので、銃の振動を吸収する物の上に銃を置きましょう。

エレベーション・ヴィンテージダイヤル

ゼロイン調整をするため、アイアンサイトでは照門の高さを上げていましたが、マウントリングでガッチリと固めたスコープでは**エレベーションダイヤル**を回すことで調整します。このダイヤルを回すと、スコープ内部の“小さな望遠鏡”が弧を描くように動きます。すると、レチクルの中心が動くため、銃身（弾が飛び出す方向）に対して照準線（レチクルの中心）を交差させることができるようになります。まったく同じような原理で、**ヴィンテージダイヤル**を回すと左右方向にレチクルの中心を動かすことができます。

さて、エレベーションダイヤルのカバーを外すと、「➡ UP 1/4” 1CLICK」といった表記がされています。これを見た人の多くは、「矢印の方向に回すと、1クリックで1/4インチレチクルが上に動くんだな」という意味に取ると思いますが、それは間違いです。

ここでもう一度、アイアンサイトのことを思い出してください。アイアンサイトでは「照門の高さを上げる」と、照星を結ぶ「照準線は下がり」ます。よって、同じ場所に照準を合わせて弾を撃つと、弾は照準よりも上に命中したように見えます。照門を下げるとその逆で、弾は照準よりも下に命中したように見えます。

ダイヤルはUPに回すと弾痕が上がる

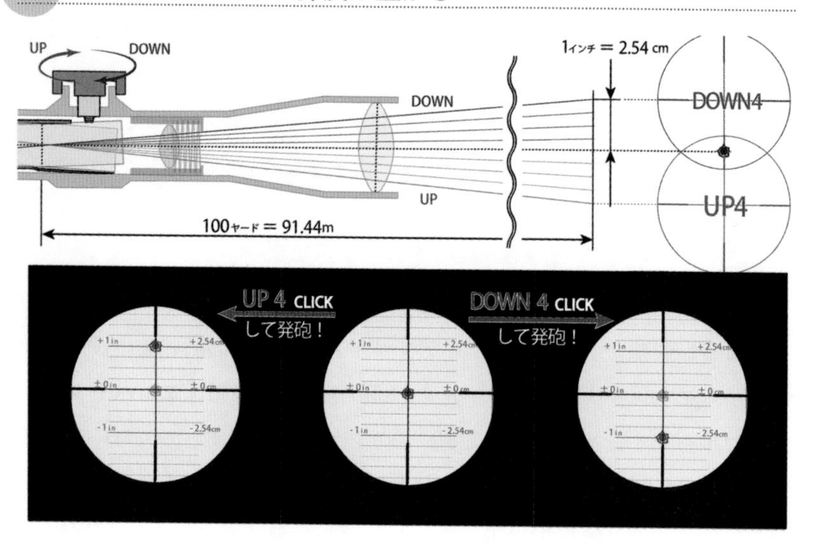

話をスコープに戻すと、ダイヤル上の「UP」という表現は、スコープの照門を"上げる"という意味です（※スコープに照門はないですが、こう理解しておいてください）。よって、1発弾を撃った後にUPの方にダイヤルを回して2発目を撃つと、2発目の弾痕は1発目よりも上に命中することになります。逆にUPの表記とは逆方向にダイヤルを回すと、2発目の弾痕は1発目よりも下に着くことになります。

実際のゼロイン調整では、「UPの方向に回したら弾痕が上がる。逆に回したら弾痕が下がる」と考えれば大丈夫です。ただ初めのうちは、なぜUPに回すと弾痕が上がった"ように見えるのか"、を理解してダイヤルを回すようにしましょう。

1目盛りで移動する弾痕の長さ

ゼロイン調整は、「弾痕を動かしたい方向にダイヤルを回して撃つ」→「ズレていたら、また回して撃つ」を繰り返して行けば、いつかは弾痕が中心に集まっていきます。ただ、このやり方は1発2円程度のエアライフルなら良いですが、1発数百円のサボット弾やライフル弾でやると大損します！なによりもカッコ悪いので、ある程度はダイヤルを回すクリック数を計算できるようにしておきましょう。

ダイヤルに描かれている**M.O.A.**は**ミニッツ・オブ・アングル**の略語で、「ダイヤルを回すと1分単位の角度で照準線の角度が変わる」という意味を示しています。

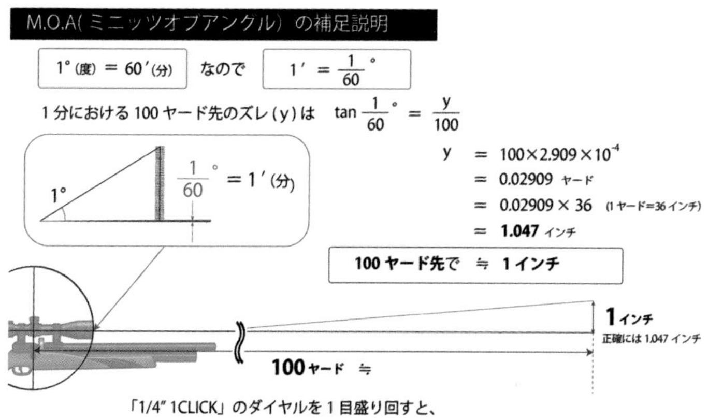

「1/4" 1CLICK」のダイヤルを1目盛り回すと、
100ヤード（≒100m）先で1/4インチ（6.35mm）着弾点がズレる

「1分の角度」という言葉は聞きなれないかもしれませんが、これは1度の60分の1」と定義されています。この1分という角度はものすごく小さい値ですが、ずーーーっと遠くまで線を引いていくと、約100ヤードの位置で高さが約1インチになります。つまり「1分の角度」（ミニッツ・オブ・アングル）で、100ヤード先の1インチの高さを測ることができるというわけです。

さて、スコープの目盛りには「**1/4" 1CLICK**」と書かれていますが、これはつまり、「目盛りを1クリック動かすと、100ヤード先で1/4インチ間隔で補正できる」ことを表しています。メートルに直すと「約100m先を約7mm間隔で補正できる」ことを表します。

スコープが「1分（1/60度）」という物凄く細かい単位で設計されていることを理解していれば、なぜ冒頭で「スコープの取り付けはプロに任せた方が良い」と言ったのか、ご理解いただけるのではないでしょうか？

M.O.A.の別表記とMil規格

M.O.A.は別の言い方をすると「1クリック動かすと、スコープ内部で照準線が1/4分傾く」と言えます。この原理がわかっていると、あなたはもうスコープの表記で悩むことはありません！というのも、スコープの目盛りはご紹介した「1/4” 1CLICK」だけでなく、「**1/4” M.O.A.**」、「**1/4” MIN**」、「**1/4” 100Yds**」など、色んな表記がありますが、すべて同じ意味です。

なお、スコープの世界にはM.O.A.以外にもうひとつ、**MIL**という規格（ピカティニーレールでご紹介したアメリカ軍の共通規格）もあります。これは「1000m先の1m」を指しており、目盛りは一般的に「**1CLICK 0.1mil**」（100m先で10mm間隔の調整ができる）で設計されています。補正間隔が約100mで約7mmの「1/4“M.O.A.」より精度は少しだけ落ちますが、MILのメートル表記は日本人としてはありがたいので、どちらを選ぶかは人によります。

ちなみに、1MILは「1ミリラジアン」（360/2π×1/1000）から来ているので「**1CLICK 0.1MRAD**」という表記も「0.1mil」と同じ意味になります。

ゼロイン調整の手順

まず、射撃場では射撃をする寸前まで銃のボルトハンドルを解放して、周囲の人が一目で『銃に弾が入っていない』ことがわかるようにしておきましょう。これはエアライフルに限らず、射撃場におけるシューターのマナーなので、覚えておいてください。

射台に入ったら的紙（一般的にブルズアイという的紙を使いますが、弾痕がわかれば何でも構いません）を標的台に設置します。ガンレストに固定した状態でレチクルの中心を的紙の中心に合わせ、ピントを調整したら、とりあえず5発撃ってみましょう。

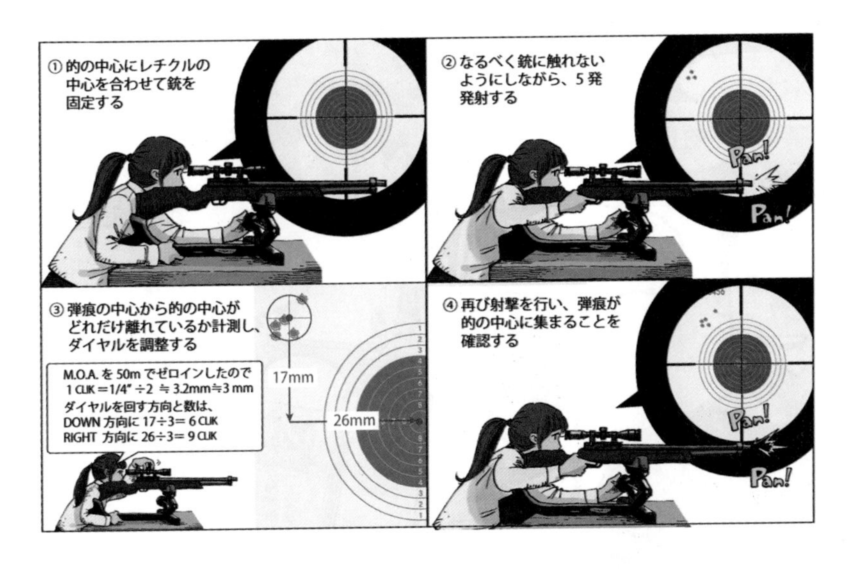

5発撃ち終えたら、スポッティングスコープなどで弾痕を確認します。弾痕が見えない場合は的紙まで近づいて見なければなりませんが、その都度射台にいる他の射手に射撃を待ってもらわないといけないので、できるだけ射台上から確認できる準備をしておきましょう。（※的紙の確認は、射台にディスプレイが付いている射場などいろいろあります）

弾痕が付いた位置がわかったら、弾痕の集まり（**グルーピング**）の中心がどのくらい照準を付けた位置からズレているか計測しましょう。エアライフル射台で最も一般的な50m射台の場合は、「1/4"M.O.A.」であれば1クリック約3mm、「0.1MIL」であれば5mm間隔で補正できます。

ゼロイン調整が終わったら、5発を1単位として、色々な残圧で試射してみましょう。おいしいところにハマれば、あなたのエアライフルは5発撃ったばらつきが1円玉で隠れてしまうはず。50メートル先に落ちている1円玉なんて見えないですよね？そんな肉眼では見えないものに当てることができるのですから、肉眼で見えているものを外すはずはありません！

目的に応じたエアライフルを選ぼう

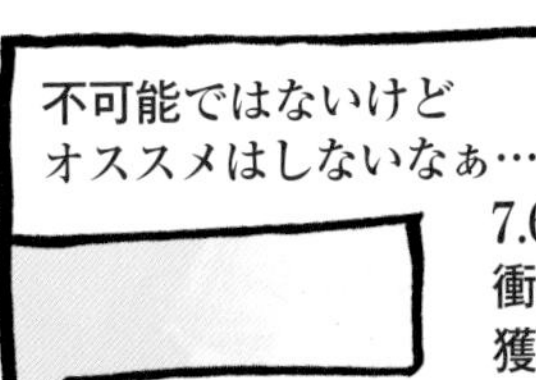
不可能ではないけど
オススメはしないなぁ…
7.62mmは一般的な5.5mmに比べて
衝突面積が大きい分
獲物へのダメージが大きいんだ
駆除ならいいけど
肉を得る狩猟目的には
向いていないよ

ボロッ…
獲物がボロボロに…

ググゞ…
再装填が大変！

カモ猟と兼用したいなら
6.35mmのプレチャージ式が
いいんじゃないかな？
いくつか紹介するよ
オネガイシマス
トトト…
初めての銃だから
取扱が簡単な
PCPエアライフルの
方が良さそうだな

数カ月後…

ハンドポンプで
200気圧まで
上げられない
そうです
PCPに空気を充填するのは
楽じゃないからね〜…
無理せずエアタンクを
使った方が良いよ
ゼェ
ゼェ
NEXT PAGE

エアライフルを選ぼう

エアライフルは様々なメーカーから色んなタイプが発売されており、初めての人はどのように選べばいいか迷ってしまうはずです。そこで本節では現在国内に流通しているエアライフルをピックアップしてご紹介します。

あなたにピッタリのエアライフルを選ぼう！

銃のカタログをただ茫然と眺めるというのは、なんとも至福のひと時です。ですが、その中から本気で銃を選ぼうとすると、「何がどう違うのか皆目見当がつかない！」と混乱してしまうはず。

誰かに聞いてもその人の趣味の押し付けしかされないことが多いですし、頼みの銃砲店に聞いても、店のおじいちゃんはエアライフルのことを全然わかっていないばかりか、「空気銃なんてやってないで、散弾銃、クレー射撃やりなよ」と言われる始末（実話です！）。前途多難です。

一番良いのは「惚れた銃」を選ぶこと

まず一番良い選び方は“惚れた”銃を選ぶことです。狩猟に限らずどこでも同じですが、特定の世界に入門しようとすると、そこにいる重鎮様たちから「しのごの」言われます。それが法律や、その世界の規範に沿う話しであれば従わなくてはなりませんが、こと銃選びにおいては市場に出回る銃は、すべて公安委員会から検査を受けており、何一つ違反になるような物はありません。

であれば、どのような銃を選ぶかは、あなたが一目見て「カッコいいッ!」、「素敵ッ!」と感じる熱いパッションで選ぶのが一番良いのです。狩猟は仕事でも任務でもなく遊びです。あなたがその銃を手に取って幸せを感じられるなら、それが最も正しい選択なのです。

推しがなければ狩猟スタイルから逆算する

では、そのように惚れるような銃に出会わない人はどうすれば良いのでしょうか?一つの回答としては、あなたが理想とする狩猟スタイルから逆算して考えることです。

例えば、エアライフル猟には流し猟というスタイルがあります。これは、車に乗ってポイント間を移動しながら獲物を探す狩猟スタイルなので、銃の重さはほとんど考慮する必要がありません。

対して、もしあなたが銃を担いで、森の中を何時間も歩く『渉猟』というスタイルを取りたいのであれば、銃は限りなく軽量な物の方が良いでしょう。わずか数十グラムであっても、1日の最初と最後では、その重量の差が体力に大きく影響してきます。

また、もしあなたが通う猟場が広い草原や野池で、獲物との距離が100mを超えるようなロングレンジショットが必要であれば、精密性を重視したハイパワーエアライフルを選んだ方が良いでしょう。逆に、用水路などに群れるカモを至近距離から強襲するような場合は、スプリング式エアライフル(**スプリンガー**)でも十分に獲物はとれます。

自分のやりたい狩猟スタイルもまだわからない人は、SNSで先輩エアライフルマンの狩猟風景を観察してみるのも良いでしょう。最近は各地でエアライフルハンティングに同行させてくれる人も増えてきており、こういった場に顔を出すだけで、エアライフル猟の雰囲気がつかめてくるはずです。

エアライフルの世代

本節では皆様のエアライフル選びの参考として、2022年時点で国内に流通しているエアライフル、または歴史的に見て面白いエアライフルをいくつかピックアップしてご紹介します。

その説明の中で「世代」という言葉を使っているのですが、これは別にそういった定義がされているわけではなく、なんとなく思い出してみて「あ〜、そういえばこの時代は、こんな傾向があったなぁ」といった、ザックリとしたイメージです。具体的には以下のような意味で「世代」という言葉を使っています。

●第1世代（〜2000年代）

日本でPCPエアライフルが普及し始めたころで、マルチストローク式やガスシリンダー式、スプリング式も依然として活躍していた時代です。

●第2世代（〜2010年ごろ）

PCPの性能が大きく向上し、銃身に覆い（**シュラウド**）が装着されて弾道のブレを抑制するなどの改良が進んだ時代です。ブルパップモデルが登場したり、マウントレールにピカティニー規格が採用されるなど、猟銃とは異なる方向にデザインが進化し始めた時代でもあります。

●第3世代（〜2015年ごろ）

『大型シリンダーを搭載して一度の充填での発射数を飛躍的に増やす』など、意欲的な改良が加えられるようになった時代です。また、比較的小規模なメーカーからレギュレータを装備したモデルが発売され、それが大手メーカーにも影響を与え始めるといった切磋琢磨の時代、言い方を変えると混迷の時代とも言えます。

●第4世代（2022年ごろまで）

レギュレータが標準装備された銃が増え、それまで欠点だった射出圧のブレが大幅に改善されるようになりました。電子制御機構や100ft·lbにもなるマグナムパワーも現れ、これまでにない進化を目撃しています。長く息をひそめていたスプリンガーが再度発展を始めたのも、近年に入ってからです。

前版からの変更点

本書の旧版（2017年初版）からアップデートされた機種は、「前モデル」の項目を追加しています。また今回の改版で、紙面の都合上、まことに遺憾ながらカタログ落ちしたエアライフルもあります。どれも個性的で本当に良いエアライフルばかりなので、旧版を図書館などで見かけたら、是非読んでみてください。

カタログ落ち機種（世代）	
FXエアガンズ グラディエーターMk-2（第3世代）	
FXエアガンズ ロイヤル350（第3世代）	
エバニクス レインストーム（第2世代）	
デイステート エアレンジャー（第2世代）	
コメタ オリオン（第3世代）	
ワルサー ドミネーター（第2世代）	
エアフォース コンドル（第2世代）	

1. FXエアガンズ ストリームライン2

ストリームライン“2”ということは、前モデル・ストリームラインの後継機種と考えるのが普通だが…否！まったくの別物。実はこの銃、同社で発売されている「ドリームライン」なのだ。車で言うと“フルモデルチェンジ”にあたる本機種で、第4世代をリードする！

ストリームライン2の命名秘話

FX社のドリームラインには、「クラシック」、「ライト」、「ブルパップ」、「タクティカル」という4つのモデルがあり、日本ではライトとブルパップがドリームラインの名義で発売されている。では、「クラシックはどこに行ったのか？」というと、そのクラシックこそが日本での“ストリームライン2”なのだ。

ドリームライン・クラッシックは、FX社のトラディショナルな（ライフル形状の）最新式エアライフルとして開発された。しかし日本では、同じくトラディショナルで、かつ、国内販売が開始されてから日が浅いストリームラインがあるため、「ストリームライン」の名称がカタログから消えてしまうのは問題がある。

なぜなら、ストリームラインユーザーや中古の購入を考えている人がカタログを見て「え！？ストリームラインってもう廃版になったの！？」と不安が広がる可能性があるからだ。もちろんストリームラインはまだまだ

世代	第4世代
英語表記	Dreamline Classic
メーカー	FXエアガンズ
生産国	スウェーデン
作動方式	サイドレバーPCP
口径	5.5 / 6.35 / 7.62 mm
全長	983 / 1097（※1）mm
銃身長	538 / 655（※1）mm
重量	2550 / 2650（※1）g
パワー	30 / 45 / 70 ft·lb
ストック	ウッド / シンセティック

※1　口径6.35mmと7.62mmは同じ全長・銃身長・重量

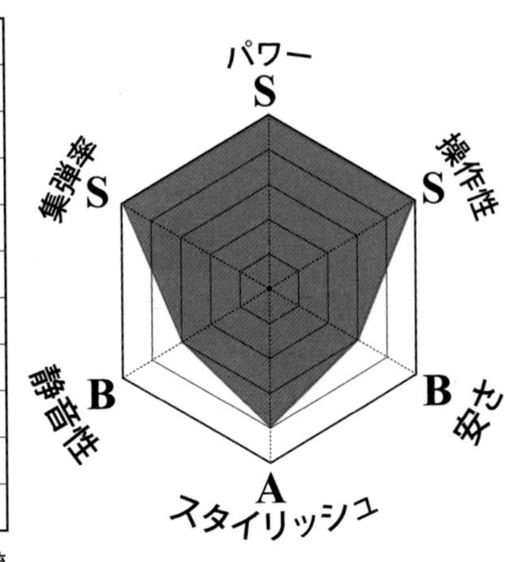

現役＆補修部品も豊富なので実用上の心配は何もない。そこで日本では無駄な混乱を避けるために、「ストリームライン2」という名称でリリースしたというわけだ。

このような理由から、ストリームライン2は名称こそ引き継いではいるが、ストリームラインと中身は別物だ。ストリームラインからの買い替えを予定している方も、このストリームライン2はまったく新しい銃として楽しんでいただけるはずだ。

オールマイティに活躍する軽量エアライフル

この銃の特徴は、なんといっても“軽さ”だ。カタログ値はどれも2550グラムとされているが、シンセモデルを実際に測ってみると2.4kgほどしかなかった。つまり、一般的なスコープを載せても総重量は3kgを切ることになる。この軽さは渉猟をするハンターにはもってこいだ。

また、レギュレータ装備で、減圧後の圧力も小さいメーターで知ることができる。口径も5.5/6.35/7.62とフルラインナップなので、これまで通りの鳥猟はもちろんのこと、近年需要が増している罠の止め刺しまで、あらゆる場面でオールマイティに活躍してくれる。

2. FXエアガンズ　クラウンプロ

大容量のシリンダーを備えたクラウンプロは、単純に蓄圧容量が増えただけでなく、"安定"して"高威力"なペレットを発射することが可能となっており、射撃性能が飛躍的に向上している。FX社唯一の欠点であった「華奢さ」も改良され、重厚感のあるデザインになった。

1回の補給で120発！驚異の持久力

クラウンプロに装着された大容量シリンダーは、カーボンを主材にした複合素材でできている。このシリンダー自体は第3世代にも多く使われており、とりわけ目新しいものではない。しかしクラウンプロの場合は、射出圧の制御技術が向上したことで、第3世代にはない性能を発揮している。

これについて、わかりやすく車で例えるとしよう。近年の車は、燃料タンクの容量やエンジンの馬力が同じでも、数十年前の車よりもはるかに長い航続距離を持っている。燃料も同じ、パワーも同じ、なのになぜ？その理由は、燃料を調整する"制御技術"が向上したからだ。

クラウンプロもまさにこれで、シリンダー自体は第3世代と同じだが、圧力を抜き出す制御技術が向上している。公称では、30ft·lb のパワーで120発の"安定"した発射とされている。実際に私も試してみたのだが、なんと1猟期中に1度だけ、解禁日に空気を充填しただけで、猟期が終わるまでパワーを維持することができた。

世代	第4世代
英語表記	Crown Pro
メーカー	FXエアガンズ
生産国	スウェーデン
作動方式	サイドレバーPCP
口径	5.5 / 6.35 / 7.62 mm
全長	1100 / 1130（※1）mm
銃身長	650 / 688（※1）mm
重量	2900 g
パワー	30 / 45 / 82 ft·lb
ストック	ウッド / シンセティック

※16.35mmと7.62mmは同じ全長・銃身長

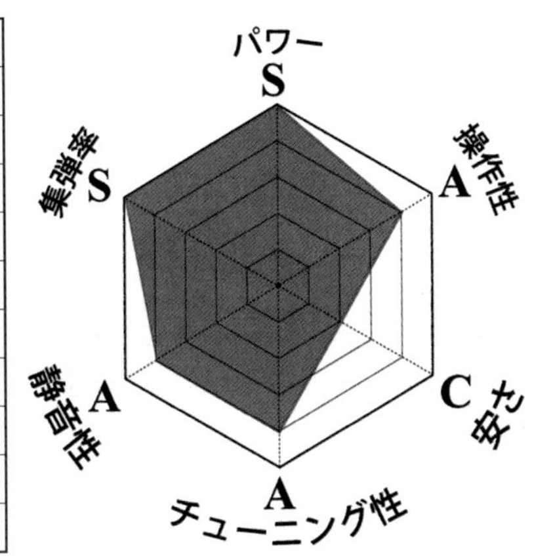

華奢なイメージを払拭、実銃としての重厚感が◎

FX社製エアライフルの欠点を上げるとしたら、それは操作感がやや「華奢」な点にあった。しかしそれはもう昔の話し。クラウンプロは、ペレットを装填するときのレバー操作こそ軽いが、各レバー類の操作感はしっかりしている。図太いシュラウドが装備されているので見た目的に安定感があり、発射音も控えめだ。

デザイン面として特徴的なのが、標準装備のピカティニーレールだ。従来の11mm幅レールから、装薬銃に使われている20mmレールになったことで、見た目の重厚感が増して、市中に出回っている装薬ライフル用のマウントリングを取り付けることができるようになった。もちろんそのスタイルは好き嫌いがあるだろうが、性能では非の打ち所がないのである。

ベタ褒めばかりで気持ち悪いかもしれないが、だって実際に扱ってみてそう感じたんだもの。仕方ないではないか。

3. FXエアガンズ マーベリック

エアライフルの進化は目覚ましく、日々、技術者により新しいモデルが考案されている。このFXマーベリックも大容量化したパワープレナム（二次気室）や、スムースツイストXという新開発銃身を装備しており、話題のペレット・ハイブリッドスラッグにも最適な仕様となっている。おそらく将来的に「時代を切り開いた名作」と呼ばれる、そんな予感をさせるエアライフルだ。

技術屋FX社の最新式ブルパップ

世界には大小様々なエアライフルメーカーがあるが、FXエアガンズ社はその中でも指折りの大企業だ。しかしこの企業は、社長・副社長が技術開発のトップにおり、“町工場”レベルのスピード感で、技術研究・新開発が行われている。副社長が通勤中に社長へ新機構に関する電話をしちゃうほど、技術開発に関して熱意を持つ企業なのだ。

さて、このようなFX社から生み出されたブルパップ式エアライフルがマーベリックだ。一般的にブルパップ式は、「通常モデル」があり、その派生として生まれるのが常だ。しかしこの銃は最初からブルパップ専用として開発されており、初めから「長い銃身と短い全長」という前提で設計が施されている。

このエアライフルを見た人は、ストックすら排除したメカニカルな外観

世代	第4世代
英語表記	Maverick
メーカー	FXエアガンズ
生産国	スウェーデン
作動方式	サイドレバーPCP
口径	5.5 / 6.35 / 7.62 mm
全長	800 mm
銃身長	600 mm
重量	3300 g
パワー	71 / 85 / 116 ft·lb
ストック	フレーム

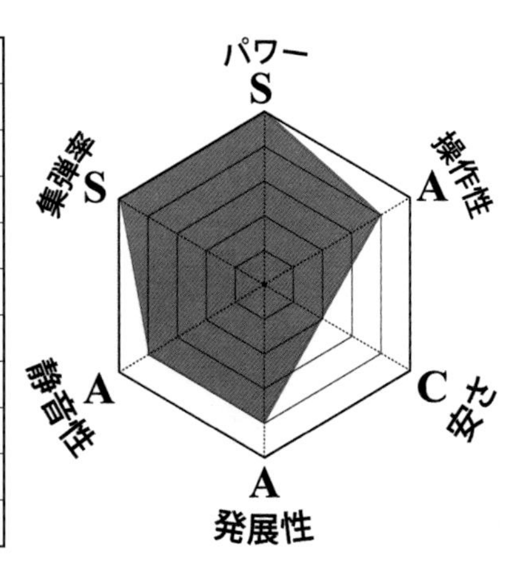

から、やや「冷たさ」を感じてしまうかもしれない。

しかし、右手が触れるグリップはAR15と呼ばれる手に馴染む形状をしており、左手はカーボン製の蓄圧シリンダー、そして頬は樹脂製のチークピースでできている。このように人間が触れる点は金属以外の部品が使われているため、見た目ほどメカメカしさはない。実際に持ってみると、ものすごくしっくりと体に馴染む。

新機構は次世代のスタンダードに？

エアレギュレータは、射出圧を一定化して弾速を安定させる効果があるのだが、レギュレータ内に圧が溜まるまで射撃ができないという瞬発力に欠点がある。そこでマーベリックでは、レギュレータに空気を供給するパワープレナムを大容量化し、射撃サイクルの向上を実現している。

もう一つ、地味な改良ではあるが、シュラウドと銃口の位置取りが、これまでと少し変わっている。これまでは、“本当の銃口”はシュラウドの口よりもだいぶ奥にあったのだが、マーベリックは意外と先端に達している。ただ、それでも発射音は静かだしパワーも安定している。おそらく今後、他社も追従する技術になるのではと予想している。

4 FXエアガンズ トルネードT5

FX社の中では、ストリームライン2とこのモデルだけ日本専用であり、ネーミングも日本独自である。日本以外では「TYPHOON」というネーミングだが、なぜそうなったのかどうしても知りたい方はbestshot@howaseiki.comまで。ちなみに「タイプーンだと弱そうだから」と旧版で書いていたが、その解釈は今も変わっていない。

様々な派生種を生み出した傑作PCP

海外では、このトルネードをベースに、太いシュラウドをつけて整流性による静音性を求めた「ウィスパー」、そしてそれをセミオート化した「モンスーン」が生み出された。トルネードから派生機種が多く生み出された理由は、機関部が薄く、小さく、長方形だったため、色々と発展させやすかったからだと思う。

「機関部が小さい」ということは、銃身などが普通だと先重になる傾向がある。だがトルネードは、シュラウドを細くして先端も軽量化しており、全体的にコンパクトな仕上がりになっている。実際に持っていただくとわかると思うが、先重感は微塵も感じない。

コッキングはストレートに真後ろに引くため、スプリングの重さを全て人間が負担することになる。そのため慣れないうちは戸惑うかもしれないが、ストロークが短く、リターンスプリングが入っているため、速射性が

世代	第3世代
前モデル	トルネード
英語表記	T12（※1）
メーカー	FXエアガンズ
生産国	スウェーデン
作動方式	サイドレバーPCP
口径	5.5 mm
全長	1008 mm
銃身長	578 mm
重量	2700 g
パワー	27 ft·lb
ストック	ウッド/シンセティック

※1 海外では12発使用なので「T12」の名称で流通している

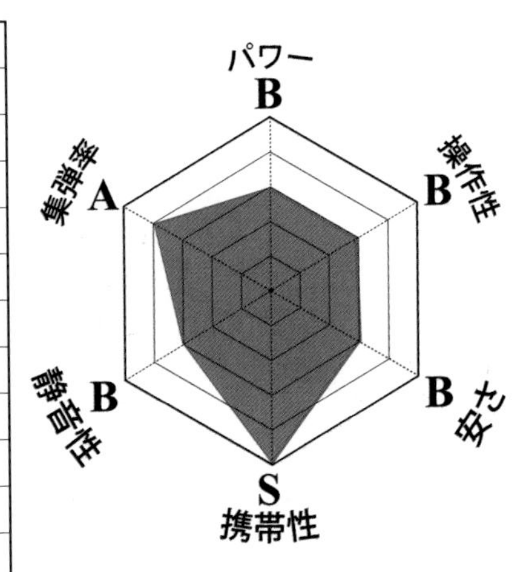

高い。狩猟での間髪入れない二の矢射撃性能は優れていると言って良いだろう。

FX社中最もコンパクトな5連発

トルネードT5には、軽量なシンセストックと、出来の良いウッドストックの二種類がある。ウッドはブナ製で、シンセよりは多少重たくなるのだが、「銃は木と黒い鉄！」と刷り込まれている人は意外に多く、根強い人気があるのだ。

マガジンはその他のFXの銃と同じ物を使用している。マガジンの中にはスプリングが入っており、1発撃つごとに自転して次のペレットが送り出される。銃側にマガジンを回す機構はついていないので、銃本体のトラブルにより回転不良が起きる心配がないというわけだ。

5. FXエアガンズ サイクロン

おそらく日本で一番出回っているであろうベストセラーのエアライフル。使う人が多いということは、それだけ使い勝手が良いということだ。サイクロンの発売からかなりの時間がたったが、未だに狩猟で使用するユーザーは多い。エアライフルのマスターピース（傑作）といって過言ではないだろう。

販売実績No.1、スタンダードエアライフル

最初に言っておくが、この銃のことをネットで調べていると「エア漏れする」という記事が多く目につく。しかしそれは発売されてからかなりの年数が経っていて出回っている数が多いから『当然修理が必要な銃も多い』という当たり前のことであって、特段サイクロンがエア漏れしやすいわけではない。年間数百挺のエアライフルのオーバーホールをしている私が言うのだから間違いない。

スムースツイストバレルの真相は？

FX社はスムースツイストバレルという、銃身の先部分だけにライフリングを持った銃身を開発した。このサイクロンにもそれが搭載されており、最新のFX製品にも取り入れられているのだが、「スムースツイストバレルは当たらない」といった評価を目にすることも多い。が、これも「故障しやすい」という噂と合わせて誤解である。

世代	第3世代
英語表記	Cyclone
メーカー	FXエアガンズ
生産国	スウェーデン
作動方式	サイドレバーPCP
口径	4.5 / 5.5 mm
全長	1030 mm
銃身長	607 mm
重量	2800 / 3000 g
パワー	20 / 35 ft·lb
ストック	シンセティック / ウッド

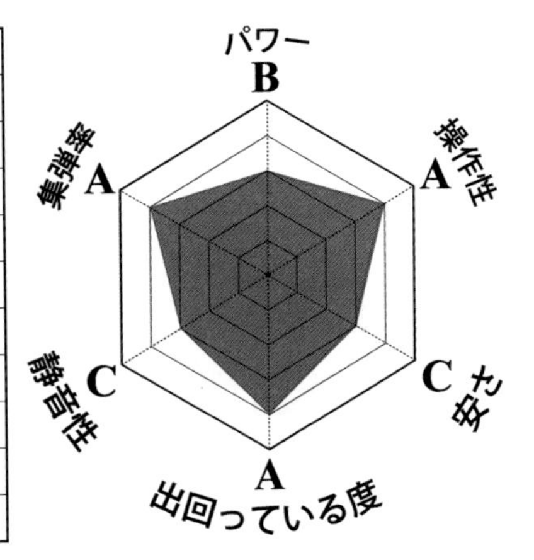

実際私は代理店から最初に輸入されたスムースツイストバレルの銃を日本で最初に使い、今でもずっと使っているが、射撃会では上位に入れるし、狩猟でも困ったことはない。

ちなみに「射撃会では『上位に』入れる」と書いたが、正直最高順位は3位である。「なぜそんなに持ち上げるスムースツイストバレルで1位になれないのだ？」といぶかしげに思う方もいるだろうが、この3位というのは、銃砲店の店主として、お客様より上に行かず、なおかつヘタクソと言われない絶妙なポジションなのだ！

中古市場もねらい目

エアライフルは決して安い買い物ではないので、初めは安いスプリング式を選ぼうとする人も結構多い。しかし、スプリング式は扱いが難しく「値段は初心者向き」だが「射撃は初心者向き」ではない。

そこで予算をあまり取れない人にはサイクロンの中古をオススメする。先述の通りこの機種は流通量が多いため、質の良い中古が比較的安く手に入る。射撃や狩猟を始めると射撃場や猟野でサイクロンを持った射手と遭遇することも多いので、猟友の輪も広がりやすいはずだ。まずはこの銃で入門し、レベルに応じて次のステップに進んでみてはいかがだろうか？

6. FXエアガンズ ボブキャットMk－II

“ヤマネコ”の名を冠するFXエアガンズ製ブルパップエアライフル・ボブキャットに、様々な改良が加えられて発展したのが、このボブキャットMk- IIだ。近年では各メーカーから様々なブルパップモデルが登場しているが、国内では未だに高い人気を誇っている。

バランスがとれたブルパップエアライフル

機関部がグリップより後方にあるブルパップ式エアライフルは、重量はあるがグリップよりも後方に機関部というバラストがあるので、腕を伸ばして片手で持てるほどバランスが良い。ストック後部に予備マガジンを2個入れられるホルダーが付いているのはとても便利だ！

この銃に限らずFX社のシンセティックストックはとても軽量なのだが、強度を保つためにシルエットがグラマーになることが多い。親指が入る穴を**サムホール**と呼ぶが、なぜかこれを嫌う公安委員会があり、許可が出にくかったりすることから「寒ホール」などと呼ばれることもある。

太く大容量のシュラウドが装備されており、音量も静か。レギュレータ内蔵で燃費も精度も抜群である。しかし、グリップの太さがスウェーデン基準なので、日本人の手にはちょっと大きい。

世代	第4世代
英語表記	Bobcat Mk Ⅱ
メーカー	FXエアガンズ
生産国	スウェーデン
作動方式	サイドレバーPCP
口径	5.5 / 6.35 mm
全長	845 / 947 mm
銃身長	623 / 726 mm
重量	3700 / 4000 g
パワー	34 / 48 ft·lb
ストック	シンセティック

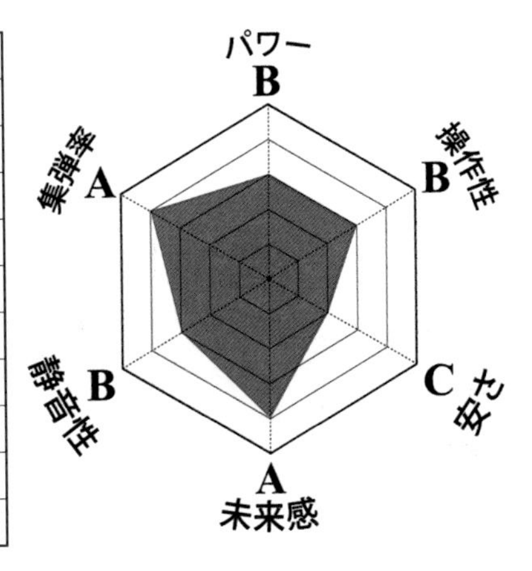

スリングはワンポイントがオススメ

全長が短いため、通常のスリングで肩にかけると銃口が後頭部付近に来るので少し怖い。スリングを付けるならマウントベースのネジを利用したワンポイントスリングの使用をオススメする。

ワンポイントスリングは胸付近から銃口を下にして銃がぶら下がるため、自分の体のシルエットに銃のシルエットもすっぽり収まる。遠くから誰かに見られても銃を持っていることを悟られにくいステルス性は、エアライフル猟においてかなり重要だったりする。

ブルパップは専用ガンケースが必要

横から見たときの全高が高いため、入れられるガンケースが限られてしまうのが悩み。「ガンケースなら持ってるぜ！」という方は試してみると良い。都会の狭い立体駐車場にミニバンを入れようとしているのと同じだ。ぜひ専用のものを使用しよう！

7. FXエアガンズ モンスーン

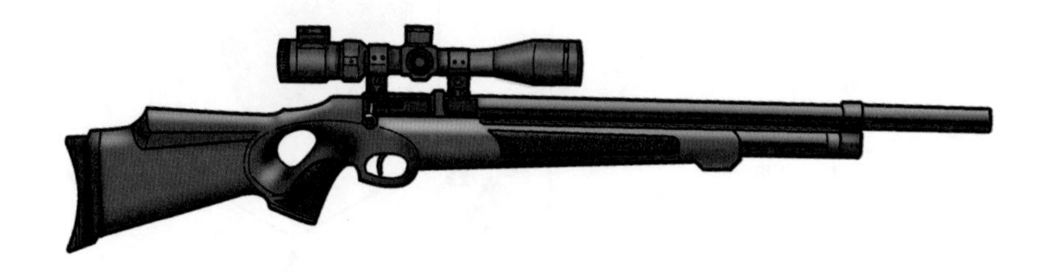

日本で取扱されていたエアライフルの中で、数少ない「セミオート」機構を持つのが、このFXモンスーンだ。残念ながらモンスーンの生産は終了し後継機モデルの発表もないため、市場全体を見てセミオートの開発はほぼストップしている。しかし今後の技術革新でセミオートに光が当たる日も来るかもしれないので、前版に引き続きこのモンスーンを取り上げることにした。

連射力抜群！セミオートマチックエアライフル

モンスーンの機関部は、旧トルネード（新しい機種は「トルネードT5」）とほぼ同じものなので、銃自体がとても軽量である。シュラウドの内部構造も旧トルネードと同じだが、実はこの中にセミオート機構の要であるピストンがセットされているので、見た目は似ていても造りはまったく異なっている。

モンスーンの最大の魅力は、トリガーを引くと1発発射され、同時に次弾が装填されるので、トリガーを引くたびに「パンパンパンパンパン」と5発のマガジンをあっという間に空にする速射性を持っている。日本の法律が「空気銃の弾倉は5発まで」というのがこれほど恨めしい銃もないだろう。そのくらい猟場での連射は気持ちいい。ただし、射撃場では1発ずつ撃つのがマナーだ。

世代	第3世代
英語表記	Monsoon
メーカー	FXエアガンズ
生産国	スウェーデン
作動方式	サイドレバーPCP
口径	5.5 mm
全長	1090 / 1080 mm
銃身長	643 mm
重量	2940 / 3350 g
パワー	30 ft·lb
ストック	シンセティック / ウッド

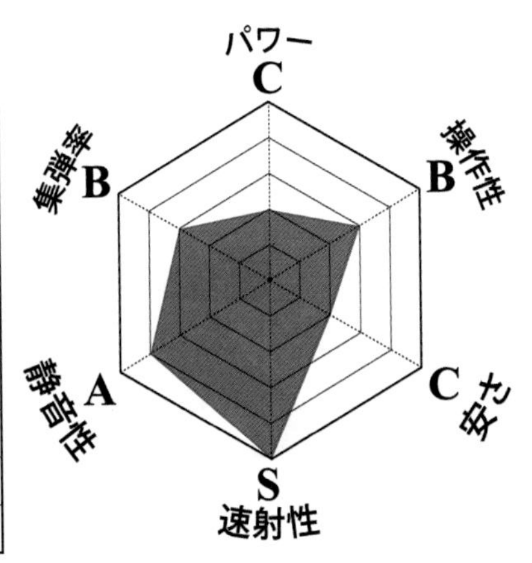

試射では硬い物の上に乗せないように注意

この銃を使うにあたって注意することは、レストでの射撃をする場合、他の銃よりセミオート特有の振動があるのでレストの素材は柔らかいものを使わないと命中精度に乱れが生じる。硬いものの上だと銃の振動が跳ね返って銃口をあらぬ方向に動かしてしまうのだ。

よく考えてみてほしい。肩から銃口までが1mあるとしよう。その肩を中心に銃口が1mm動いたら、50m先では銃口が5cmも違うところを向いていることになる。もちろん適切な素材のレストを使えば何も問題ない。500円玉の大きさには集弾するだろう。

セミオートの仕組み

装薬銃のセミオート機構には、射撃の反動を利用したタイプがあるが、エアライフルでは反動を得られないため、ペレットを発射した後の余剰空気を使って次弾を装填している。装薬銃におけるガスオペレーションという仕組みと同じだ。

しばしば「セミオートは圧力を装填に回すので威力が落ちる」という話を聞くが、排エアを利用するので問題ない。たとえ発射圧を使ったとしても、1グラムの弾を動かすのに大した圧力を必要とするわけないじゃん！

8. エアアームズ S510アルティメイトスポーツ

S510はベストセラーであるS410の後継機種だ。基本的な内部構造はS410と変わりはないが、その他の面で大きな進化をとげている。2021年にはさらに、アジャスタブルチークピースを携えた「アルティメイトスポーツ」モデルがリリースされた。

本場イギリス製のパーフェクトバランスエアライフル

往年の**ボルトアクションスタイル**が好みな方もいれば、使い勝手の良いサイドレバーを好む方もいる。エアアームズ社の中では操作方式であるボルトアクション方式とサイドレバー方式がS410の中で混在しており、混乱を避けるために、ボルトアクション方式を従来のS410、サイドレバー方式をS510という名前にした。つまり端境期のモデルでは、S410でもサイドレバー方式が存在している。

S510になって少し変わったところは、シュラウドの材質がアルミになり、そして容量も多少増えた。よって音量はさほど変わらないが音質は少し柔らかくなったと思う。

独特のストライカーとバルブシャフト

バルブを叩くストライカーウェイトを支える方法が独特で、発射時のストライカーの抵抗を均一にするために、ストライカーのセンターにガイド

世代	第4世代
前モデル	S510
英語表記	S510 Ultimate Sporter
メーカー	エアアームズ
生産国	イギリス
作動方式	サイドレバーPCP
口径	5.5 / 6.35 mm
全長	1110 mm
銃身長	660 mm
重量	3600 g
パワー	32 / 40 ft·lb
ストック	ウッド / ウッドブラック

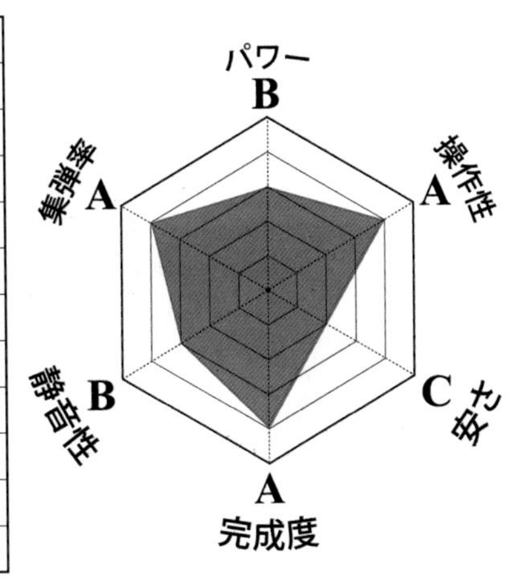

シャフトがあり、それを包むようにセンターに穴の空いたチクワ型のストライカーがバルブに向かって放たれる。センターはシャフトなので、バルブは上側にオフセットしてあり、バルブからの空気がペレットまでを最短距離で進むように工夫されている。

スポーツシューティングの技術を応用した新モデル

S510の新モデルであるアルティメイトスポーターは、エアアームズ社がフィールドライフル競技用のノウハウを詰め込んだモデルだ。

一番の違いはチークピースが上下できるようになった点。これによりほほ付けの高さを上げることができるため、大きな対物レンズ径のスコープを取り付けられるようになる。大きな対物レンズは視野を広く・クリアにするため、フィールド（野外）での照準がより正確になるというわけだ。

「スポーツ競技」といえば、日本の正規代理店が開催するエアライフル射撃会は50mと100mの競技があるのだが、100mの長距離でいつも上位に入るのはこの機種である。使っている人も比較的多いので、この機種だけが長距離で特別優秀なわけではないのかもしれないが、私が試射していても、いつも気持ちよく当たってくれる銃ではある。

9. エアアームズ ガラハド

聖杯騎士・ガラハドの名を借りたこのエアライフルは、これまで“お堅い”イメージの強かったデイステート社が満を持して発売したブルパップモデルPCPだ。「流行りに乗ったのかな？」と思われがちのガラハドだが、いやいや、イギリス人の頑固さが、このエアライフルには丹念に込められている。

実は木製ストック

第3世代に入って一気に多くなってきたのがシンセティックストックだ。これは合成樹脂製で作られた銃床で、従来の素材である木よりも軽量で傷に強いのが特徴だ。ウォルナット材は特殊なコーティングを施す必要があるため、値段も安くなるという長所もある。そのような理由でシンセティックストックが増え始めた銃市場だが、エアアームズだけはかたくなにウッドストックを守り続けている。

これを聞いた人多くは「ガラハドはどうみてもシンセティックじゃん！」とツッコミを入れたくなると思うのだが、実はこれも木製ストックなのだ。この銃床は木に黒いシリコンコーティングが施されたもので、表面を削れば木目が現れる。前出のS510アルティメイトスポーツにも、一見シンセティックのようなモデルがあるのだが、これもシリコンコーティングされた木製だ。なぜそこまでして木製にこだわるのか…その答えは「イギリス人だから」で間違いない。

世代	第3世代
英語表記	Galahad
メーカー	エアアームズ
生産国	イギリス
作動方式	サイドレバーPCP（※1）
口径	5.5 mm
全長	830 mm
銃身長	654 mm
重量	4000 g
パワー	34 ft·lb
ストック	ウッドブラック

※1 サイドレバーの位置を左右入れ替え可能

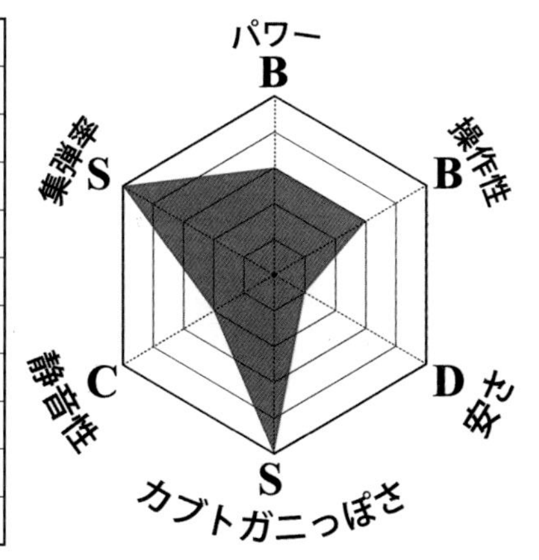

なお、「コーティングを剥げば」と言ったが、これは簡単なことではない。というのも、私はかつてこのシリコンコーティングを剥がす試みをしたことがあるのだが、もう絶対にやりたくないくらい頑丈に癒着していた。ただ、このようなコーティングのお陰で、ガラハドは雨などによる腐食や傷にめっぽう強く、持ったときの感触もしっとり、かつ、サラサラと好感が持てる仕上がりになっている。

ブルパップの良さを体現する銃

右利きの射手の場合、右手でグリップを保持したまま左手で次弾の装填ができるので射撃姿勢を崩さなくて済む。そして銃砲店に依頼すれば、左利き射手用にコッキングハンドルを右側に変更することも可能だ。コッキングハンドルは短くストロークは大きいが、しっかりコッキングできるし、グリップも細身で握りやすい。

ブルパップスタイルの銃は、見かけのトリガーと本当にハンマーを解放する機構はリモートコントロールになるのだが、このリモート機構も、たわみが出ないように頑丈に作られていて、なおかつ構造も単純なので故障率も少ない。前後のバランスも丁度良いが、機関部が他社製品に比べて大きく作られているので若干重量はある。

10. デイステート_ウルバリン2Hi-Lite HP

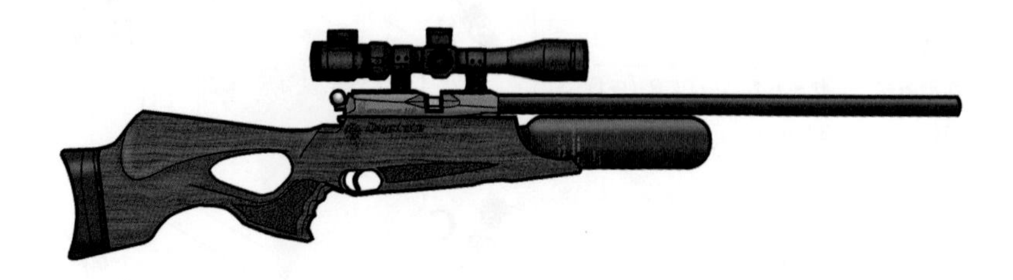

イギリス・デイステート社が誇るハイクラスモデルのエアライフル。現行機種のウルバリン2は2013年リリースと少し古いモデルになるが、未だに一線級の性能を誇っている。

デイステート人気機種のマイナーアップグレード

近年、ハイパワーを売りにするエアライフルが増えてきているが、どうしても精密性を犠牲にしてしまうことが多い。しかしこの銃はペレットの選択を間違わなければ、相変わらずよく当たる。

唯一欠点であったF/S（フィル・パー・ショット：1回のエアチャージで「美味しい気圧」で連続して撃てる回数）も、カーボンファイバーボトルに換装したHiLite HP（ハイライトハイパワー）モデルの登場で、新興勢力から再び頭一つ抜きんでた印象だ。

ウルバリン2には30口径モデルの「Hi-Lite HP303」というモデルもあり、他の30口径機の中では抜きんでた精密性を誇る。パワーよりも安定性を重視するユーザー向けには、オランダの空気圧制御機器メーカー・HUMA社のエアレギュレータを採用したRモデルがあり、ラインナップも充実している。

“高級品”には使用者を幸せにする品格がある

あなたが車を持っているとしよう。それは普段の買い物に使う場合もあるだろうし、彼女とのデートに使ったりもするだろう。どんな用途に使う

世代	第4世代
前モデル	ウルバリン
英語表記	Wolverine2 HiLite HP
メーカー	デイステート
生産国	イギリス
作動方式	ボルトアクションPCP
口径	5.5 / 6.35 / 7.62（※1）mm
全長	1117 mm
銃身長	600 mm
重量	3800 g
パワー	60 / 70 / 100 ft·lb
ストック	ウッド

※1 Wolverine2 Hi-Lite HP 303モデル。30口径に調整された銃身を使用

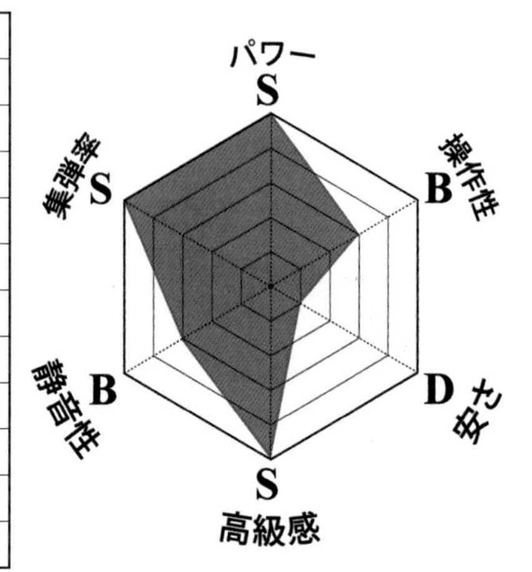

にしろ、普段のほとんどの用途は軽自動車でも事足りるわけだが、なぜ世の中には数百万円から数千万円するメルセデスやアストンマーチンに乗る人がいるのだろう？お金が余っているから？いやいや、そんなに単純ではないのだ。

良いものを知ると他のものが使えなくなってしまう。例えば高級車はドアを閉める音一つにだってこだわって作ってあり、価格に見合った満足感をオーナーに与えてくれる。それが近所のスーパーに買い物に行くだけだとしても、だ。

このモデルは“高級”である。世の中には高額なだけで高級ではないものも存在するが、これはボルトの操作感一つを取ってもものすごく滑らかで出来が良い。ストックのつくり、滑り止め処理のデザインもオシャレで高級感がある。

日本では残念ながら他人の銃を触ることができないので、高級銃を体験できる機会は皆無だ。そのため、よほどお金に余裕がある人でないかぎり、中古バイクが1台買える値段の銃を選ぶ人は多くない。しかし、だからこそ、この銃を扱える人は特別感を得られる。高級銃は眺めるだけでお酒が飲めるほどの価値がある。

11. デイステート パルサー

デイステートの40周年を記念してリリースされたパルサーは、様々な点にデジタル制御技術が盛り込まれたハイテクエアライフルだ。銃床は水圧転写された木製と、重厚感のある合成樹脂材の2パターンあり、フォルムも宇宙戦争に出てくるビーム兵器のようだ。

電子制御で射出圧を一定に

PCPでエアシリンダーに蓄えられた高圧から微量の射出圧を得る方法は、ストライカーというバネとハンマーの力であることはすでにお話した通りだ。パルサーは、このアナログ的な射出圧コントロールを、高度なマイクロプロセッサとソレノイド式エアバルブでデジタル制御に置き換えている。

デイステートが“Map Compensated Technology（MCT）”と呼んでいるこのデジタル制御システムは、射出圧を一定化するデジタルレギュレータとして機能するだけでなく、従来の機械部品では成しえなかったような、発射サイクルの高速化や、残圧のデジタル表示、安全性を向上させたセーフティなど、様々な機能が実装されている。

もうひとつパルサーのハイテクな点が、Hybrid Trigger Unit（HTU）と呼ばれるトリガーシステムだ。これには引き金とシアーの間に9Vのバッテリーで駆動するソレノイドバルブを組み込まれており、電子制御トリガーの

世代	第4世代
英語表記	Pulsar
メーカー	デイステート
生産国	イギリス
作動方式	サイドレバーPCP（※1）
口径	5.5 / 6.35 / 7.62 mm
全長	890 mm
銃身長	585 mm
重量	3800 g
パワー	50 / 60 / 80 ft·lb
ストック	ラミネート / シンセティック

※1 ハンドルは左右切り替え可能。発射機構はガンコントロールユニット

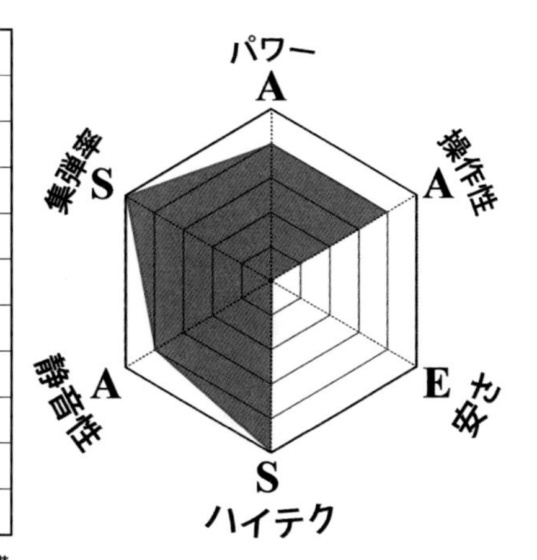

「パリッ」とした引き気味と機械部品の調整のしやすさが上手くハイブリッドした、一言でいえば、感触の良い、よくできたスイッチになっている。

ハイテク機器にはもちろん欠点も

ここまでハイテク機器のことをベタ褒めしたが、もちろんそれなりの欠点があることも覚えておいて欲しい。例えば、デジタル機器は突然“逝く”ことがある。アナログな機械は故障が「不調」となって徐々に表れ、「修理どき」や「買い替えどき」がわかるものなのだが、半導体部品は突然動かなくなることがよくある。所持に1ヵ月以上かかる日本の所持許可制度では簡単に替えを用意することもできないし、修理もユニットを総交換するケースが多いので、部品の入荷で待たされることも多い。なんせイギリス人が作っているのだ。大目に見てほしい。

それと意外に多いのが、設定がおかしくなってしまうことだ。デジタル機器は1つの操作で設定がおかしくなりやすい。「何もしてないのにおかしくなった！」は必ず当人がどこかで変なところをいじっているのだが、普段からこういう言い訳が多い人は電子制御技術を取り払った『レネゲード』というモデルを選ぶと良いだろう。

12. ステイアー LG110

オリンピックにはエアライフル競技がある。10m先の0.5mmの点に、いかに多く命中させるか（しかも立った状態で！）という“修羅の競技”である。そんな競技エアライフルの超有名メーカーが狩猟用に作りだしたのがステイアーLG110だ。

競技用銃を得意とする同社が出した狩猟用エアライフル

オーストリアに「シュタイアーダイムラープフ」という会社がある。同社はハフリンガーやピンツガウアーという軍用車を作っていてその筋では有名なのだが、そこのグループ会社の「シュタイアーマンリヒャー」という会社が、銃器の製造を行っている。

日本ではシュタイアーの英語読みで「ステイアー」または「ステアー」と呼ばれており、狩猟だけをする人はまったく聞いたことがないと思うが、競技射撃の世界では超有名な会社である。

エアライフルで狩猟をする人は、通常50mほどで射撃をしている。なので「10m競技なんて余裕っしょ！」と思われるかもしれないが…ほう、そう思うならやってみるといい。まったく手に負えなくて泣きたくなるはずだ。競技と狩猟は、まったくと言っていいほど、射撃に必要な技術、センスが違ってくるのだ。さて、競技射撃の世界から、満を持して狩猟の世界に現れたLG110だが、精密性については言わずもがな、パワーも30ft·lbと合格レベルだ。

世代	第3世代
英語表記	LG110
メーカー	ステイアー・マンリカー
生産国	オーストリア
作動方式	サイドレバーPCP
口径	5.5 mm
全長	1140 mm
銃身長	450 mm
重量	4420 g
パワー	30 ft·lb
ストック	ウッド

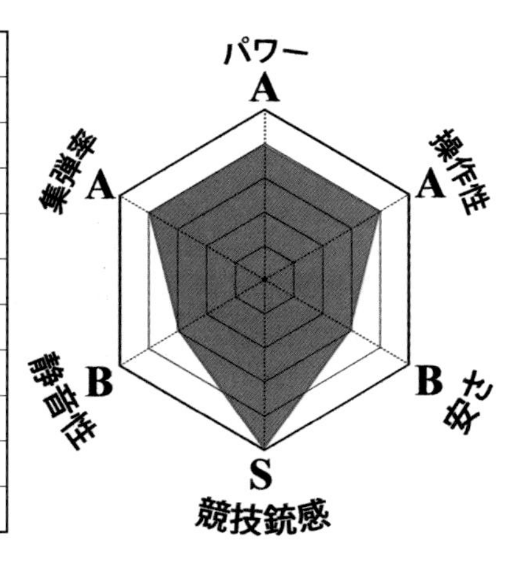

競技銃独特の設計が魅力的？

このエアライフルは紛れもなく狩猟用なのだが、「競技用の銃を作っている会社なんだなぁ」と思わせる箇所がいくつかある。

まずは重さ。4.4kgという重量は狩猟用にはいささか重たい印象があるが、これは安定感を出すため。競技用銃は総じて重く造られている。そして、競技用の照準器・マイクロサイトを搭載できるマウントベースと、フォアエンド下には競技銃と同じ規格のレール（アンシュッツレール）が取り付けられている。アルミフレームにレーザーカットされた「STEYR」の文字も競技銃っぽさがあってイイ。おしゃれだと思わない？！

最も競技っぽい点は、取り外し可能なエアシリンダーだ。競技銃は、エア圧が低くなったらスペアと交換できる。ただしメーカーはシリンダーのエア漏れ修理は推奨しておらず、一定の期間で交換するよう勧めているので、詳しいことは専門の銃砲店にお尋ねください。

13. RTIアームズ プロフェット

プロフェットは“Prophet”（預言者）の名の通り、狙った点にスッポリと弾が収まる高い精密性を持つエアライフルだ。これだけの売り文句であれば世の中にはいくらでも精密性の高いエアライフルがあるのだが、この銃はそれにパワーまで付いてくる。

大会優勝経験を持つ高精密性のハイパワーPCP

2019年にアメリカで開催されたEBR（エクストリームベンチレスト競技会）において、75ヤード部門を歴代最高点で優勝したのが、このプロフェットだ。

一般的に高精密のエアライフルは、競技用にデチューンされるのが普通だが、プロフェットは300気圧まで充填できるうえに、200気圧まで調整可能なエアレギュレータを装備している。ヘビーペレットも十分使えるパワーを持つので、狩猟にも十分使える実力を持っている。

自由度が高いということは、初心者には優しくはない

散弾銃やライフル銃では一般的だが、エアライフルでは珍しい替え銃身機構をこのプロフェットは持っている。銃身と本体を繋ぐ部分はどの口径でも共通となっており、銃身とペレットプッシャー、エンドキャップを交換すれば4.5mm、5.5mm、6.35mm、7.65mm、のどの口径でも撃つことが可能になる。

世代	第4世代
英語表記	Prophet
メーカー	RTIアームズ
生産国	スロベニア
作動方式	サイドレバー（左）PCP
口径	4.5 / 5.5 / 6.35 / 7.62 mm（※1）
全長	835 mm
銃身長	600 mm（※2）
重量	3300 g（※2）
パワー	18.3 / 52 / 58 / 80 ft·lb
ストック	フレーム

※1 本体は共通、銃身交換によって口径が変わる
※2 4.5mm口径は銃身長510mm、総重量3200g

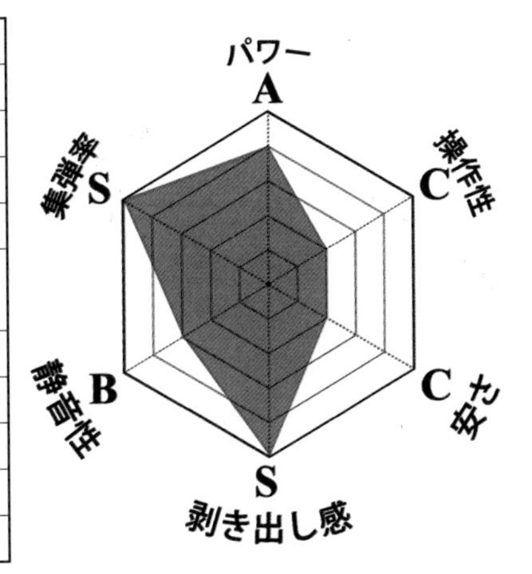

また、レギュレータも六角レンチで調整可能なので、使用者の好みで200〜80気圧まで調整可能だ。

このように聞くととても自由度が高く扱いやすそうに思えるエアライフルだが、銃身を替えればスコープのゼロインを崩すことになるので、初心者が思い描くような自由度というのはまったくない。

またレギュレータも、調整ネジを急に回すとすぐに故障してしまうため、内部構造を理解していない人が安易に触るのはオススメしない。このようにプロフェットは、自由度が高いがゆえに初心者には逆に扱いが難しい、上級者向けの銃とも言えるのだ。

なお1つだけ、デザインの欠点としてサイドレバーが左ハンドルに固定されていること。ここまでユーザーカスタムを前提とした造りなら、ハンドルの向きを変換できるよう設計してくれたらよかったのに。

14. キャリバーガン クリケットII

クリケットはチェコのキャリバーガン社が送り出したブルパップ式エアライフルだ。ブルパップ式で起こりがちな全高が高くなることを極力抑えたスリムなモデルで、2022年にはグレードアップモデルのクリケットIIが発売された。

銃器先進国・チェコで生まれたエアライフル

少しだけチェコの話をしよう。日本人には馴染みがないチェコ共和国という国は、銃器に関して先進国である。現在日本には入っていないが、イギリスのエアアームズS200というモデルは、チェコのCZ社製だったりするし、皆さんもお世話になるであろう「JSB」というペレットメーカーも、実はチェコに本社がある。

余談だが、CZとは「チェスカー・ズブロヨフカ」のことで、チェコ造兵廠のことだ。造兵廠とは「兵器を作る会社」のことで、未だにこのような場所が強い力を持っているということは、それだけ銃器の製造が盛んであることの裏付けでもある

予備弾倉4つ！個性的すぎるデザイン

クリケットに話を戻そう。ご覧のようにこの銃はとてもコンパクトだ。シュラウドのおかげでとても静かだし、日本に輸入されているのは6.35mmと7.62mmモデルなのでパワーも十分。レギュレータ付きで弾速もおいしいところで安定している。

世代	第4世代
前モデル	クリケット
英語表記	Cricket Ⅱ
メーカー	カリバーガン
生産国	チェコ
作動方式	サイドレバーPCP（※1）
口径	6.35 / 7.62 mm
全長	840 mm
銃身長	600 mm（※2）
重量	3400 g
パワー	45 / 91 ft·lb
ストック	ウッド

※1 ハンドルは左右切り替え可能
※2 12条モデルは600mmツイストバレル

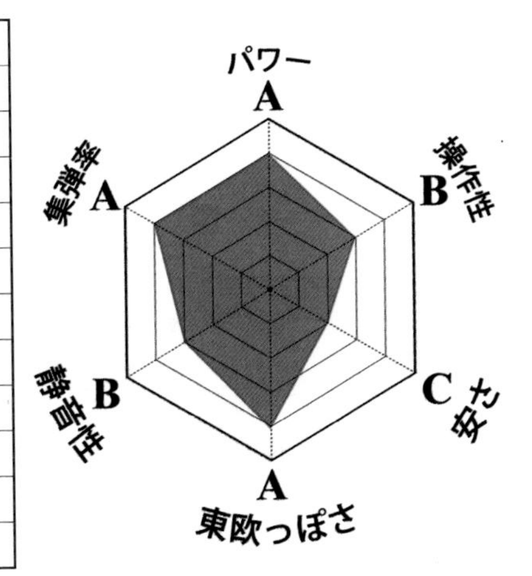

ブナのウッドストックは、仕上げも丁寧で好感が持てる。そしてストック後部には面白いギミックが組み込まれている。予備のマガジンを収納しておくホルダーが4つ用意されているのだ。

猟師の多くは心配性だ。猟場では5発入りのマガジンを1か所で撃ち尽くすことなんて年に1回か2回くらいだ。そして減ったペレットはその都度補充する。だからマガジンは1個あれば十分なのに、常に「もしものため」を考えてしまう。そういうことから、この予備マガジンホルダーは精神安定剤としても効果的なのだ。

クリケットⅡはサイドレバーに変更

旧モデルからの最大の変更点は、これまでバックサイドにあったコッキングレバーが中央に寄ったことだ。これにより軽快でスムースなレバー操作ができるようになっただけでなく、機関部が中央に寄ることによってデザインもグッと引き締まった感じになっている。また、「タクティカル」というデザインがよりスマートになったモデルも存在する。個性的な設計思想が光るクリケットだが、国内でこのエアライフルを取り扱っている銃砲店の店長さんも個性的な人だ。

15. エドガン マタドールR5M

前版（2017年）時点ではR3Mというモデルが流通していたが、2022年現在では5度目の改良を受けたR5M（リスタイリング5マルチショット）が流通している。かつてから評判が高かった精密性はそのままに、デザインが大幅に進化している。

旧モデルから機能・デザイン共に向上

新モデルの一番の変更点はボルトの位置だ。旧モデルのR3M（※1）では最後端に水平ボルトとして配置されていたが、R5Mでは引き金の上にサイドレバーとして配置されるようになった。これにより、照準を付けながら先台を持った手でレバー操作ができるようになり、連射速度と安定性が飛躍的に向上している。

さらにデザインも大幅に向上しており、軽量化のために空いていた先台の大穴もふさがり、銃身から先台に向けて緩やかなカーブを描くスタイリッシュな構造になっている。コッキングレバーもセーフティロックと合わ

世代	第4世代
前モデル	マタドールR3M
英語表記	Matador
メーカー	エドガン
生産国	ロシア
作動方式	両サイドレバーPCP
口径	5.5 / 6.35（※2）mm
全長	878 mm
銃身長	590 mm
重量	3400 g
パワー	36 / 50 ft·lb
ストック	ウッド

※1 R5Mの先代はR4だが、諸事情があって国内では販売されていないらしい
※2 単発式の30口径モデルも、限定的ではあるが流通している

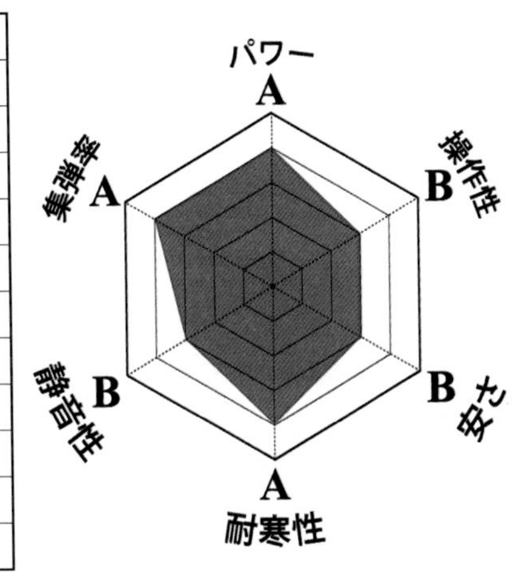

せて左右両方に配置されており、左利き・右利きどちらでも扱いやすいリバーシブルデザインになっている。もはや「これだから旧共産主義国家の製品は・・・」とは口が裂けても言えないほど、洗練されたデザインだといえる。

デジタルモニターには温度計も付いている

もう一つ大きな変更点として、圧力計がデジタル表示になっており、これには温度表示機能まで付いている。日本ではPCPの気温による誤差はそれほど問題視されないが、本場ロシアの場合は室内25℃でエアをチャージして−30℃の野外で射撃をするわけだ。いくら炭酸ガスより熱による膨張が少ない空気だといっても、これだけ温度差があると気圧の変化は無視できない。なお、エアレギュレータを搭載している機種は、日本でも温度差による気圧変化で弾道が変化する場合があるので注意して欲しい。

ちなみに、デジタル計は簡単にアナログ計に取り換えることができる。若い人はあまり気にならないかもしれないが、「パッ」と見て必要な数値がわからないデジタル計は、オジサンたちには不評だったりするのだ。

16. ハッサンアームズ ヘラクレスバリィ

ギリシャ神話の武神「ヘラクレス」を冠するこのエアライフルは、なによりもパワーを追い求めたヘビーエアライフルだ。旧モデルでは“6kg”もあった本体重量も4.6kgまで軽量化し、ブルパップデザインになったことでバランスも改善されている。ちなみに“Bully”は「いじめっ子」という意味。凄いネーミングセンスだ。

中東で生まれた実猟重視のエアライフル

中東の国トルコは太古の時代から東西をつなぐ交通の要所として栄え、近代以降は主に欧州向けに工業資材や機械部品を供給するサプライヤーが集まる土地となった。その内の銃部品メーカーが、1976年に独自ブランドとして立ち上げたのが、ハッサンアームズカンパニーだ。

ハッサン社は会社シンボルに“Serious. Solid. Impact”（ガチで丈夫で強い）と標語を乗せるほど、“実用性”重視の銃設計を理念にしている。実用性とは例えば、「デザインの良さや軽さよりも、頑丈で壊れにくく安定した重量感」とか、「スマートに急所に当てて倒すよりも、ヘビーな一撃を与えてノックアウトする」といった具合だ。

このような思想から、欧州ではあまり受け入れられなかったようだが、合理主義国家のアメリカでは大いにウケた。日本のユーザーもその人が狩猟に持つ思想によって、評価は大きく左右される。

世代	第3世代
英語表記	Hercules Bully
メーカー	ハッサンアームズ
生産国	トルコ
作動方式	サイドレバーPCP
口径	5.5 / 6.35 / 7.62 mm
全長	920 mm
銃身長	585 mm
重量	4650 g
パワー	49 / 64 / 97 ft·lb
ストック	シンセティック

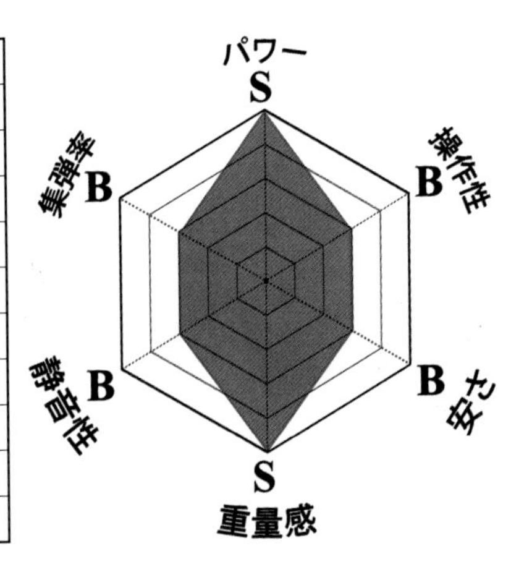

車で言えば実用性重視のピックアップトラック

本書では何度か触れている話だが、エアライフル猟ではメインターゲットはキジバトやキジ、カモといった鳥類だ。そしてこれらの獲物に本来はパワーはそれほど必要ない。急所に当てることができれば10 ft·lb程度のスプリンガーでも十分しとめ切れるし、逆に当たり所が悪ければ装薬銃でもしとめ切れない。

それでも近年ハイパワーの需要が伸びてきているのは、有害鳥獣駆除で空気銃が使用されることが多くなったからだろう。矢に強いカラスやカワウ、ニホンザルなどの駆除に使う空気銃は、手に持つだけで楽しくなる高級エアライフルよりも、飾りっ気のない実用性重視のエアライフルの方が向いている。

先に紹介したウルバリン2が高級セダンだとしたら、ヘラクレスバリィは傷だらけになりながらも動き続けるピックアップトラックのようなイメージだろうか。「どちらが優れている」ではなく、使う目的によって「使いどころが違う」という話。

エアライフル選びであれば、まず、あなた自身がどのような狩猟スタイルを好むのか、どのようなときに喜びを感じるのかをよく考えてみよう。

17. コメタ フュージョン

スプリング式エアライフルはPCPと違い、銃とペレットさえ持っていれば余計なものはいらないという手軽さがある。ここに「故障の少なさ」と「低価格さ」がウケて、近年所持者が増えているのが、コメタフュージョンだ。

オリーブオイル香るお手軽銃

スペイン語の「コメタ」は英語発音すると「コメット」、つまり「彗星」だ。「コメタ！」というと少し弱そうに感じるので、英語読みの方が良かったのでは？と思うのは、私だけではないと思う。

この会社は非常にユニークで、日本の代理店が大量に発注したところ、緩衝材として5ℓのオリーブオイル缶を入れてくるという“スパニッシュぶり”である。しかもそれは鉄の缶なので、少しも緩衝材の役割を果たしていなかったというオチ付き。

閑話休題。さて、このフュージョンの発射準備は超簡単だ。銃身を下に折るだけでいい。そこに顔を出した薬室後部にペレットを入れ、銃身を元に戻すだけ。銃身を折ったときに自動的にセーフティーが掛かる機構なので、後は狙って、セーフティーを外して、トリガーを引くだけである。PCPを持っている人でも、スプリンガーのお手軽さがクセになる人がいる。特有の反動に快感を得るようになったら、スプリンガーの沼に片足が入っている証拠だ。

世代	第1世代
英語表記	Fusion
メーカー	コメタ
生産国	スペイン
作動方式	ブレイクバレルスプリンガー
口径	5.5 mm
全長	1140 mm
銃身長	480 mm
重量	3400 g
パワー	18 ft·lb
ストック	ウッド / シンセティック

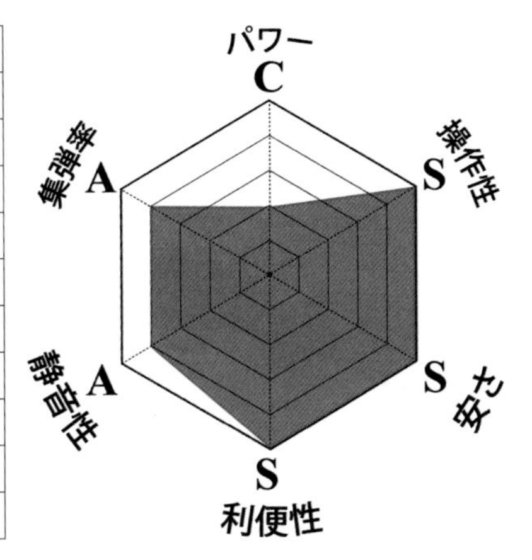

意味はなし！でもマズルブレーキってカッコいいじゃん

フュージョンで目を引くのは、銃口に付けられたマズルブレーキだ。マズルブレーキは発射圧を全方位に吹き出して、銃口が跳ね上がるのを抑えるための仕組みで、弾幕を張るためのマシンガンやアサルトライフルなどによく装着されている。

そしてエアライフルに取り付けられたこのマズルブレーキは…おそらく機能的な意味はない。「じゃあ何のために付いているのか」って？それはカッコいいからに決まっているではないか！！

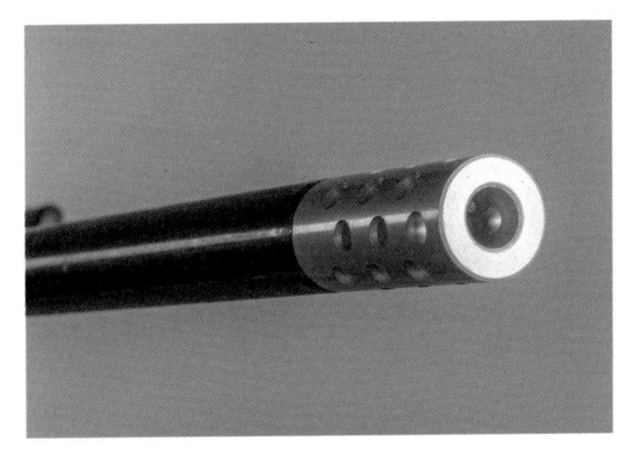

異性で性格の同じ人が二人いたとする。そうしたら可愛い方・カッコいい方を選ぶはずだ。それと全く同じで、やはり自分が手にするものはカッコいい方が良い。趣味で持つ銃は、何の意味もない遊び心も大切だ。さすがスペイン人。わかっていらっしゃる。でも…もしかすると機能的な意味が…いや、やはりないかな。

18. ハッサンアームズ カーニバー135

スプリング式でPCPと同水準のマズルパワーを発揮するカーニバー135は、"Cornivore"（肉食獣）の名にふさわしい猛獣スプリンガーだ。罠にかかった大型獣（イノシシやシカ）の止め刺し用途で用いられることの多い本機種だが、カラスやハトといった鳥の駆除にも使える精密性を持つ。ただし、鳥猟に使おうと思ったら、猛獣使いになれる技量と覚悟が必要になる。

アメリカでは人気の高いハッサン社製スプリンガー

日本ではまったく認知されていなかったハッサンアームズ社製スプリング式エアライフルだが、アメリカでは「(欧州製に比べ）安い割には性能が良いスプリンガー」として、昔から人気が高かった。

現在日本で主に流通しているのはMOD135と呼ばれるシリーズで、カーニバー135はこのシリーズの設計を流用して30口径用に調整されたモデルとなる。

ちなみに、ハッサンのスプリンガーはMOD○○と数字が付けられている物が多いのだが、数字が大きければ性能が良いというわけではない。2022年に開かれたアメリカ最大規模の銃展示会『Shot Show』にハッサン社も参加したのだが、ここで展示されていた最新式のスプリンガーMOD65は、2010年代に発売されたMOD95のパワープラントを流用して設計されていたりする。

世代	第3世代
英語表記	Carnivore 135
メーカー	ハッサンアームズ
生産国	トルコ
作動方式	ブレイクバレルスプリンガー
口径	7.62 mm
全長	1200 mm
銃身長	270 mm
重量	4350 g
パワー	33 ft·lb
ストック	ウッド

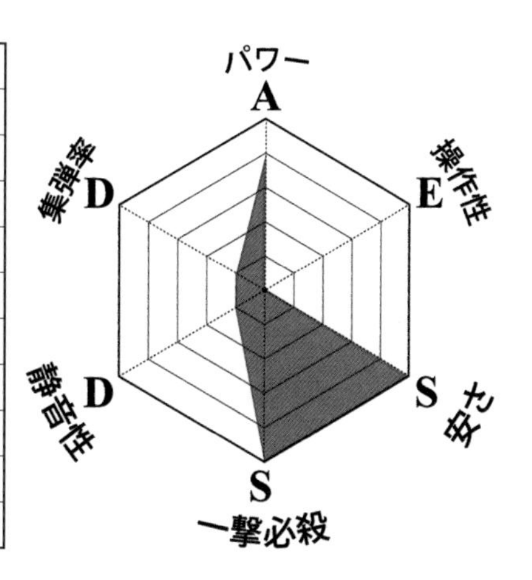

最新式の機構により30口径を実用化

ひと昔前までなら「30口径のスプリンガー」なんて狂気の沙汰でしかない代物だったが、ハッサン社独自の衝撃吸収機構（ショックアブソーバーシステム）や、トリガーシステム（クアトロトリガー）などによって、実用化を成し遂げている。

アメリカでは、農地に出没して地面を穴だらけにしていくウサギやプレーリードッグを駆除する目的で使用されているようだ。日本ではこれら小型獣の駆除はほとんどないが、イノシシやシカの止め刺し用に利用されることが多い。

射程距離は50m以上あるので鳥猟にも使えるのだが、この銃はコッキングが物凄く重い！30kg近くあるので、体全体で銃身を折る必要がある。1発ごとにこの作業を行わないといけないため、一撃必殺できる射撃の腕がなければ、鳥猟に使いこなすのは難しいと言えそうだ。

19. シャープ　エースハンター

言わずと知れた、日本で一時代を築いた国産名エアライフルである。残念ながら製造会社はすでに廃業してしまったが、まだ国内銃砲店にパーツはあるのでメンテナンスは可能である。多数出回っているのと、現在販売の主流はプレチャージエアライフルなので、程度の良い中古が安い価格で手に入るのも嬉しい。

ロングセラー！国産ポンプエアライフル

マルチストローク式のこの銃は、内蔵されたポンプを動かす回数によってパワーを可変できる。パワーを毎度変えるのはスコープ内での同距離において着弾点も変化することからあまりオススメできないので、マルチストローク式ユーザーは自分で決めたポンプ回数で射撃や狩猟を行っている。

PCPに劣るがパワーは十分

銃自体がとても軽く、空気充填用品を持ち運ぶ必要がないため、手軽に狩猟に行きたいときなどにはもってこいの銃だ。

現代的目線から見ると若干パワー不足はいなめないが、この銃で獲れない獲物は国内にはいない。これは銃全般に言えることだが、どんなにパワーがあっても当たらなくて獲物は獲れないわけだし、確実に急所に当てられるならパワーは大していらないことになる。

世代	第1世代
英語表記	Ace Hunter
メーカー	シャープチバ
生産国	日本
作動方式	マルチストローク
口径	4.5 / 5.0 / 5.5 mm
全長	990 mm
銃身長	600 mm
重量	2850 g
パワー	ポンプ8回で12 ft·lb
ストック	ウッド

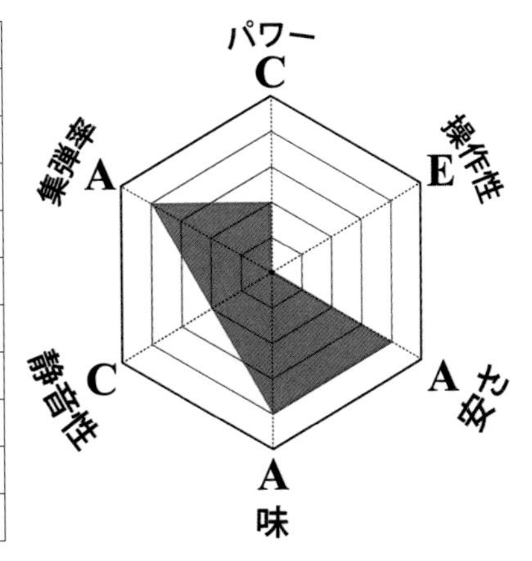

ラインナップには4.5mm・5.0mm・5.5mmの3種類があったが、中でも5.0mmというのがこだわり派には人気のようだ。ただし、ペレットの選択肢があまりないのが残念なところ。

キジバトくらいの大きさの鳥を待ち撃ちするのなら迷わず4.5mmを選びたいし、それ以上の大きさの鳥も獲りたいのなら5.5mmを選ぼう。5.5mmなら、この銃でも精度よく飛ばすことのできる軽いペレットも豊富にある。

新銃はほとんどないが程度の良い中古は流通している

残念ながら銃砲店の片隅にも新品が残っている確率はかなり少ないが、程度の良い中古が豊富にあるので、そちらの出会いも楽しみがある銃である。

20. ホーワ M55G

自衛隊の小銃などを作っている豊和工業（豊和精機ではない！）製の炭酸ガス使用のエアライフル。家庭用の炭酸水製造器に使うような炭酸ガスボンベを2本使用する。性能は心もとないが、中古は2万円ぐらいで手に入る。

唯一生き残っているガスカートリッジ式

このエアライフルの構造は、ある意味「低圧なプレチャージ式エアライフル」である。空気ではなく小さなボトルの炭酸ガスをパワーソースにし、その気化したガスを利用してペレットを発射する。

現在も海外では金属製BB弾を使った炭酸ガス式ハンドガンなどがある。日本では昔のシャープ製のエアライフルの一部に炭酸ガス使用のものがあったが、現役で使われるのは圧倒的にこの55Gである。ファンは多い。

PCPが普及した今、あえて購入するのは・・・

液化炭酸ガスが気化するときには周りの熱を奪うので、連射するとシリンダーが冷えてガスが上手く気化せず、生ガスを吹き出してしまうこともある。もちろんその場合、発射されるペレットは目で見えるほど低速で悲しくなってしまうこともある。狩猟期間は冬季であるからその現象は顕著だ。

世代	第1世代
英語表記	Howa M55G
メーカー	豊和工業
生産国	日本
作動方式	ガスカートリッジ
口径	4.5 / 5.5 mm
全長	972 mm
銃身長	524 mm
重量	2800 g
パワー	15 ft·lb
ストック	ウッド

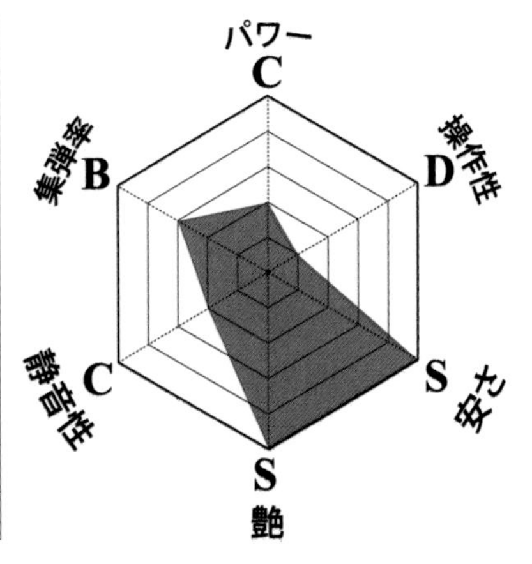

55G使いの猛者の中には、使い捨てカイロなどでシリンダーを温めながら射撃する方もいる。しかし、走りながらたまにボンネットに電気毛布を掛けて温めなければエンジンが止まってしまうような車があるとしたら、あなたは買うだろうか？現役で使っているユーザーには申し訳ないが私は買わない（敵を作ったか?!)。

欠点も多いが、ストックの艶はお見事！

でもマガジンが面白い造りである。機関部後方から縦一列でペレットを入れ、薬室直前で横移動して装填されるという縦列駐車のような構造だ。しかしその構造ゆえに、頭が丸いペレットは使えないという欠点がある。頭が丸いとペレットのスカート内部に次弾の頭が食い込み横移動できないのである。う〜む、良いペレットも撃てないではないか・・・

ただし真の長所として、この本で紹介するあらゆるエアライフルの中で、ストックのクリア塗装の仕上げは最高に素晴らしい。

エアライフルのメンテナンス

狩猟や射撃に出かけると、意識していなくても泥や埃がつくものです。その後にきちんとメンテナンスをしてあげることで、銃の寿命が延びるだけでなく、下取りに出すときもリセールバリューが期待できます。

1. 狩猟・射撃が終わった後

キャンプや釣りを趣味にしている方の中には、家に帰った後も片付けがおっくうで、道具をいつまでも車に積んでいたり、玄関にほったらかしにしたりする人がいるのではないでしょうか？メンテナンス不良で道具が壊れても、キャンプ道具や釣り具なら「とほほ」で済むかもしれませんが、銃に関しては最悪、銃刀法違反という形で処罰を受ける可能性があります。

銃の保守点検はハンターの義務！

まず大前提として、銃を自宅に保管する際は、必ずガンロッカーに入れてカギをかけておかなければなりません。銃を車に積みっぱなしにしているとか、玄関に置きっぱなしとかは論外ですが、ガンロッカーのカギを同居している人たちが簡単に持ち出せる場所に置いておくのも違反になります。

また、銃のメンテナンスは銃を所持する人の義務です。機関部や銃身に汚れが溜まった状態で弾を発射すると、銃身が裂けたり、**暴発**（引き金を引いていないのに弾が射出される）を起こす危険性があります。

以上のようなトラブルで事故や盗難が起こっても「しょうがないね」で済まされません。なぜなら、銃所持者が銃を適切に管理するのは**保管義務**、銃を常に安全に扱えるようにしているのは**安全措置義務**として“義務化”されているためです。銃を所持している人は今一度、自分たちが「凶器になりえる物」を持っていることを自覚しましょう。

クリーニングペレットを最後に撃つ

さて、狩猟や射撃が終わってエアライフルをガンバッグにしまう前に、クリーニングペレットを1発撃って銃身内部を掃除しましょう。

クリーニングペレットとは、名前の通り銃身内のクリーニングに用いられる、フェルト製ペレットです。サイズは5.5mm口径なら5.5mmクリーニングペレットといった具合に、口径に合った物を選んでください。

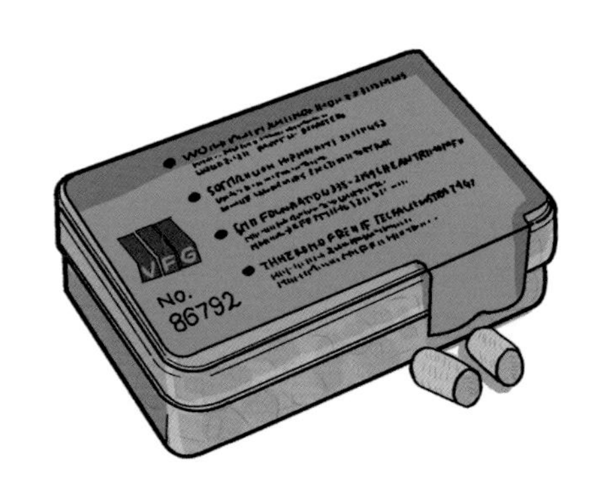

実際にクリーニングペレットを手に取ると、普通のペレットよりも2割ぐらい大きく見えますが、それで大丈夫です。なぜなら、皆さんも雑巾をかけるとき、ゴッシゴッシと強くこすりますよね？クリーニングペレットも同じように、銃身の汚れを強くこするために、少し大きめに作られているのです。

クリーニングペレットは薬室にそのまま突っ込むか、回転弾倉なら普通のペレットのように装填して発射します。発射したクリーニングペレットは、内部の汚れを付着させながら銃身内を進み、排出されます。

さて、このとき、射出された後のクリーニングペレットをよく見ると、ライフリング痕に沿って黒い汚れが付いているのがわかります。これを見て「鉛だ！」と思う方が多いと思いますが、それは違います。

ゴシゴシ洗いは銃身を傷つける危険性がある

この汚れは、『ライフリングの凹の部分の内側』にペレット表面のコーティング剤やグラファイトが堆積した汚れで、鉛のカスが付いているわけではありません。なぜこの話を取り上げたかというと、エアライフルマンの中には、ライフルの銃身を擦る**洗い矢（クリーニングロッド）**を使って、ゴシゴシしたがる人が意外と多いからです。

もちろんプロが完璧にクリーニングする場合は銃身をゴシゴシすることもあるのですが、近年のペレットは様々なコーティングがしてあるので、銃身の内側に鉛が直接こびりつくことは皆無と考えていいです。なので、銃身の清掃は柔らかいクリーニングペレットで十分であり、ゴシゴシはする必要はありません…というよりも、ゴシゴシはしない方が絶対に良いです。

近年のエアライフルは**バレルシュラウド**という筒で銃身を覆っています。そして、シュラウドの口から銃口を手探りするようにクリーニングロッドを突っ込むと、銃口の角をガチガチと叩いて傷つけてしまいます。

『銃口の角』というのは、弾が射出された直後に排圧が当たる面です。そのため、この部分に傷が入っていると、圧力の抜け方が不均一になり、弾道を狂わしてしまう可能性があるのです。

なお、ライフルの場合は、ボルトを外して後ろからクリーニングロッドを差し込み、銃口側に向けてゴシゴシします。しかしエアライフルの場合

は、薬室後部にペレットを押し込むロッド（ペレットプッシャー）などが配置されているため、このような形で清掃することはできません。

フェルトであっても人に向けて撃ってはダメ！

クリーニングペレットを発射するときですが、冗談でも人に向けて撃ってはいけません！クリーニングペレットの重量は0.08グラム程度ですが、これが亜音速で発射されるわけです。当然ながら柔らかいペレットであっても、ヘタしたら窓ガラスを割るぐらいのパワーを持っていたりします。

そのためクリーニングペレットは室内で撃つのは極力やめましょう。発射音は部屋に反響して想像以上に大きな音がします。射出されたクリーニングペレットも、どこにどう跳ね返るかわかりません！どうしても部屋内で清掃を行いたい場合は、穴が空いても良いような毛布に向け、目にはセーフティーグラス、耳にはティッシュを詰めて保護しましょう。

クリーニングペレットの使用は「脱包確認」の効果もある

クリーニングペレットで清掃するということは、もちろん銃身内の掃除が一番の目的なわけですが、もうひとつ『脱包を確認した』ことが頭に刻まれるというメリットもあります。

それがどういう意味かというと、「クリーニングを発射したときの破裂音」を耳にすることで、あなたは「確実にペレットは薬室内にない」という認識を持つことができます。つまり、家に帰ってロッカーに銃をしまうとき「あれ、中に弾残ってなかったよなぁ？」なんて心配がなくなるわけです。

安全は何よりも優先されます。完璧にキレイにしなくても良いですから、銃身内を空にしたということを自分自身に認識させるためにも、クリーニングペレットを使いましょう。

デコッキングを覚えておこう

「狩猟の最後はクリーニングペレットで〆る」というのが、一番望ましい方法ですが、クリーニングペレットが手元にないのであれば、最後は**デコッキング**で〆ましょう。

デコッキングとはコッキング（ストライカーが引かれた状態）から元に戻す動作を言います。装薬銃の場合は「空撃ち」をすることで撃鉄を落とすことができますが、PCPの場合は空撃ちすると高圧エアが噴き出してとても危険です。よって、右図のようにコッキングレバーをしっかりと引っ張った状態で引き金を引き、レバーにストライカーの重みが乗ったのを確かめてから、元の位置に戻します。

なお、スプリング式の場合はデコッキングの方法はありません。空撃ちをすると内部機構に強い衝撃がかかるのでやめましょう。最悪故障してしまう恐れがあります。

装填されたペレットの排出は基本的にはできない

エアライフルは装薬銃のように、薬室に入った弾を撃たずに抜く（**イジェクション**）方法がありません。なので、ペレットを薬室に装填するのは、獲物や標的を目の前にして発射する寸前だけです。

こういった話をすると「じゃあ、発射寸前に獲物が逃げたらどうすんの？」とか聞かれたりしますが…。狩猟用に空気銃を所持できるのは20歳以上なので、社会の仕組みも理解できているはずです。そういったことを他人に聞くようなことはやめましょう。

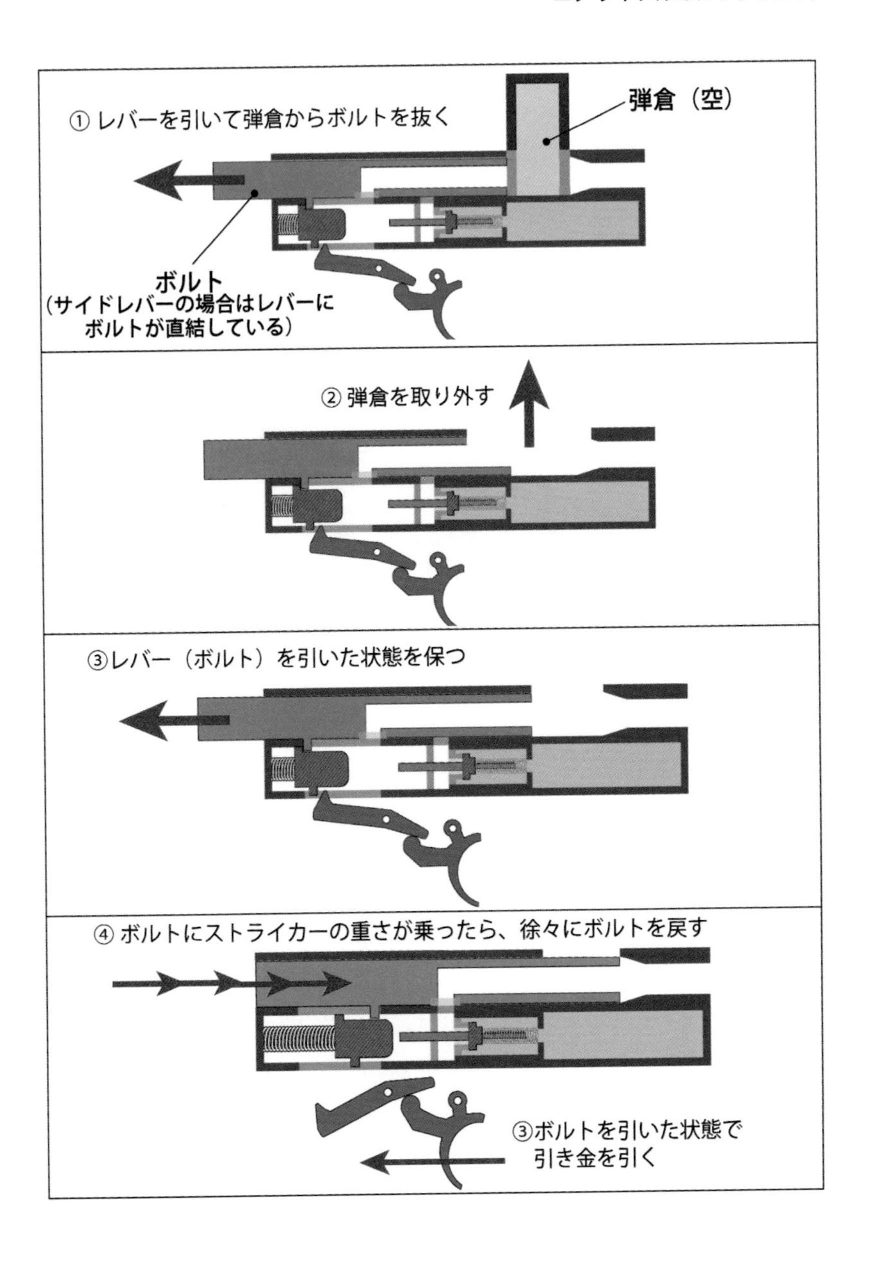
① レバーを引いて弾倉からボルトを抜く
弾倉（空）
ボルト
（サイドレバーの場合はレバーに
ボルトが直結している）
② 弾倉を取り外す
③レバー（ボルト）を引いた状態を保つ
④ ボルトにストライカーの重さが乗ったら、徐々にボルトを戻す
③ボルトを引いた状態で
引き金を引く

2. 日常メンテナンス

家に帰ったら、まずはエアライフルの表面をサッと拭き、すぐにガンロッカーにしまって施錠しましょう。それから道具を片づけたり獲物の処理をしたりお風呂に入ったりetc…。ゆっくりする時間が取れたら、エアライフルを取り出して、日常メンテナンスを始めましょう。あ、銃を扱うときは飲酒厳禁ですよ。

水分大敵！何はともあれ水気を拭き取る

エアライフルに限らず、銃は水気を嫌います。猟場で雨に降られたような日は、できるだけはやく乾いたタオルで表面の水分を拭き取ってください。自然乾燥させていると、鉄部分は途端に錆びます。

雪や雨に触れた場合は防錆スプレーを布に薄く塗布し、表面を満遍なく吹いてください。ひとまずこれだけできていれば日常メンテは十分です。

オイルを使う際の注意点として、エアライフルには多数のゴム製品が使われているため、これらを腐食させる石油系オイルやパーツクリーナー（有機溶剤）などは絶対に使ってはいけません。使用して良いのはシリコン系のオイルやグリスです。銃専用のクリーナーもあるので、心配な人は専用品を選んでください。

多くのパーツはアルミでできているので錆びるパーツはそれほどないのですが、見落としがちなのは『スコープのマウントリング類のネジ』です。これはほぼ全て鉄でできています。

これらは凹んだところに鎮座しているので、油をつけた布では拭ききれない場合が多く、しばらくするとすぐに錆びてきます。よって綿棒に防錆油をつけて、丁寧に拭いてあげましょう。

ガンロッカーへの保管時は空気を入れたままにする

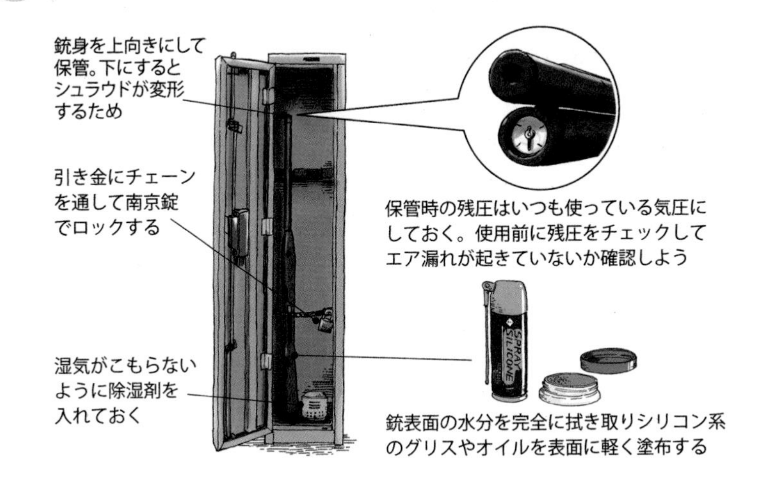

銃を拭きながら各部を点検し、異常がなければガンロッカーにしまいましょう。保管方法について、よく「空気を抜いて保管しなきゃダメでしょうか？」と質問されるのですが、結論から言いますと「抜いてはダメ」です。

PCPは高圧空気を封止するために**Oリング**というゴム部品が使われています。このOリングは、エアシリンダー内の圧力を抜くと、「くたっ」とした状態になります。そしてこのまま放置していると、その形のまま劣化・固化してしまい、再充填したときに「パキッ！」とヒビが入ってしまうわけです。

このような故障を防ぐためにも、保管時のエアは通常使用圧力に充填し、Oリングが緊張状態のままの状態を維持しましょう。

3. エアライフルの修理

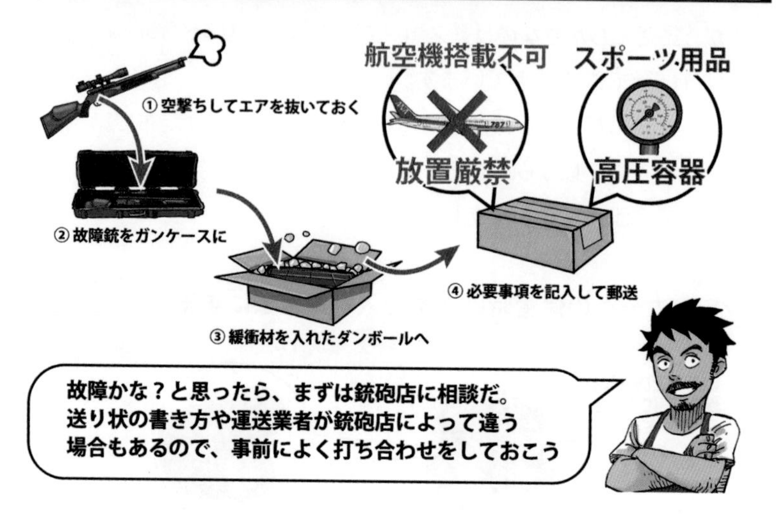

エアライフルは『絶対にいつか』空気が漏れます。なぜなら、ゴム素材であるOリングは、空気に触れている限り必ず劣化が起こるからです。これは「メーカーの陰謀」とかそんなのではなく、物性としてそういうものなのです。ここは信じてください。

エア漏れをどのように調べるのか？

エア漏れを知る一番の方法は、ガンロッカーに保管するときに常に同じ気圧にしておくことです。出猟する前にエアをチャージするのではなく、ガンロッカーにしまう前にエアを規定値にチャージしておきます。後日エアライフルを取り出したときに、残圧が減っているようであればエア漏れの可能性が高いです。

ただしエア漏れが、「数ヵ月保管で数十気圧」程度であれば、猟期中はそのまま使い続けても良いかと思います。狩猟や射撃には目に見える影響はないため、落ち着いたら修理に出しましょう。何かの拍子にエア漏れがとまることも結構あります。

「残圧0だった！」という場合は、とりあえずエアをチャージしてみてください。製造誤差などでバルブの絞まりが甘く、一時的に漏れていた可能性もあります。

故障する前にオーバーホールメンテナンスを

エア漏れを100%回避する方法は残念ながらありませんが、トラブルが起こる前に部品を交換することで、実質エア漏れなしの状態で使い続けることはできます。

この**オーバーホールメンテナンス**は、毎猟期後にするのがそりゃまぁ理想なんですが、3年に1回程度でも十分です。銃の更新が3回目の誕生日までなので、これに合わせてするとわかりやすいのではないでしょうか。

故障した銃の送り方

銃砲店にエアライフルを持ち込む場合は良いのですが、郵送しなければならない場合はいくつか注意点があります。まずは輸送中の破損を防ぐために、必ずケースに入れ、動いてしまう場合は緩衝材を入れ、さらにそのケースそのものをダンボールで囲みましょう。

エアライフルは発射時の反動がほとんどないため、ストックが軽い素材だったり、機関部がネジ1カ所でしか止まっていなかったりします。なので、輸送中の衝撃で破損する可能性が高いのです。

次に品名ですが、「**スポーツ用品・高圧容器**」と記載します。窓口で何か聞かれたら「アウトドアに使う空気ボンベ」とでも答えておきましょう。これも日本の困った銃事情なのですが、品名に「銃」と書くと、運送会社から輸送を断られる可能性が高いです。もちろん、修理などの目的で銃の運送を業者（一般自動車運送事業者）に委託するのは合法なのですが、運送会社は「実銃と知ってしまったうえで何か問題があったら面倒くさい(※)」という理由で断ってきます。（※もちろん公言しませんが）こういう場合は暗黙の便法に従うのが大人のやり方です。

郵送方法の続きですが、送り状には「**放置厳禁**」と併記しましょう。こうすることによって中継店で事務所保管になり安心です。さらにPCPの場合は「**高圧容器・航空機搭載不可**」と明記してください。PCPは内部に高圧を溜めているので、飛行機に乗せると膨張して破裂する可能性があります！たとえエア漏れで残圧0だったとしても、それは圧力計の故障である可能性もあります。

4. エアライフルのカスタマイズ

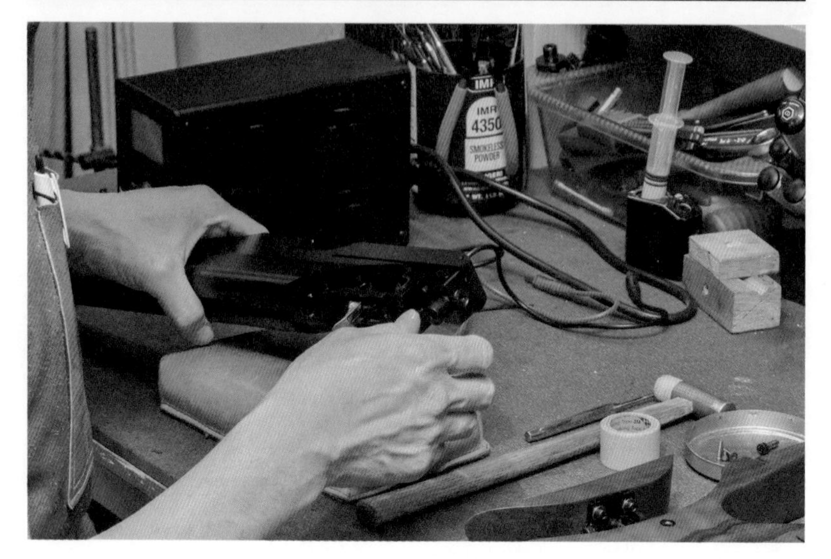

エアライフルに限らず、銃を持ったならば、他人と違う自分の色に染めたいと思うのが人間のサガです。しかし、銃刀法という厳しい法律に縛られている日本では、銃のカスタマイズはとても不自由です。しかし、逆に言えば「違法ではない」ならいかようにもカスタマイズはできるのです。せっかく所持した銃なのだから、できる限り自分好みにして楽しみましょう！

長さが変わったら届け出を

所持許可を取ると、許可証には「銃の全長・銃身長・口径・適合弾・銃番号」などが記載されますが、それらを自身の手で勝手に変えることは違法です。

しかし銃を扱っていると、「自分は体が小さいのでストックを少し短くしたい」とか、逆に「長くしたい」などの要望が生まれるはず。そういった場合は**猟銃等製造許可**を持っている銃砲店に改造を依頼しましょう。安心してください。ほとんどの銃砲店はこの資格を持っています。

改造の方法にも色々ありますが、グリップから引き金までの長さを変えたい場合は、ストックにパテを張ったり、グリップの部分を削ったりします。ストックの形状が変わり全長が変化するような改造を受けたら、**改造**

証明を発行してもらってください。そして、遅延なく（※）所轄の生活安全課に出向いて所持許可の記載事項変更をしてもらってください。（※特別な理由がないなら、改造を受けた翌日には出向きましょう）。

肩当てパッド・ほほ当ての高さを変更する場合は申請の必要なし

なお、銃の全長は肩当てのパッド部分を含まない長さになるので、パッドを厚くする・薄くするといった変更であれば所持許可を書換する必要はありません。頬付けの高さを変える（チークピースを取り付ける）といった改造も同様です。

ただし、見た目が明らかに変わるような大掛かりな改造を施した場合は所持許可自体が無効になり、再度、その銃の所持許可を取り直さなければならない場合があります。詳しくは改造を担当する銃砲店に相談してください。

サイドレバーの取り付け方向を入れ替える

機種によりますが、サイドレバー方式のPCPの場合、ハンドルの付いている方向を左右入れ替えることができる場合があります。これは工具無しに付け替えられるのであればユーザー自身で行っても良いですが、機関部を開ける場合は銃砲店にお願いしてください。

なお「自分でできる調整」と「銃砲店にお願いしないといけない調整」の差は、銃を購入したときについてくる説明書を読んでください。説明書に「調整方法」として載っている場合はOKですが、それ以外は絶対にイジってはいけません。特にPCPの場合は内部に高圧を持っているので、基本的にユーザーが機関部を開けたり、バラしたりしてはいけません。

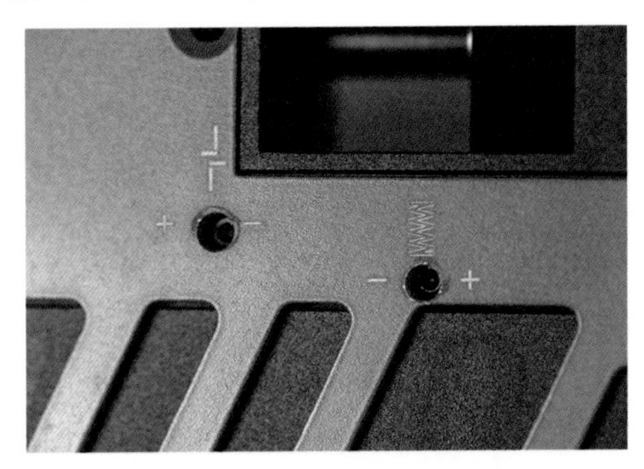

引き金調整は上級者向け

シアーが外れてストライカーが動き出すまでにかかった引き金の重さのことを**プルレングス**（または**トリガープル**）といいます。スポーツ射撃では、引き金に触れた瞬間に弾を発射したいので、このトリガープルは軽く（1.5kgぐらいに）設定されます。

対して狩猟の場合は、最後の最後まで周囲に注意を払う必要があります。よって、スポーツ射撃よりもプルレングスはかなり重たく（2kgぐらいに）設定するのが普通です。

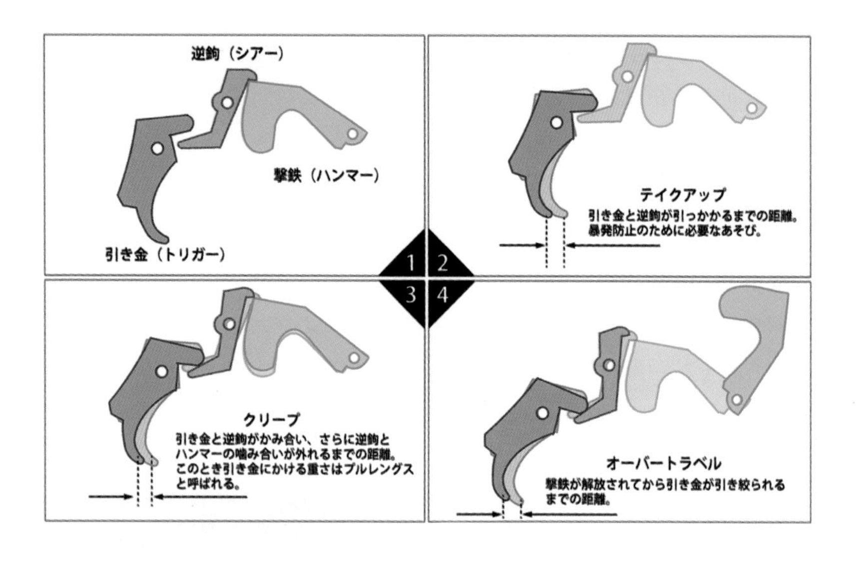

近年のエアライフルの中には、トリガーの調整をユーザーで行える物も増えています。どこまで調整できるかは機種によりますが、**テイクアップ**、**クリープ**、**オーバートラベル**、そしてプルレングスの4つが調整できます。

ただし引き金の調整については、初心者がヘタにいじって暴発の原因になるといけないので、まずはメーカー・銃砲店が調整した状態で使ってみましょう。射撃に十分慣れてきたら、少しずつ調整をして好みに合った設定を探してみてください。

色は自由！

現在はとても優れたカラーコーティングを銃に施すことができます。これは、擦れやオイル浸食、海水腐食などにとても強く、セラミックが含有された特殊な塗装です。鉄部分に施工すると防錆メンテナンスなど「どこ吹く風！」で錆びから守ってくれますし、クタクタにくたびれた中古銃も、新銃のように見違えます。この加工は**セラコート**と呼ばれており、施工後は所持許可の書換申請は必要ありません。

銃砲店に施工依頼すると、通常2週間ほどで仕上がってきます。料金は施工方法・色使いによって前後しますが、2〜5万円くらいで収まるでしょう。ぜひ自由に依頼してください。これで文字通り「自分の色に染める」ことができます。だって、世の中、黒い銃ばかりじゃつまらないでしょ？

アクセサリーも自由！

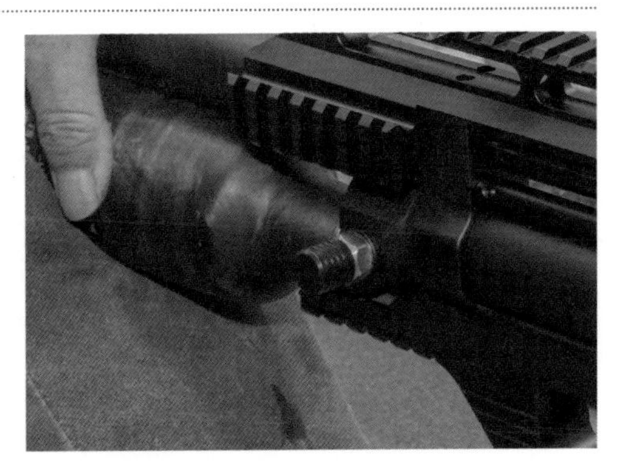

ミリタリーチックな銃種の場合、マウントレール以外にも、横側や下側にピカティニーレールがくっ付いている場合があります。これはアクセサリーレールと呼ばれており、フォアグリップやフラッシュライト、スマートフォンマウントなど色々な物を取り付けることができます。エアソフトガンで流通している物が取り付けられるので、自分好みにカスタムしましょう！…ただし、あまり色々取り付けると重くなる点だけは注意してください。

パワーアップの改造はご用心！

車やバイクには「ボアアップ」という、排気量を上げてエンジンのパワーを上げる改造があります。パソコンの世界には「オーバークロック」というCPUの性能を極限まで高める設定方法があります。

…わかりますよ、あなた。エアライフルのパワーアップを望んでるんでしょ？実際に、エアライフルのパワーアップ改造は可能です。しかし！パワーアップ改造はオススメしません！

エアライフルの機構でお話をしたように、エアライフルは銃の内部にペレットを射出するエネルギー（空気圧・ガス圧）を溜め込みます。薬莢の中に“火薬”という形でエネルギー源を封入する装薬銃との大きな違いがココです。そして、装薬銃の場合は、たとえ火薬過剰の実包が装填されても壊れないように、機関部や銃身などのパーツ強度には、ある程度の余裕を持たせた設計がされています。

対してエアライフルの場合、メーカーは、「メーカー側が想定した射出圧を超える圧力で使用されること」を想定していません。そのため各パーツは、そのエアライフルが扱える最大の射出圧に限界まで寄せた調整がされているのです。

その調整が「間違いだ」と思うのであれば、それはあなたの方が確実に間違っています。メーカーは様々な試行錯誤を凝らし、何度もテストをした果てに、その調整で銃をリリースしています。対してあなたが抱いているのは、「獲物がとれないのはパワーが弱いせいだ」という、何の根拠もない疑念です。

デチューンはオススメ

どうしても「獲物がとれないのはパワーのせいだ」と思う方は、ひとつだけ解決策があります。それはパワーを上げるのではなく、逆にパワーを下げる**デチューン**改造を行うのです。多くの銃では、弾速を少し下げれば命中精度が上がります。その精度で獲物のバイタルを的確に狙えるように練習してみてください。カタログスペックが30ft·lbもあれば、獲物がキジやカモであっても確実にしとめ切ることができます。

パワーの過当競争

「デチューンもメーカーの調整を狂わせるので悪影響では？」と思った理解力に優れた方もいらっしゃると思いますが、これについては、「メーカーはもっとパワーの強い銃を作れ！モア・パワー！」というユーザーの需要が大きくなりすぎていることが関係しています。

同じような銃が2つ並んでいたとき、やはり多くのユーザーは「パワーが強い！」という謳い文句に釣られてしまいます。なので、メーカー側も仕方なく、カタログ上のパワーを上げて宣伝することが多くなっているのです。「パワーなんて強くなくても獲物はとれるし、精度だってよくなるのに…」と、メーカーの優秀なガンスミスが思い悩んでいても、経営者の判断に従わざるをえません。

よって、デチューン改造にまで至らなくても、もしあなたがエアライフルを扱う中で「なぜか獲物がとれない！？」と感じたら、射出圧を上げたりペレットを重くするパワーアップではなく、射出圧を下げたりペレットを軽くしたりするパワーダウンを試してみてください。銃種によってはそれまでの荒荒しい挙動が収まり、グッとイイ子ちゃんに変身することもあるのです。

5. 個人輸入の注意点

あなたが海外のサイトで見つけたカッコいいエアライフル。「どうして日本に輸入されていないんだろう？」と思いますよね。

銃に対して厳しい法律を持つ日本でも、正しい手続きを踏めば銃を輸入できます。それは個人でもできます。法人（私たちのような銃砲店や輸入代理店）の場合は様々な判断で仕入れる銃を決めており、その中には「入荷しない」と決めたモデルも多々あります。

さて、あなたはどうしても、とある『日本未発売のエアライフル』が欲しくて個人輸入を決意しました。そして、

現地でその銃を取り扱っている法人と交渉したり、

代金をドル建て（場合によっては現地通貨）で支払ったり、

経済産業省に輸入承認申請書を出したり、

それの修正のために色々電話がかかって来たり、

シッピング（船輸送）を押さえたり、

関税を支払ったり、

荷上げの連絡を受けたら銃を引き取りに税関まで行ったり、

自分で引き取れない場合は代行してくれる輸送業者を探したり、

と、あらゆる困難を超えて、ついに銃が手元に届きました！

…さて、先に書きましたが、エアライフルは必ずいつか空気が漏れます。漏れを防止するOリングについては、実はほぼ全てが工業規格に沿った物なので、その規格品さえ手に入ればメンテナンスは可能です。しかしそれ以外の専用に作られた部品が当然あり、これらが破損したとき、あなたはまた面倒な手続きをして部品を輸入しなければなりません。

しかもこのときは、“たった10ドル”の“小指の先ほどの部品”を“一つだけ”送ってくれる現地の業者を探す必要があります。これに費やす労力に加え、無事に日本に到着するのかよくわからんストレス（※）、部品代よりも何倍も高い輸送料、無事に荷上げされても税関から「これ、銃の部品？ちょっと説明して」と呼び出しがかかる可能性があります。部品がようやく手元に届いても「そんな銃扱ったことないから修理できないよ」と銃砲店から突っ返されるリスク大！当然、自分で修理するのは違法です。

頭の中でシミュレーションしただけでも、銃の個人輸入はこれだけトラブルが起こるのです。あっ！所持許可の件で生活安全課から、絶対に問い合わせの連絡が来る！その銃のことを何も知らない担当官に一から説明するのは、考えただけでも面倒くさい！

（※国によっては他国をグルグル経由して送ってくるので、ロストする危険性が結構あります）

日本で銃の値段が高いのは理由がある

エアライフルに限らず、日本の銃の値段はアメリカに比べて2，3倍は高いです。これを「銃砲店が暴利をむさぼっているッ！」と思っている人が意外に多かったりしますが、先に述べたように、海外の銃を日本に仕入れるのは、送料や部品のストックなど、銃の値段以上に隠れたコストがかかるのです。もちろん日本もアメリカみたいに、銃の流通量が1000倍！1万倍！になればスケールメリット（物量が増えると1個あたりにかかる送料などが下がる）によって銃は安くなります。ただ、それは今の日本では、絶対にない話です。

無暗な海外取引は日本の信頼を失う！？

私自身は個人輸入を否定はしません（車の部品とか個人輸入しますし）。その行為自体認められていますし、海外とのやりとりも慣れれば楽しいものです。

ですが、個人輸入のトラブルは自分自身だけでなく、相手方にもダメージを与える可能性があることを覚えておいてください。これは経験上の話ですが、税関でストップがかかって受け取ることができなかったとき、多くの日本人はクレジットカードの支払いをしないように手続きをします。こうされてしまうと海外の店は、発送した送料と送り返されてくる送料を負担しないといけないので大赤字です！

こういったトラブルが増加し、海外には「もう日本人相手には売らないぞ！！」と怒っているお店もあったりします。安易な個人輸入はひかえましょう。

Chapter 3

実猟編
THE HUNT

執筆：東雲輝之

エアライフル猟に出かけよう！

でも、動いてる車の中から
狩猟鳥を探すのは
難しいですよ・・・
目が慣れてくると
見つけられるように
なるよ。
ブロロロロー
ガサッ
あれって鳥？
いや、ちがうか…

あ！
キジ見つけた！
おお～、よくあんな
遠くにいるキジを
見つけられたなぁ。
君は天性の
ホークアイ
かもしれんなぁ。
おぉ

NEXT PAGE

エアライフル猟に飛び出そう

ついに待ちに待った猟期到来！この日のために準備したエアライフルを手に、広大な狩猟の世界へ飛び出しましょう！・・・とはいったものの、エアライフル猟って何から始めれば良いのでしょうか？

1. エアライフル猟にはどんなスタイルがあるの？

狩猟は、狩猟制度に従ってさえすれば、誰でも自由に行えます。しかし"自由"だからこそ人は何をしたら良いのかわからず混乱してしまうもの。エアライフル猟でも何もわからずに出猟した初心者の方は、エアライフルを手に呆然と立ちつくしてしまうはずです。

狩猟スタイルは流し猟・忍び猟・待ち猟・集団猟の4つ

エアライフル猟の**狩猟スタイル**は、流し猟、忍び猟、待ち猟、集団猟という4つに大別されます。そこで、まずはこの狩猟スタイルを知り、自分自身がどのように活動したいか考えてみましょう。

もちろんここで解説したことを、すべて真似する必要はありません！慣れてきたら自分の狩猟スタイルを工夫していき、猟友を誘ったり、SNSやブログなどで発信してください。ともに新しいエアライフル猟の世界を発展させていきましょう！

どうしても獲物が見つからない！そんなときは・・・

「どうしても獲物が見つからない！」、そんなときは、猟場近くの農家さんに周辺で出没する野生鳥獣被害について伺ってみましょう。ヒヨドリやキジバト、カラス、キジ、カルガモといった野鳥は、しばしば農作物に被害を出すことがあり、困っている農家さんも多くいます。「最近このあたりで○○が悪さをして困っているから、追い払って欲しい」といった"討伐クエスト"が発生することも珍しくありません。

もちろん情報をいただくからには親しいお付き合いが重要です。まずは日ごろのご挨拶から始まり、獲物がとれたらお礼をしましょう。気配りこそが良い関係を築くコツです。

ハンティングガイドという手もある

近年、農家さんとハンターを繋ぐ**ハンティングスクール**といった取り組みも、全国各地で増えています。これはプロハンター（猟師）の指導のもと、銃の扱い方や狩猟の基本を学ぶことができます。

見学だけなら狩猟免許を持っていない人でも参加可能なので、狩猟がどのような世界なのか知りたい人は、一度体験してみましょう。

2. お手軽！猟場を車でまわる『流し猟』

「何から始めて良いのかわからない！」という方にオススメのエアライフル猟が、ターゲットがいる可能性が高い場所を車で観察してまわる**流し猟（クルージング）**です。

車で移動しながらノンビリ狩りをしよう！

流し猟の最大のメリットは“移動が楽”な点です。例えば、山でシカやイノシシを狩るライフル猟や、重たい道具を背負って罠をしかける罠猟は、『吹きすさぶ寒空のもと、一日中自然の中を歩き回る』というストイックさが必要です（もちろん「それが楽しい！」という人も多いのですが）。

しかし流し猟の場合は、「車で猟場をまわり、ターゲットを発見したら、降りて射撃！」という狩猟スタイルです。そのため、エアコンが効いた車内で、お気に入りの音楽をかけながらドライブ気分で狩猟を楽しむことができます。

「そんなのん気なスタイルで本当に獲物がとれるの！？」と驚かれる方も多いと思いますが、まったく問題ありません。なぜならターゲットとなる獲物はキジやキジバトといった人里に多く生息する野鳥なので、むしろこういったスタイルの方が狩猟しやすいのです。

流し猟は「簡単な猟」ではない！

のん気で楽しそうなエアライフル猟ですが、もちろんデメリットもあります。まず、移動中の車からターゲットを探すのは思った以上に難しく、かなりの眼力が必要になります。

ここでいう「眼力」とは、視力や動体視力といった意味ではなく、獲物を探しだす“カン”に近いイメージです。具体的には、獲物がいそうな場所にアタリを付ける想像力と、風景の中から異変（獲物の影）を瞬時に見つけ出す観察力が重要になります。

このように流し猟は、「のんびり気楽」ではありますが、けして「簡単」ではありません！経験を積んで眼力を鍛え、獲物を瞬時に見つけ出す**ホークアイ（鷹の目）**と呼ばれるハンターを目指しましょう！

獲物を見つけたら降りて撃つ。それだけ！

流し猟の狩猟スタイルは、獲物を見つけたら車から降り射撃をする、これだけです！山に登る必要も、大荷物を担ぐ必要もありません。超・お手軽な狩猟スタイルですね。

ただし注意点があります。1章でもお話したように、道路上で射撃を行うのは違法です。「道路」には、車道や歩道だけでなく、林道や私道、その「のり面」も含まれます。このような場所では発砲だけでなく、銃を剥き出しにしている状態も違法です。そのためカバーから銃を取り出すのは、車を降りて猟場に立ってからになります。

法律では「運行中の自動車」と書かれているので「車を止めていれば車上から発砲はOKなのか？」と疑問に思われますが、一応、車庫から出した状態の車はエンジンを切っていても「運行中」と扱われるようなので、NGだと理解してください。

獲物に見つかっても、人に見つかるな！

流し猟は、田んぼや畑、河川敷、車道近くの林や里山など、主に車で移動できる場所が猟場になります。よってガチガチの山用装備は必要なく、温かい恰好であれば普段着で問題ありません。

ただし、冬のヤブの中は「ひっつき虫」が大量にはえているので、ニットのような素材は避けた方が良いです。撥水性があり防寒性も高い、アウトドア用のジャケットとパンツがオススメです。

獲物に見つかっても、人に見つかるな！

「狩猟」といえば、オレンジ色のジャケットや迷彩柄の服装を想像される方も多いと思います。しかし、エアライフル猟の流し猟においては、このような服装は避けた方が良いです。

流し猟は先述の通り、人里に近い場所で行う狩猟スタイルです。そのため狩猟をしている風景が人の目に付きやすく、場合によっては通行人から警察に通報されてしまうこともあるのです。

ここで理解しておいていただきたいのが、“何の違法性がなくても”通報される可能性がある、という点です。世の中には色々な考え方の人がおり、狩猟に対して良い感情を持っていない人もいます。また、狩猟についてまったく知識がなく「知らない人がウロウロしている」というだけで警察に通報する人もいます。

通報を受けた警察は、ひとまず現場に向かわなければなりません。そして、あなたに事情聴取を行い、狩猟者登録証を確認したら「ああ、狩猟をしてたんだね」と納得して解放してくれます。

さて、このトラブルで一番の問題となるのは、あなたがその後“ブルーな気分”になることです。何も悪いことをしていないのに警察に呼び止められたら、誰だって嫌な気分になります。そして、頭の中がモンモンとした状態では獲物を見つけることなどできず、たとえ見つけたとしても、精神不調の射撃は当たりません！

このようなトラブルを回避するためには、まず、あなたが人に狩猟をしていることを悟られないようにすることです。もちろん正当な権利を主張したい気持ちはわかります。しかし！トラブルを起こさないように振舞うことは、狩猟においてとても重要なテクニックです。「獲物に見つかっても人に見つかるな」はハンターの格言です。特に流し猟では、人間に対する**ステルス性**を重視しましょう。

車は四駆の普通車がベスト

狩猟と言うとゴツイ**四輪駆動車**をイメージするかもしれませんが、荒れた林道などでの走破性が高い、いわゆるクロカンタイプは鳥をメインターゲットにするエアライフル猟にはややオーバースペックです。よってエアライフル猟では、狭い林道でも小回りが効きやすい軽のオフロード四輪駆動車（スズキ・ジムニーや三菱・パジェロミニなど）といった車種がオススメです。

また、先ほどお話したように、流し猟では狩猟をしていることがわからないようにするステルス性が大事です。そこで、林道や河川敷など普段は車が入らないような場所に止めていても「なんか作業っぽいことをしているな」という風に見える、箱バンなども有効です。

バイクでは銃の安全な持ち運び方を考えよう

流し猟は車だけでなく、バイクで行う人も結構います。ただしバイクで移動する場合は、エアライフルの安全な運搬方法を考えなければなりません。

バイクで長尺物を運搬する場合は、フロントフォークやリアキャリアにフレームを取り付けます。フレームは、アルミパイプなどで自作する人も多いですが、ホンダ・ハンターカブなどには純正フレームが出回っています。

フレームには**キャスバード**と呼ばれる鞘を装着しておくと安心です。運転中に銃がガタガタ揺れると、取り付けているスコープのゼロインが狂ってしまいます。そこで運搬中は銃をしっかりと固定する工夫をしてください。なお、海外製のキャスバードは銃床がむき出しになってしまうため、布などで覆い隠せるようにしましょう。

バイクは小型自動二輪（125cc）や原付自転車が走破性や取り回しの良さから人気があります。ホンダ・ズーマはシートの下に銃を収納できるため愛用者が多いようです。

自転車には背負うタイプの銃バッグを使おう

自転車で流し猟をする場合、銃は背負った方が安定するので、リュックサック型の銃ケース（**ガンリュック**）を使いましょう。

また、エアライフルハンターの間ではステルス性を高めるために、ギターケースにエアライフルを入れて移動する人もいます。ギターケースは二輪車の運転がしやすいだけでなくスコープまでぴったりと収まるのでエアライフルの持ち運びに便利です。

自転車の車種は何でもかまいません。不整地を走りやすいマウンテンバイクやクロスバイクが人気です。ママチャリで移動する人もいます。

自宅が猟場から遠い人は、車に折り畳み自転車を積んで流し猟をする人もいます。車だと停車しにくい道路でも、自転車なら簡単に止まることができるので、車だけよりも探索範囲を広げることができます。

交通機関を使う渉猟スタイルも

「流し猟」に定義するかは微妙ですが、都心住まいのハンターはバスや電車で移動する人もいます。この場合、より人目に付きやすくなるので、エアライフルは「銃とはわかりにくいバッグ」などに入れて運搬し、服装もよりステルス性重視の格好をしましょう。

なお、散弾銃やライフル銃の場合、交通機関で運搬できる実包（火薬）の個数（量）に規制があります。エアライフルのペレットにはこのような規制はないので、気にしなくて大丈夫です。

事前にルート取りをしよう

流し猟ではハンターマップをよく見て、鳥獣保護区や銃禁エリアに注意しましょう。しかしながら、地図を見ながら運転するのは危険なので、あらかじめ**ルート設計**をしておくことをオススメします。

ルート設計は地図を見て、獲物が居そうな猟場をいくつか探し、その猟場を結ぶように道路にマーカーを引いていきます。林道に入る場合は通行止めにされている可能性も考慮して、迂回ルートを考えておきましょう。

Googleマップアプリを活用しよう

ルート設計は、国土地理院発行の1/25000地形図を使っても良いですが、スマートフォンの**Googleマップアプリ**の活用がオススメです。Googleマップでは航空写真を見ることができるため、まずは猟場になりそうな場所を探します。いくつか候補をピックアップしたら、ハンターマップと重ねてみて狩猟可能か確認しましょう。

狩猟可能であることを確認したら、アプリ上でピンを立てておきます。そして、一度実際に足を運び、周囲の状況（獲物の気配や、通行人の多さなど）を観察して、良さそうであれば場所を登録します。

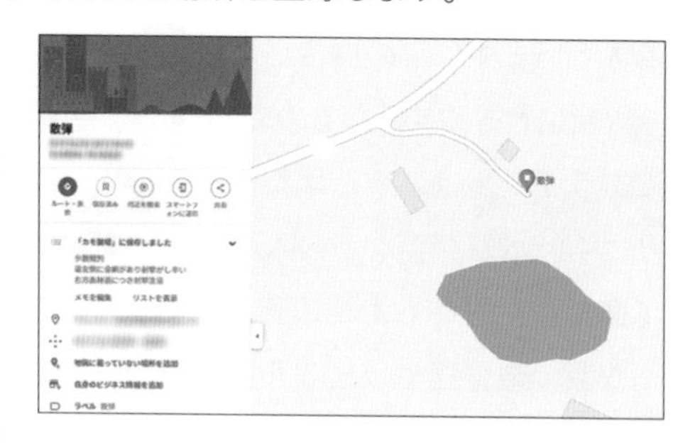

登録の方法はGoogleマップアプリのバージョンによっても変わってきますが、場所をタップしてピンが立ったら「ラベルを追加」を選択します。ラベルに名前を入れて「保存」をタップするとその場所が記録されます。

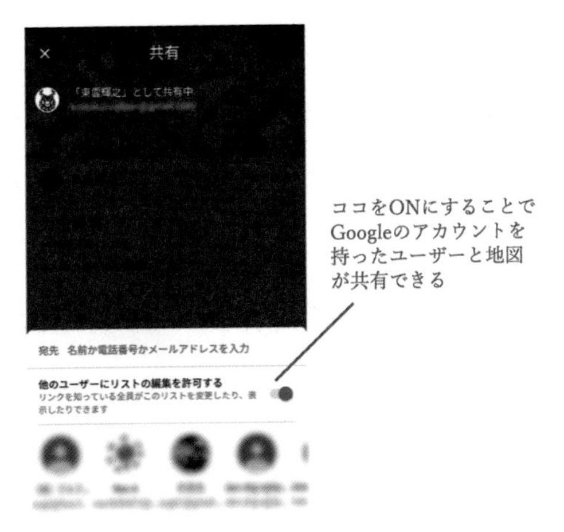

Googleマップアプリが優れているのは、その場所を他の人と共有できる点です。リスト機能を使ってピンの場所を「共有済み」に設定すれば、アクセスを許可したユーザーと場所情報を共有することができます。ラベルのメモ機能を使えば「ここはカルガモがよく浮いている」とか「タシギを見た河原！」などの情報も共有できるので、友達と**オリジナル猟場マップ**を作成できます。

猟場は拡げるよりも深堀を

Googleマップアプリを使って友達と共有マップを作っていくと、猟期を重ねるごとに猟場情報がドンドン増えていきます。こうなると「ここにも行ってみたい！あそこにも行ってみたい！」となるのですが、できれば猟場は拡げるよりも、"深堀"する方がオススメです。

猟場は一度通っただけでは、どのような獲物が潜んでいるかわかりません。普段はまったく獲物の姿を見かけないのに「雪が積もったら獲物が群れてた！」なんてことも結構あります。1日を通してみても、朝方はいないのに夕方になると獲物が出やすい猟場もあります。

このように猟場情報は、広く知っているよりも深く知っている方が猟果につながりやすいです。友達と一緒に流し猟に行くときも、「今日は私が猟場を案内するから、次はお願いね」といったかたちで、エリアを分担すると良いでしょう。

3. ロングレンジスナイプを決めろ！『忍び猟』

「車から降りて射撃するだけ」という流し猟に物足りなさを感じてきたら、より射撃のスキルに重点をおいた**忍び猟（スニーキング）**に挑戦してみましょう！

獲物に近づき、遠距離射撃を決める

忍び猟は、獲物の痕跡（足跡や糞など）を追って山を歩き、獲物を見つけたら狙撃をする猟法をさします。ライフル猟の場合はターゲットになるのがシカやイノシシといった動物なので、山の中を数時間以上歩くような難易度の高い猟法です。対してエアライフル猟では、獲物が痕跡をほとんど残さない鳥類なので、それほど山の中に入っていくことはありません。「30分ぐらい自然の中を歩く流し猟」みたいなイメージです。

それでも忍び猟は自然の中を歩くので、山の中腹にある野池や、廃棄されたミカン畑、水源林、沢沿いといった場所が猟場になります。獲物のレパートリーには、コジュケイやヤマシギ、ヤマドリが加わり、キジバトやヒヨドリとの遭遇率も上がります。

人目に付くことがなくなるので、人に対するステルス性は必要なくなりますが、人なれしていない獲物が増えてくるため、今度は獲物に対するステルス性の必要性が増してきます。

迷彩服は否定しないけど、実用性があるわけではない

忍び猟は人目に付くことがほとんどないので、ミリタリー系の恰好をしていても大丈夫です。ただし、あまり山の方に入ると、他の銃猟ハンターと遭遇する可能性があるので注意してください。周囲に止まっている車を見て、軽トラに**ドッグケージ**などが積まれているようであれば、場所を変えた方がいいかもしれません。どうしてもその猟場で忍び猟をやりたいのであれば、後にお話するオレンジベストを必ず着用しましょう。

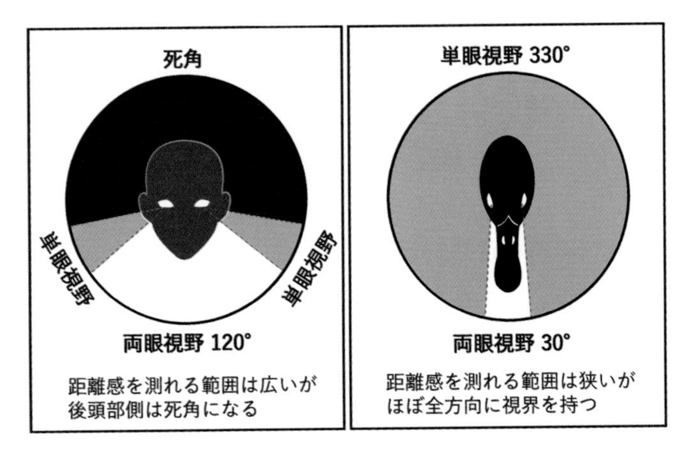

さて、忍び猟で迷彩服を着るのは自由なのですが、野鳥に対して“迷彩柄の効果”は期待しない方が良いです。というのも、鳥は人間に比べてはるかに視力がよく、視界が広い上に、人間が識別できない色を見分けることすらできます。よって、いくら『人間の目』から迷彩に見えても、鳥からしてみればバレバレだったりするのです。

それに鳥と人間の身長差を考えてみてください。人間が鳥のサイズだとしたら、人間は“ガンダム”と同じサイズです。いくら迷彩に塗装されていたとしても「ﾌﾞｯﾋﾟｶﾞｯ!!」と近づいてくるガンダムに気付かない人間はいません！

このように、エアライフル猟において迷彩服を着るのは「あなたの趣味」であって、実用的であるからではありません。よって状況によっては安全を重視したオレンジベストが好ましいですし、人に対するステルス性を高めた普段着の方が実用的といえるのです。

獲物から視線を読まれないようにする工夫をしよう

野鳥に対して迷彩柄はあまり効果がないと考えられますが、それでも獲物に対するステルス性を高める方法はいくつかあります。

まず一番効果的なのが「目」を見られないようにすることです。動物は相手の『黒目の位置』を読んで、警戒心を感じるといった習性があります。これは鳥類に限らず人間も同じで、例えばあなたも数メートル先から「ジーっと」こっちを見られていたら「なんか気持ち悪いな」と警戒しますよね？鳥類の場合も同じで、かつ、視力が優れているので、何十メートルも離れた距離から警戒心を感じるのです。

目を見られないようにするために、忍び猟ではサングラスやゴーグルを着用したり、顔の方向を悟られないようにする**目出し帽（バラクラバ）**の着用が効果的です。イタチやタヌキといった動物の目の周りが黒くなっているのも、獲物に視線を読まれないようにする仕組みだと考えられています。

服装はコントラストが低く、光物にはバンテージを巻く

気休め程度ではありますが、着用する服装はなるべくコントラストが低い物を選びましょう。私たちは「真っ黒の服」と聞くと、なんだか忍者のように隠密に向いているイメージがあります。しかし自然界には、このよ

うな「真っ黒」や「真っ白」といった色はかなり不自然で、しかもそれらの色が並んで配色されている（コントラストが高い）状態はさらに不自然に映ります。

また、鳥は光に対する識別力も優れているので、光沢のある物や金属アクセサリーは外しておきましょう。現在はバレルシュラウドが付いているので問題はないのですが、古いタイプは銃身に金属光沢がある物も多いです。そのような銃は、**カモフラージュテープ**を巻いておくと良いでしょう。

着替えを用意しておこう

野池や溜池などの水辺で狩猟する場合は、必ず着替えを用意しておきましょう。しとめたカモの回収などをしていると、結構、多くのハンターが水に落ちます。単なる「おまぬけ」に聞こえますが、これが結構シャレにならず、寒空のなか濡れた服で移動していると、急激に体温が低下し心臓麻痺を起こす危険性があります。急性ショックまで行かなくても、足先が冷えて凍傷になる危険性があるため、最低でも靴下と靴の替えは用意しておきましょう。

観察する魅惑のアイテム『双眼鏡』

モンゴルの大平原のど真ん中、四方八方が草の地平線しか見えない場所でテレビの撮影をしていると、地平線のかなたから馬や車に乗った人が集まってくるのだそうです。彼らに「どうしてココで撮影をしているのがわかったの？」と尋ねると、「何か、人が集まっているのが見えたから」と言うのだとか。

あなたが彼らのような“驚異的な視力”を持っていれば話は変わりますが、もしそうでないのだとしたら、忍び猟には**双眼鏡**を携帯しておきましょう。そして、それはあなたと家族との間に『亀裂が入る限界一歩手前』くらい高額なものをオススメします。

エアライフル猟では、草や葦の影に潜む獲物を見つけて狙撃しなければいけません。特に獲物がカモの場合は、羽の色やクチバシの形で狩猟鳥か、非狩猟鳥か見分ける必要があるため、双眼鏡が必須です。

さて、何十メートルも先に居るカモの羽の色を識別するためには、それなりの双眼鏡が必要です。安物では色彩が落ちて何ガモかわからないことも多いので、最低でも2〜3万円ぐらいの物を選んでください。悲しきかな、レンズの性能は値段に比例するため、高ければ高いほど視界はクリアになります。もちろん、何十万円もする双眼鏡を買ったら奥さんからグーパンを喰らうかもしれませんが、「どんなアウトドアにも活用できる一生モノ」を買うと思って予算を組んでみてください。

双眼鏡を手に入れたら、正しい使い方をマスターしましょう。双眼鏡は獲物を『探す』道具ではなく、『観察』する道具です。よって双眼鏡を覗いてあちこち探し回ってはいけません。

ターゲットを探すときは、まず裸眼で風景全体を見て違和感を探しましょう。次に視線を釘づけにした状態で腕だけを動かして双眼鏡を目に被せるようにします。頭が動いてしまうと観測点がズレるので、常に同じモーションで構えられるように練習しましょう！

精密射撃には必須アイテム『レンジファインダー』

レンジファインダーはレーザーで距離を測る単眼鏡です。一見、双眼鏡に見えますが、片方のレンズからはレーザーを発射するLDと、跳ね返ってくるまでの時間を測定するセンサーが付いています。

エアライフルは、装薬ライフルに比べると圧倒的にパワーがありません。パワーがないということは、発射されたペレットが大きく弧を描くことになります。プロ野球の始球式などで呼ばれるアイドルは、投げる位置を手前にしてもらっているのにもかかわらず、キャッチャーに届くまでのボールはとても大きく弧を描きますよね？これはプロに比べてパワーがないからです。大きな弧を描くということは、距離によって着弾位置が大きく変化するということです。

エアライフル猟ではシカなどに比べて圧倒的に小さな獲物を相手にするわけですから、その小さい体に確実にピンポイントで当てる必要があります。それには獲物までの正確な距離がわかるのとわからないのでは実際にものすごく猟果に影響します。

またレンジファインダーは狩猟期間ではないときでも自分の距離感を把握し修正するのにとても役立ちます。エアライフルハンターには必須といえるアイテムなので、必ず準備しておきましょう。

4. 頑張らないハンティング『待ち猟』

流し猟が「気楽な狩猟」という話は先ほどしたばかりですが、そのさらに上を行く「気楽さ」なのが、待ち猟という狩猟スタイルです。なにせ、流し猟は運転をしなければなりませんが、待ち猟は移動すら必要ないんですから。

あらゆる猟法の中で最も気楽な狩猟スタイル

狩猟の世界には様々な狩猟スタイルがあります。例えば、グループで山を囲み、獲物を追い出してしとめる『巻き狩り猟』。数匹の猟犬を使役して獲物を襲わせ猟銃でしとめる『単独猟』、数ミリのワイヤーを使って獲物を捕縛する『くくり罠猟』、夜明け前から猟場に隠れ、デコイとコールでカモをおびき寄せて捕獲する『カモの無双網猟』など様々です。これら数ある猟法の中で“最も気楽”な狩猟スタイルが、エアライフルを使った**待ち猟（アンブッシュ）**です。

待ち猟は単純に、獲物が来るまでじーっと待つだけの狩猟スタイルです。追いかけることもなく、おびき寄せることもしません。そして、目の前の木に獲物が飛んで来たら、ゆっくりと銃を構えて撃ちます。獲物を回収したら、また同じようにじーっと待つ。これの繰り返しです。

エアライフルの待ち猟は、出かける必要すら無し！

しかも、エアライフルの待ち猟は庭でもできます。もちろん敷地内が可猟区であり、射撃が可能なエリア（住宅密集地ではないなど）であることが条件ですが、庭の木に止まる狩猟鳥を捕まえることに違法性はありません。

こんなことができるのは、ひとえにエアライフルの発射音が小さいからです。散弾銃であれば、よほど野中の一軒家でもない限り、散弾をブッ放せば近隣から通報されます。しかし、エアライフルの場合は『廊下を乾いたスリッパでひっぱたく』ぐらいの音しかしません。近所の人も、まさか狩猟をしているとは気が付かないでしょう。

なお、一つ注意点として、いくらエアライフルの音が小さいからと言っても、空き缶などを撃つ遊び（**プリンキング**）をするのは違法です。狩猟目的で所持した銃は狩猟行為でのみ発射可能です。「標的射撃」が目的についていても、それは射撃場として許可を受けた施設内での射撃に限られます。

「ぼーっとする狩猟のひと時」を楽しもう

さて、このような話を聞いた人の中には「それって面白いの？」と疑問に思われた方も多いと思います。…ふむ。

確かに、寒空の下でひたすらボーっと待っているのは退屈かもしれません。

それなら、お湯を沸かしてコーヒーでも淹れましょう。地面に座るとお尻が冷たいので、イスとブランケットを用意しましょう。暇つぶしグッズもあった方がいいですね。のんびりしていると眠くなるので寝袋を持って行くのもいいでしょう。

おっと！見てください。そんなこんなをしていたら、ほらほら！目の前の木に獲物が飛んできましたよ。

気分は冬山キャンプ

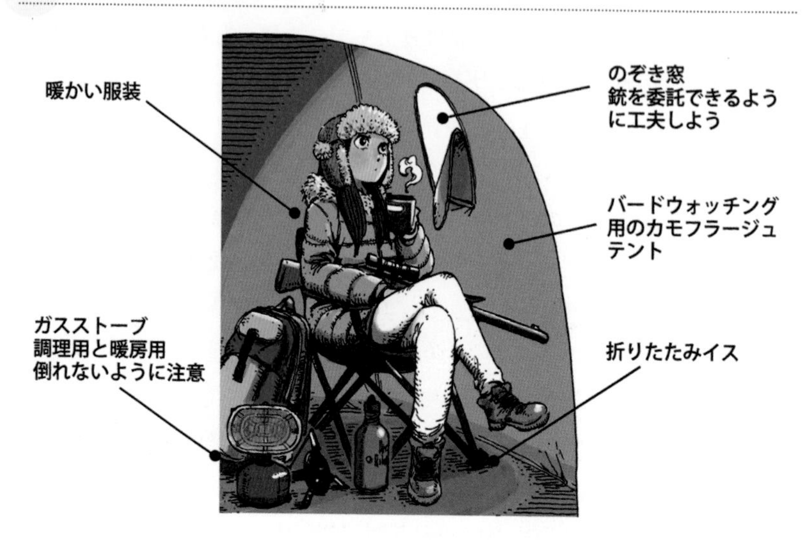

待ち猟は獲物が止まる木の近くに陣取り、後は待つだけの狩猟スタイルなので、特別必要な道具はありません。しかし、猟場は寒いので防寒用のグッズは用意しておいた方が良いでしょう。

オススメなのは、バードウォッチング用のカモフラージュテントです。これは普通のテントと違い、座って中に入れるように縦長になっているため、銃を取り回すのに便利です。

ブラインドタイプの場合は、小さく折り畳めるようになっており、持ち運びが便利です。チャックを開いたら1秒で自動的に開くので設営も簡単です。値段は 2万円ほどしますが、海外のバードウォッチング用品を扱うネットサイトで購入すれば半額ぐらいで入手できます。

意外と効果あり？『ガーデニングブラインド』

ガーデニングブラインドは、日用雑貨店の園芸用品売り場などにおいてある葉っぱを模したプラスチック製のネットです。別にブラインドがなくても「獲物が来るときは来るし、来ないときは来ない」のが待ち猟という狩猟スタイルなのですが、値段も高くなく持ち運びもしやすいので、なんとなく装備に加えておいても良いでしょう。

ガーデニングブラインドは頭に被っていても良いですが、ヒモがあれば木にくくりつけて垂れ幕を作りましょう。垂れ幕はターゲットが止まる木の方向に対して視界を遮るように張ります。2枚使って前方と上を覆えば偽装効果はより高くなります。

キジバトを狙うなら鳩デコイ

待ち猟の獲物はヒヨドリとキジバトになります。スズメやムクドリ、場所によってはタイワンリスとか来たりしますが、メインターゲットはこの2種です。

ヒヨドリの場合は、羽ばたくときに「ピィ！ピィ！」と鳴くので、飛んでくるのがすぐにわかります。しかしキジバトの場合は鳴き声も羽音もしないので、どこに止るのかわかりにくいです。

そこで、狙いやすい木に鳩の置物（**デコイ**）をかけておきましょう。キジバトは「仲間がすでにいる場所は安全」と思う習性があります。そこでニセモノを置いておくと、その近くに止りやすくなるのです。もちろん「絶大な」とは言いませんが、一定の効果はあります。

暖房にも料理にも『ストーブ』

野外で暖房・料理として使う熱源は「焚火」が思い浮かびますが、猟場で火を焚くのは危ないのでオススメしません。そこで**ストーブ**を用意しておきましょう。

ストーブは燃料を使って火を起こす道具で、アルコールストーブやガスストーブ、ソロストーブなど色々あります。万能に扱える**ガスストーブ**、ちょっとお湯を沸かしたいときに便利な**アルコールストーブ**、本格的なアウトドアを楽しめる**ソロストーブ**と使い分けることができます。価格は数千円程度からあるので、色々と試してみてあなたの狩猟スタイルに合うストーブを選択しましょう！

ガスストーブ

アウトドアストーブの定番！バーナーをランタンに取り換えると照明器具にもなるぞ。

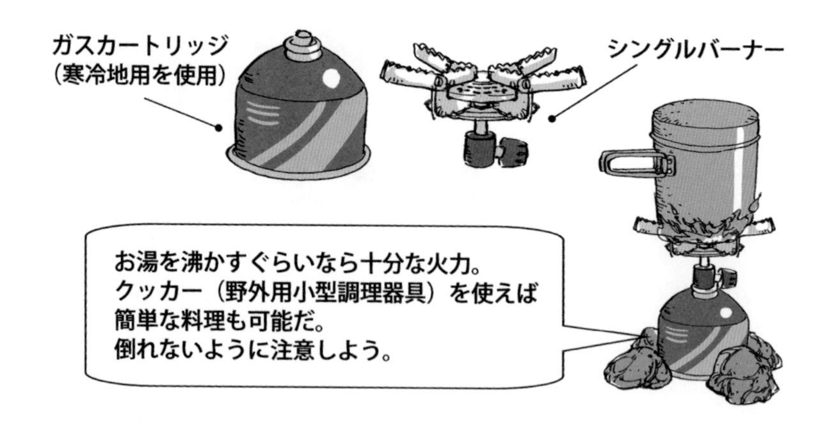

ソロストーブ

燃料を二次燃焼させせることで高い火力が出せる優れもの。
アウトドア料理だけでなく、災害時にも役に立つぞ！

カモの回収方法を考えておこう

家のは音を取る犬だから
クリーンキルした獲物は
見つけられないこともある
みつかりましぇ〜〜ん
あれ？
回収犬が戻って
きましたよね？
個体の性格や
訓練方法によっても
猟芸は変わってくるんだ
まぁこんなときは…
良い考えがある!!
私が泳いで
回収して来るわ!!!
人間レトリバー!?
風下で待っていたら
岸に流されてくるよ
回収方法は色々と
準備しておこう
危険なので寒中水泳はやめましょう!!
へぶしッ!!!
NEXT PAGE

5. チームワークで攻める！『集団猟』

カモ猟は、ソロでも十分楽しめますが、パーティーを組むことでより楽しみ方が広がります。散弾銃とエアライフルは、それぞれ真逆の得意・不得意を持っているので、うまく作戦を立てながらグループでカモ猟を楽しみましょう。

カモ猟での散弾・エアは凸凹コンビ

日本には「ライフル銃は散弾銃（orサボット銃）を10年以上所持し続けないと所持許可が下りない」、「空気銃を10年所持してもライフル銃は所持できない」という“わけのわからない”法律があり、しばしば、「ライフル銃＞散弾銃＞空気銃」という順列があると勘違いされています。しかしこれは大間違いで、すべて使いどころが違います。現状を例えるならば、「トンカチとノコギリとドリル」に“優劣”をつけるような状態で、適切な道具を適切な用途で使わせてもらえないという、いかんともしがたい状態なのです。

さて、ライフル銃は法律的に鳥撃ちに使えないので除外するとして、散弾銃とエアライフルはカモ撃ちにおける役割が違います。まずエアライフルは、水面に浮いているカモしかしとめることができません。もちろんゴルゴ13のような狙撃テクニックがあれば可能かもしれませんが、現実的に、飛んでいる獲物をスコープで狙って撃ち落とすことはできません。

対して散弾銃は、飛んでいるカモしかしとめることができません。なぜなら、水面に浮かぶ水鳥は、風切羽、雨覆羽、羽毛という3層の羽で体を守っているため、散弾のパワーではバイタルを撃ち抜けないのです。散弾でカモを落とすためには、羽のガードを解いた、飛んでいる状態に限られます。もちろん“ラッキーショット”が出る可能性はありますが、基本的には難しいと考えてください。

このように、カモ猟におけるエアライフルと散弾銃は、長所・短所が見事に相反しています。よって**エアライフルマン**と**ショットガンナー**がコンビを組むことで、カモ猟の成功率をグッと向上させることができるのです。

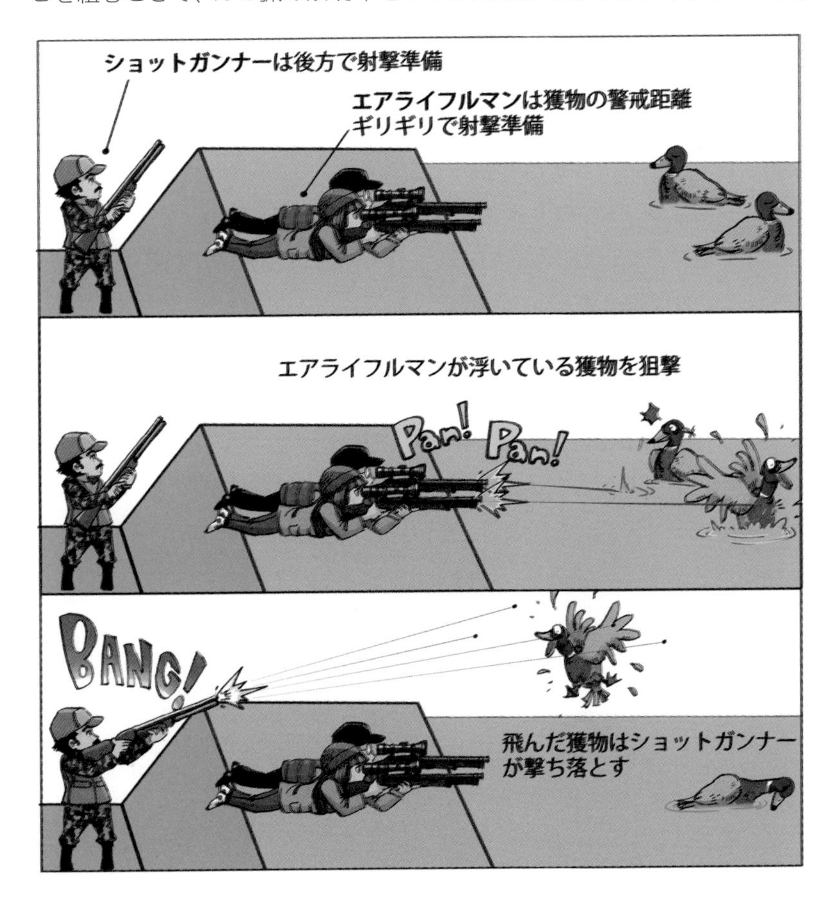

誤射防止のためハンターオレンジを装着しよう

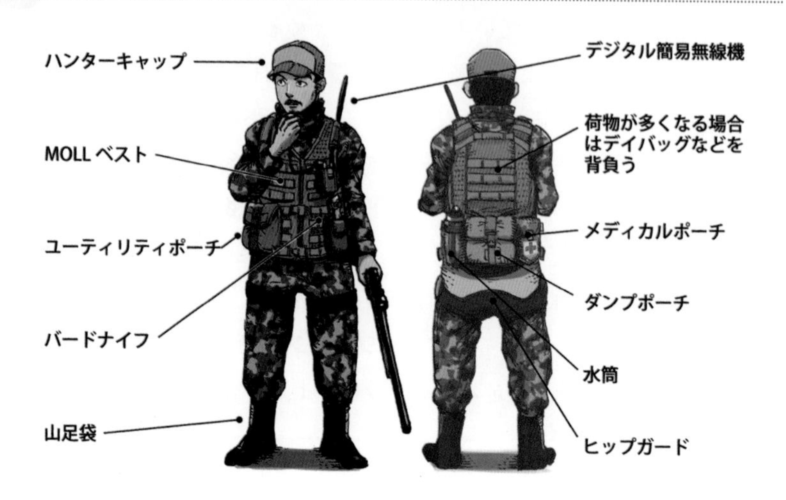

集団猟では他のハンターと一緒に行動することになるので、誤射防止のために目立つ色のジャケットと帽子を着ましょう。

ハンターオレンジや**ブレイズオレンジ**と呼ばれる配色は、草木が茂る山の中において非常に目立つ色なので、遠くからでも他のハンターに気づいてもらいやすくなります。

機能性で選ぼう『ハンターベスト』

ハンターベストは、猟友会に所属するであれば、初年度に配布される**猟友会ベスト**を着用しましょう。帽子と一緒に配布されますし、機能としては必要十分です。

機能性を求めるのであれば、**MOLLE** ベストがオススメです。アメリカ軍が開発した個人装備システムのMOLLEは、多くの帯が服に付いており、その帯にポーチなどを引っ掛けるようにして取りつけます。MOLLE システムは同じ規格で作られたアクセサリーならどのような物でも取り付けることができるので、自分の体格と好みに合わせてベストをカスタマイズすることができます。

ポーチには大きく、ユーティリティポーチ、メディカルポーチ、ダンプポーチの3種類があります。

ユーティリティポーチには、すぐに取り出せるような物、例えばペレットや所持許可証などを入れておきます。

ダンプポーチは、移動中に取り外した銃のカバーを一時的にしまっておいたり、ゴミなどをとりあえず突っ込んでおくポーチです。多くの場合は背面に装備されます。

猟友のためにもイマージェンシーキットを装備しよう

メディカルポーチは、普段は使わない物、例えばトイレットペーパーや懐中電灯、予備の乾電池などを入れておきます。また、集団猟の場合は**イマージェンシーキット（救急キット）**も入れておきましょう。これは山の中でケガをした際の応急手当用品や、緊急的な防寒ができるサバイバルシートなどが入っています。

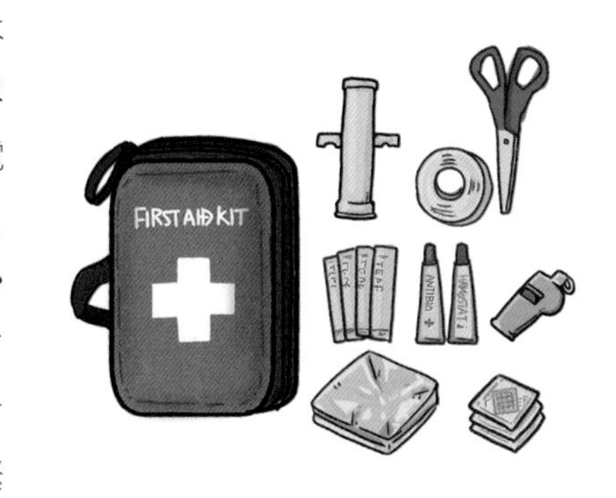

こういった道具は「自分が怪我をしたときのため」というのもありますが、「猟友に大ケガを負わせたときのため」でもあります。もしあなたが誤射によって猟友に大ケガを負わせた場合、まずは何よりも止血などの応急手当をしなければなりません。また、猟場では転落事故で骨折することもあるので、木の枝と包帯で添え木を作り、山から下りられるように応急手当をしてあげなければなりません。

なお、イマージェンシーキットが入ったポーチは、あなたが気絶しても他の人がすぐに使えるように、大きな**赤十字**を付けるのが慣例になっています。

猟友内での通信はデジタル簡易無線機を使おう

集団猟ではターゲットの情報を共有したり、指示を飛ばしたりするための通信装置が必要になります。もちろんこれは、LIENなどのスマートフォンアプリを使っても良いのですが、野外で使用するならトランシーバーに使い勝手が勝るものはありません。

トランシーバーには手軽な値段で総務局への登録が必要ない**特定小電力トランシーバー**（出力電力0.01W以下）があります。しかしパワーが弱く、野外ではすぐに電波が届かなくなるので、できれば**デジタル簡易無線機**を仲間内で揃えておきましょう。

一般的に「無線機」というと、**アマチュア無線機**が思い浮かびますが、アマチュア無線を使用するためには第三級アマチュア無線技士の免許が必要なうえに、通信方法にもルールがあります。よって、これら免許が必要ないデジタル簡易無線機の使用を強くオススメします。

ちなみに「簡易」というのは、「アマチュア無線に比べてパワーが弱い」という意味ではなく、「使用する手続等が簡単（免許いらず）」という意味です。パワーも5W機（予算は3万円ぐらい）を使えば、普通のアマチュア無線機以上に電波は飛びますし、混線等の心配もほとんどないです。

なお、免許は必要ありませんが、都道府県ごとに管轄する通信局に開局の届けを出す必要はあります。申請は無線局登録申請書と手数料2,300円で、年間600円の電波利用料を支払う必要があります。

ハンターの命『ナイフ』

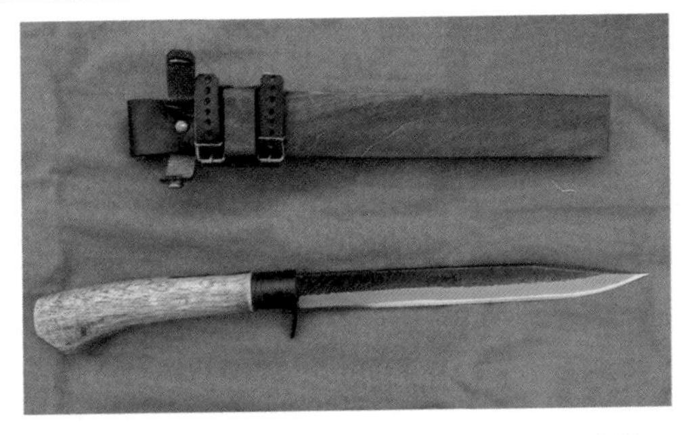

大物猟をするハンターにとって、**ナイフ**は銃と同じぐらい大事なアイテムです。例えば、進行に邪魔な木の枝やツタを切り払ったり、しとめた後の血抜きのために使われたり、猟犬が獲物にからんで銃を使えないようなシーンでは、ナイフで白兵戦に出ることもあります。

このような狩猟スタイルでは、**サバイバルナイフ**や**剣鉈**といった、刃渡りが20cm程度ある大型ナイフが必要になりますが、エアライフル猟においては、そこまでのナイフは必要ありません。しかし、ナイフがないと何かと不便なので、必ず1本は所持しておきましょう。

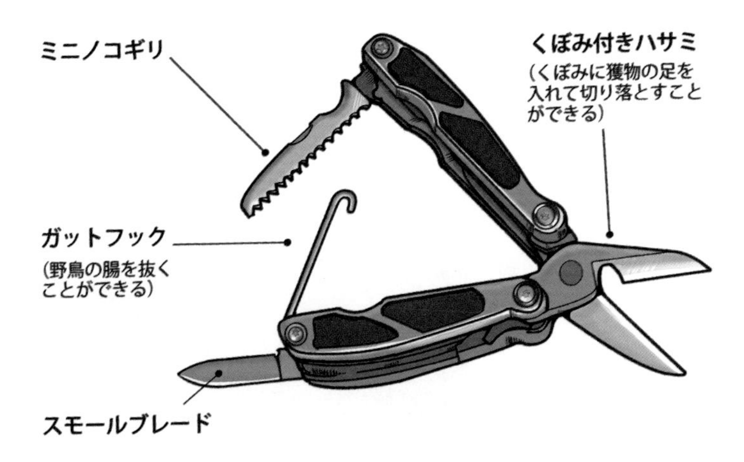

エアライフル猟でオススメなのは**マルチバードナイフ**です。このナイフには、足や羽先を切るためのギロチンばさみや、獲物の腸を抜きだす**ガットフック**などのツールが付いています。

このようなナイフがない場合は、ユーティリティナイフやポケットナイフなど、小型で取り回しが良い物を用意しておきましょう。

しとめたカモを回収するカモキャッチャー

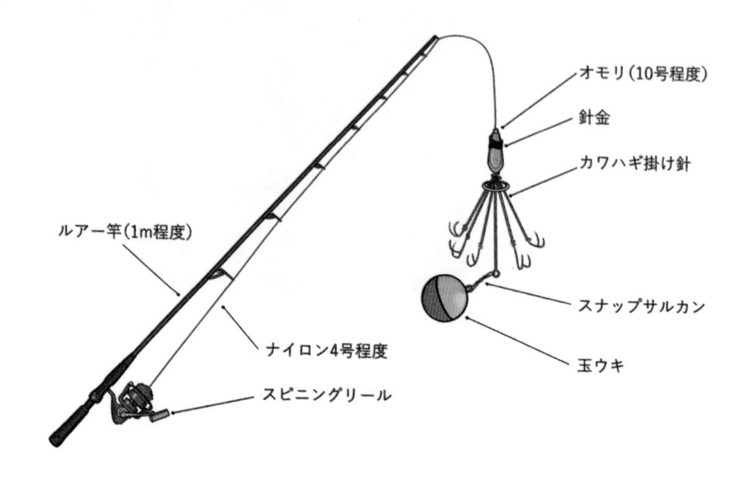

カモ猟を行うハンター集団は、必ず1人は釣り竿を持っています。もちろんこれは「鳥が獲れないなら魚でも釣ろう」という理由で持っているのではなく、水面に撃ち落としたカモを回収するためのものです。

この**カモキャッチャー**と呼ばれる道具は、カワハギ釣りに用いられるギャング針が付いており、仕掛けを撃ち落とした水鳥に目がけて投げて、針にひっかけて回収します。カモキャッチャーは市販されているわけではないので、釣具屋で竿とリール、10号の玉ウキ、ギャング針を購入して自作しましょう。

竿とリールはセット物でも良いのですが、安い竿は“腰”がなく、仕掛けがしっかりと飛んでくれないことが多いです。よって中古でも良いので、竿は「ジギング」用のロッドを購入してください。リールは良い物に越したことはありませんが、1000円程度の安物でも十分です。

猟犬がいるとカモ猟はさらに面白さが増す

猟友が**回収犬（レトリバー）**を飼っていたら、カモ猟はさらに面白くなります。ゴールデンレトリバーやラブラドールレトリバー、また「ウォータードッグ」と呼ばれる犬種は、しとめた獲物を泳いで取りに行く習性を持っています。人間からしてみたら「寒くないのか！？」と思いますが、彼らは厚くて油脂分が強い毛を持っているので、冷たい水が皮膚に到達しにくいようになっています。

頑張って獲物を回収してくれる猟犬の姿を見ていると、「猟犬の世界はエアライフル猟の世界とはまた違った奥深さと面白さがある」と気づかされます。

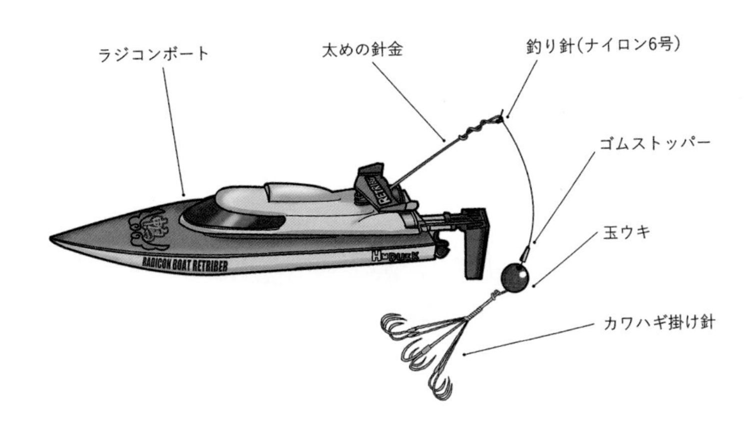

猟犬がいない場合は、ラジコンボートにウキとギャング針を付けた**ラジコンレトリバー**という手もあります。ラジコンレトリバーは撃ち落とした水鳥がカモキャッチャーで届かないような場所に流れてしまっても回収することができますし、木々が生い茂ってなかなか竿を振りだすことができないような場所でも使用できます。

スナイパーへの道

けっこう距離があるから
モノポッドを使ったら
どうだい？
大丈夫！このぐらいの距離なら
当てる自信があるから！
パシュ！
パサッ
！
ザッ
!?
そんな適当な射撃じゃ
ダメだよ。
ここは僕に任せて。
よけられた！
すごい反応速度だ…
音におどろいた
だけだからね

ターゲットまでの距離は70m、
ゼロインは30mだから、
落下量は約1.5ミルドット、
風は左から5mほど流れているから、
ドリフト分左に0.5ミルドット外して…
スゥ

パシュ!
バサ
バサ

NICE SHOT!
スコープが
曲がってるのかも
フゥ‥
NEXT PAGE

射撃術を学ぼう

スコープの十字線を獲物に合わせて引き金を引くと、ターゲットのド真ん中に命中！撃破！…というのはゲームの中だけのお話。実際の世界では様々な要因で弾道は変わり、小鳥一羽をしとめるのも簡単な話ではありません。

1. スナイパーへの道

私たちが扱うことになるエアライフルは、およそ秒速300mという猛スピードで弾を射出することができますが、この弾は毎秒 9.8mという加速度で地面に向かって落下します。つまり、弾はスコープで狙ったところのど真ん中に当たるわけではなく、距離によって補正する必要があります。また、本人はスコープの中心を狙って撃ったと思っても無意識的な指の震えや呼吸による体の振動などの影響で、狙いは大きくズレることもあります。

このような射撃に関する問題を洗い出し、より正確な射撃をする技術として考え出されたのが**射撃術**です。射撃術は狩猟だけでなく、軍事などの世界でも長年研究されており、非常に奥深い学問になっています。

スナイパーへの道その1　～弾道学を学ぶ～

2章でも詳しくお話したように、発射された弾は放物線を描いて飛んでいくため、照準器には弾道と照準の中心が交わる『ゼロイン』を調整します。しかし実際の猟場では、ゼロインの距離に獲物がいるとは限らないので、獲物との距離によって照準を補正する必要があります。

また発射された弾は風によって流されます。その他にも、発射地点と到達地点の温度の差（気温や湿度、気圧）や、地球の自転による見かけ上の慣性力（コリオリ力）なども弾道に影響します。

ただし、エアライフルのペレットはそこまで速度が速くないのと、それほど遠くには飛ばないため、標的との距離による弾道修正と風による横滑り（ドリフト）の2つだけ理解しておけば大丈夫です。

スナイパーへの道その2　～射撃姿勢を身に着ける～

弾は弾道を計算すれば必ず同じ位置に命中しますが、実際には射手の腕の震えや精神的な動揺などで狙いは大きく外れてしまいます。そこで射撃術では弾道学に加え、正しい射撃姿勢も身につけましょう。射撃姿勢では銃の構え方だけでなく、呼吸や意識も重要なポイントになります。

スナイパーへの道その3　～バイタルポイントを狙う～

弾道学と射撃姿勢を学んだ結果、あなたは超精密に狙ったポイントに弾を送り届けることができるようになったとします。しかしどんなに正確に射撃ができても『当たり所』が悪ければ獲物を倒すことはできません。そこで射撃の際どこを狙えば良いのか、ターゲットの急所（バイタルポイント）と弾の持つパワーの関係性について学びましょう。

射撃の道は一日にして成らず。何度も射撃の訓練を重ねて『百発百中・一撃必殺』を実現する真のスナイパーを目指しましょう！

2. 弾道学の基礎

遠くの標的に弾を命中させるためには、様々な要素を考慮して照準に補正を加えなければなりません。そこで本節では、距離による弾道修正と、風による弾の横滑りの補正について解説をします。

ペレットの弾道と照準

2章ではゼロインの概念を理解していただくために、簡略な図を用いましたが、実際の弾道と照準は下図のようになります。

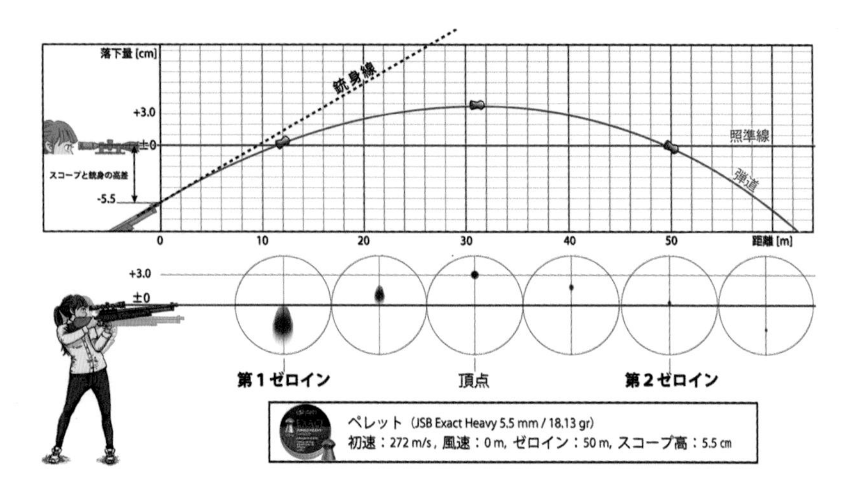

図からわかる通り、射出されたペレットは、ゼロイン距離よりも手前では照準の上を通り、ゼロインよりも先になると照準の下を通ります。つまり標的がゼロインよりの手前にいる場合は照準を下に、ゼロインよりも遠くにいる場合は照準を上に**弾道修正（バリスティック・コレクト）**する必要があります。

なお、2章の簡略的な説明では、ゼロインは1つだけで描いていましたが、実際の弾は2回、照準の中心を通ります。この距離は**第1ゼロイン**と呼ばれており、第1ゼロインよりも手前では照準を“上”に補正しなければなりません。

ただし、エアライフルの場合は第1ゼロインが非常に近くになるため、実際の狩猟ではあまり気にする必要はありません。ライフル猟では第1ゼロインが50m、第2ゼロインが150mといった距離になることもあるため、至近距離に獲物がでたときに備えて大切な考え方になります。

ヒヨドリ捕獲を例にした弾道修正

先の例を参考に、距離によるヒヨドリの狙い方について考えてみましょう。ヒヨドリは全長28cmぐらいの小鳥で、尾の長さを含めなければ20cmぐらいが命中範囲になります。体に命中させると肉が傷むので、頭を狙って狙撃するものとします。

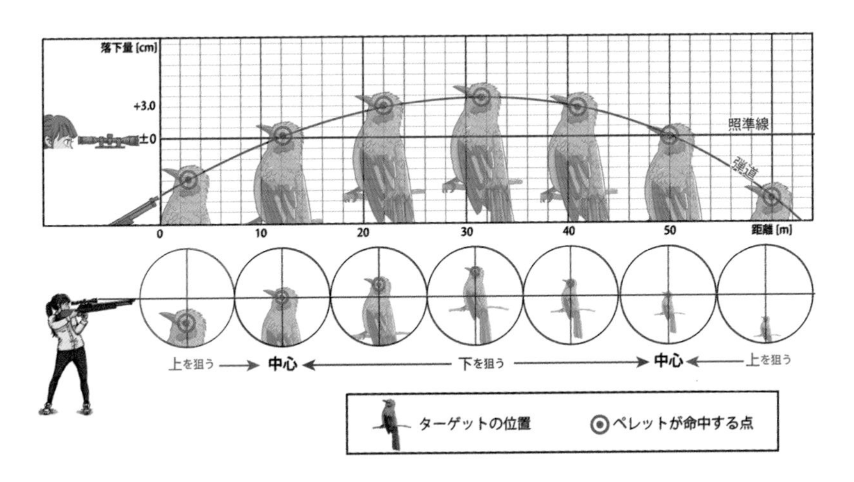

まず、ヒヨドリがゼロイン調整した距離（この例では50m）にいた場合、レチクルの中心にヒヨドリの頭を合わせます。これでペレットはヒヨドリの頭に命中することは、2章でも解説をした通りです。

では、ヒヨドリがゼロインよりも“手前”に止まっていた場合はどうでしょうか？この場合、ペレットはレチクルの中心よりも上を通るので、ヒヨドリの“下”を狙う必要があります。

逆に、ヒヨドリがゼロインよりも遠く止まっていた場合は、ペレットの落下を考えて、ヒヨドリの上に狙いを定めます

当然ですが、秒速約300mで飛ぶペレットの軌跡は、人間の目では追うことができません。よって、距離によって弾がどこを通るかは知識として理解しておく必要があります。

風による弾の横滑り（ドリフト）

飛んでいる弾は吹いている風の影響も強く受けます。このような風による弾の横滑りは**ドリフト**と呼ばれており、特に弾が軽いエアライフルの射撃では、ドリフトの補正が重要になります。

ドリフトがどのくらいになるのかは、風速と風向きによって変わります。一例として、風速2m、5m、8mで横風が吹いている場合は下図のようになります。

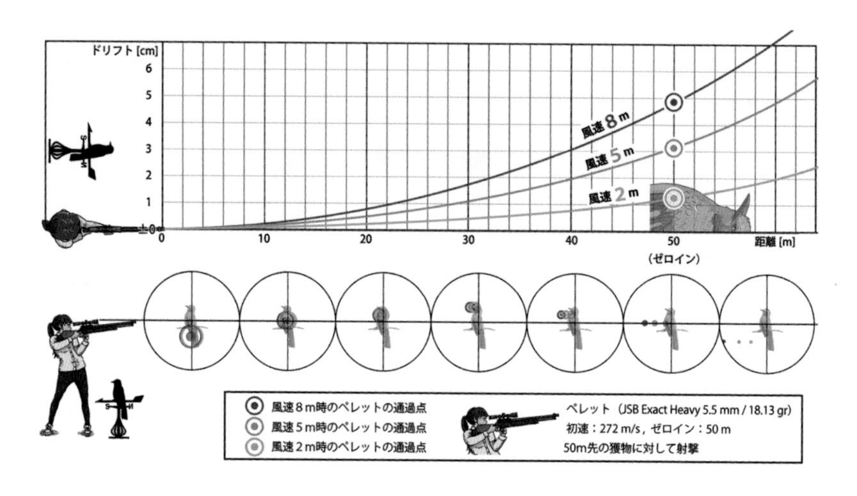

50m先のヒヨドリを狙うことを考えてみましょう。体の向きにもよりますが、ヒヨドリの胴体は中心から2cmズレると失中します。よって、ドリフトを補正せずに50m（ゼロイン距離）のヒヨドリを狙った場合、風速5m（ドリフト約3cm）と風速8m（ドリフト約5cm）では当たらない計算になります。

さて、厳密にドリフトを考えるのであれば、風速計を使って風向きと風量を測定する必要があります。しかしそこまでするのは難しいので、実際には“猟場を見た感じ”で補正をかけましょう。

具体的には、風速8mは「立木が揺れるぐらい」、風速5mは「枝がザワザワするぐらい」、風速2mは「木の葉がカサカサするぐらい」です。これと風が吹いている向きが射撃方向に対して真横から吹く場合は補正値1倍、45°から吹いている場合は2分の1倍で計算しましょう。

口径によるドロップ・ドリフトの変化

ペレットの落下（ドロップ）とドリフトは口径によって変わります。一例として、FXストリームライン2の弾道は下図のようになります。

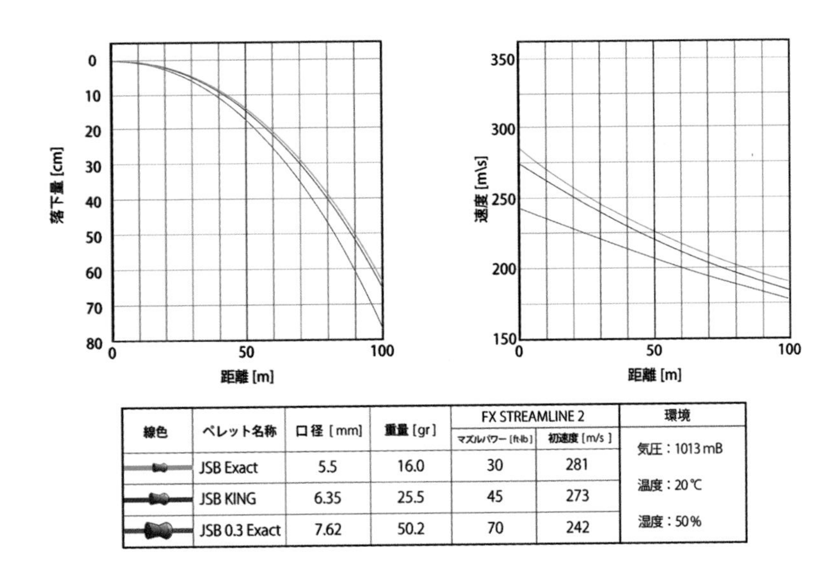

線色	ペレット名称	口径［mm］	重量［gr］	FX STREAMLINE 2		環境
				マズルパワー［ft-lb］	初速度［m/s］	
	JSB Exact	5.5	16.0	30	281	気圧：1013 mB
	JSB KING	6.35	25.5	45	273	温度：20℃
	JSB 0.3 Exact	7.62	50.2	70	242	湿度：50％

ドロップについて見ると、口径が大きいほど空気抵抗が大きくなるためドロップ量は大きくなります。しかし実際のエアライフルは、口径でドロップが一定になるように速度調整されているため、差はほとんどありません。それでも7.62mmはわずかに大きくなる点について注意しましょう。

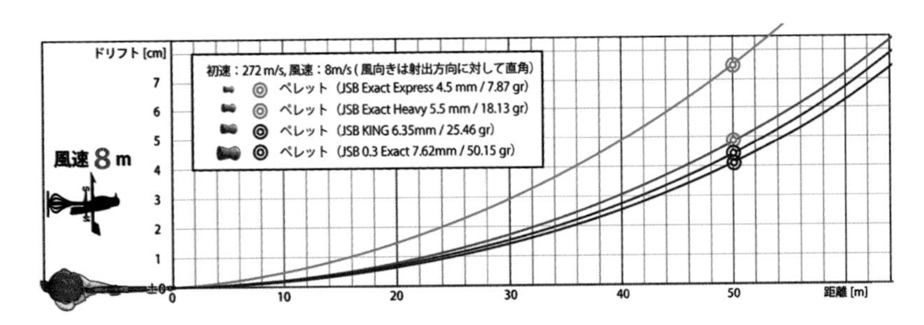

ドリフトは重量が軽いほど風の影響が大きくなります。ただし、5.5mmから7.62mmまではそれほど差がなく、最も軽い4.5mm口径だけが特筆して大きな影響を受ける傾向があります。

測量機能を持つレチクル

ドロップやドリフトの補正をするためには、射撃をする地点から標的まで、距離を測る必要があります。そこで前節でご紹介したレンジファインダーという道具が登場するのですが、いつ飛んで逃げるかわからない鳥に対して、じっくりレンジファインダーを覗いて距離を測定するのは、人によっては面倒くさいと感じると思います。

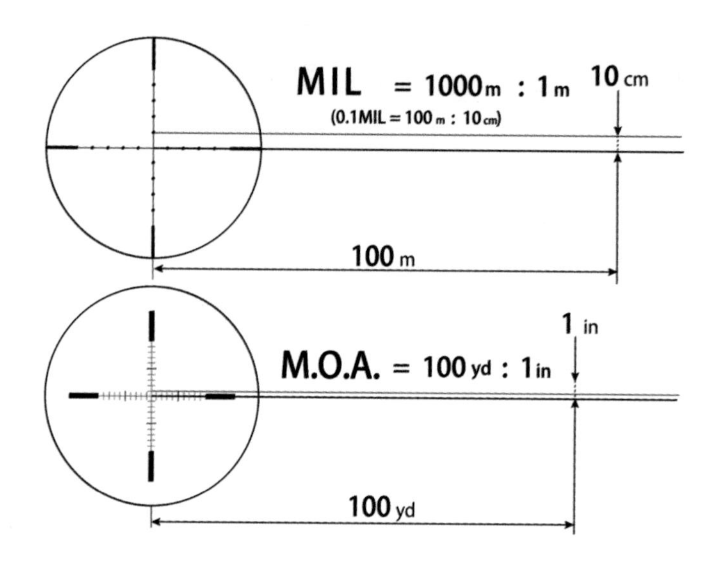

そこでエアライフル猟によく用いられるのが、測量機能を持ったレチクルです。これには大きく**MILドットレチクル**と**M.O.A.レチクル**の2種類があり、MIL（1000m先の1m）、M.O.A.（100ヤード先の1インチ）を意味していることは2章でお話した通りです。

この測量機能のレチクルがあれば、スコープを覗いた状態で照準に補正をかけることができます。もちろんレチクルによる測量はアナログなため正確性には欠けますが、それでも「スプレー・アンド・プレイ（とりあえず撃ってみて当たることを祈る）」よりも捕獲率は格段に向上します。

なお、日本人としてはメートル表記の方がわかりやすいため、本書ではMILを例に解説を進めます。

ミルドットを利用してターゲットとの距離を測ろう

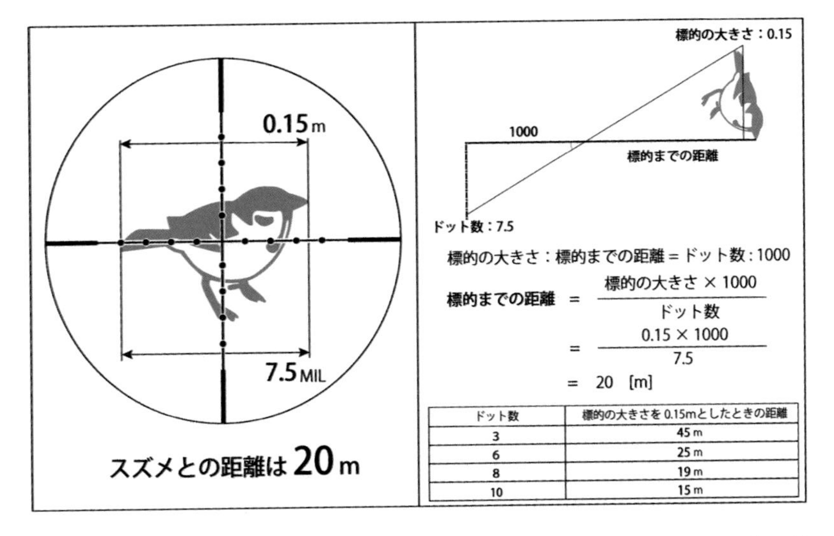

ドット数	標的の大きさを0.15mとしたときの距離
3	45m
6	25m
8	19m
10	15m

例をあげて説明しましょう。あなたがスコープを覗いたとき、スズメが7.5個のドットに収まって見えたとします。スズメの体長が15cmだとしたら、このときの距離は何メートルでしょうか？

初めての人にはわかりにくいと思うので、詳しく計算してみましょう。まず、MILのドット間は『1000m先の1m』を表しています。このドット7.5個分（7.5m）に15cm（0.15m）のスズメが収まっているということは、今見ている倍率は0.15÷7.5＝0.02倍ということになります。この倍尺を距離に当てはめると1000m×0.02倍＝20メートル、つまりスズメとの距離は20mとなります。

このようにMILドットレチクルは、「獲物の大きさ（メートル）」を「収まって見えたドット数」で割り、1000を掛ければ、おおよその距離を計算することができるのです。

なお、SFP（セカンドフォーカルプレーン）のスコープでは、MILやM.O.A.の目盛りは最高倍率でしか機能しません。その理由については2章3節のスコープに関する解説をご覧ください。

もっとお手軽にミルドットを活用しよう

さて、MILドットで獲物との距離はわかるのですが、小数の割り算が出てくるのはちょっと面倒くさいですよね？そこでMILドットの応用として、あらかじめ獲物が「何ドットに見えるか」を覚えておき、距離をザックリと把握できるようにしておきましょう。

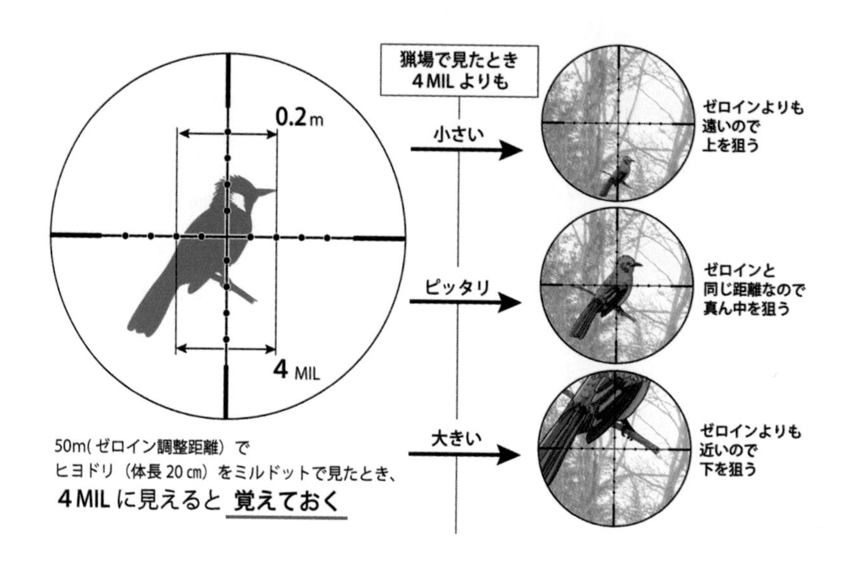

例えば、50mにゼロインしたMILドットレチクルで、体長20cmのヒヨドリ（尻尾を含めない）を見ると、「4ドット」に収まることが計算でわかります。（前のページの計算式で、「ドット数」をxとして計算してみてください。

さて、あなたは猟でヒヨドリを見つけたとき、その姿が4ドットぴったりに収まって見えたとします。このときあなたはすでに「ゼロイン距離でヒヨドリが4ドットに見える」ことがわかっているので、そのヒヨドリは50mにいることがわかります。

では、4ドットよりも小さく見えた場合はどうなりますか？…もうおわかりの通り、ヒヨドリは50mよりも遠い位置にいます。逆に4ドットよりも大きく見えた場合は、50mよりも近くにいます。

実猟ではゼロインから遠い・近いの情報把握が大事

先の例のように、出猟する前に「獲物がゼロイン距離で何ドットに見えるか」を覚えておくことで、実際に猟場で出会ったときにその獲物が「ゼロイン距離から遠いか？近いか？ピッタリか？」を瞬時に把握することができます。

もちろんこれは正しいMILドットの使い方ではなく、正確な距離がわかるわけではないため、正確な補正はできません。しかし現実的な射撃術として、『獲物がゼロインよりも近いか？遠いか？』がわかるだけでも、命中率は大幅に向上します。

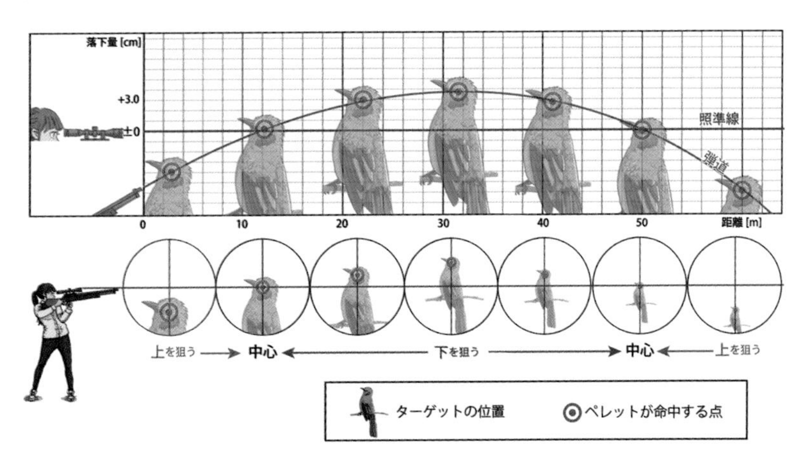

ここで6ページ前の図を再掲しますが、エアライフルにおけるペレットは、ゼロイン距離（50m地点）から±20mほど距離を見誤ったとしても、ペレットが通過する高低差は±3cmほどしかありません。よって近年のハイパワーエアライフルであれば、まったく補正をしなかったとしても、ヒヨドリを捕獲できる可能性はあります。

しかし、ゼロインから『近い、遠い』を見誤った状態で補正をすると致命的です！ゼロイン距離より近い獲物に対して“上”、遠い獲物に対して“下”に補正すると、確実に失中します。

このように、距離を正しく測量することはもちろん大事なのですが、最低でも『獲物がゼロインよりも近いか、遠いか』がわかるだけでも、命中率はグッと向上するのです。

3. 据銃姿勢をマスターしよう

ペレットは、初速や形状、風、気温、気圧など、すべての物理現象を補正して発射すれば、必ず同じところに命中します。しかし現実の射撃では、たとえどんなに補正が正確であっても着弾がズレます。それはなぜか？なぜなら、弾を撃ち出す“人間”が、アテにならない存在だからです。

狙いが狂う一番の原因は『人』

人間の体は自身が思っている以上に動いています。例えば、筋肉のこわばりや反射、呼吸による体の上下、脈動による震えなど原因は様々です。そして、私たちの脳みそは非常に優秀なので、こういった無数の動きは「ないもの」と信じ込ませてくれます。

しかし悲しきかな、射撃ではこれら無意識的な動きが“正確に”着弾のズレとして現れます。「自分はまったく動いていないのにおかしい！」と思う人の中には「銃が悪いに違いない！」と結論付ける人も多く、精度の変わらない銃がまた1挺、ガンロッカーに加わるのです。

さて、私たちはロボットではないため無意識的な動きを0にすることはできません。しかしそれでも、繰り返し射撃を練習することで、無意識的な動きを「クセ」として認識できるようになったり、正しい射撃姿勢を身に着けることでズレを最小限に抑えることができます。

エアライフルの構えのコツは『力をいれない』こと

照準がブレてしまう原因のひとつとして『力みすぎ』があります。戦争映画にでてくる『スナイパー』の姿を思い出してください。彼らはどんなに敵が間近に迫った状況でも、常に冷静な顔で狙撃をしています。なぜならスナイパーは、焦れば焦るほど体の震えが銃に伝わってしまい、狙いが狂ってしまうことを知っているからです。

これは狩猟においても同じで、「急に獲物が現れたッ!」や「今日一番の大物だッ!」といった興奮状態で銃を構えてしまうと、筋肉の震えが多くなってしまい、狙いが大きくズレてしまいます。よって射撃では、どのような状況においてもリラックスして構えること、言い換えると、射撃の"場数"を踏むことが大事になるのです。

射撃後は答え合わせをする

照準を狂わせる無意識的な動きをなくすことはできませんが、無意識を"意識する"ことはできるようになります。

そのためには、射撃後に必ず「答え合わせ」をしましょう。まず、射撃後は銃を下ろす前に、「自分はどこを狙って撃ったのか」を強く意識して記憶します。そして倒れた獲物を見て、予想していたポイントと命中したポイントがどれだけズレているか確認をします。

このように予想と答え合わせを繰り返すことで、「自分は無意識的に、体がどのように動いているか」を知ることができます。そして、この無意識的な動きを意識的に補正することで、照準はより正確になるのです。

構えたときにスコープにパララクスが出てない？

正しい射撃姿勢を見に付けるためには、まずは正しいスコープの覗き方からマスターしましょう。2章でもお話した通り、ピントが合っていない状態でスコープを覗く角度が変わってしまうと、パララックス（視差）が発生して着弾点が大きくズレます。

もちろん視差はピントが合っていれば発生しないのですが、狩猟では毎度獲物の位置が変わるため、常にピントがバッチリ決まっているわけではありません。そのため、たとえピントがズレていても視差が出ないように、スコープを覗くときの姿勢を正しくする必要があります。

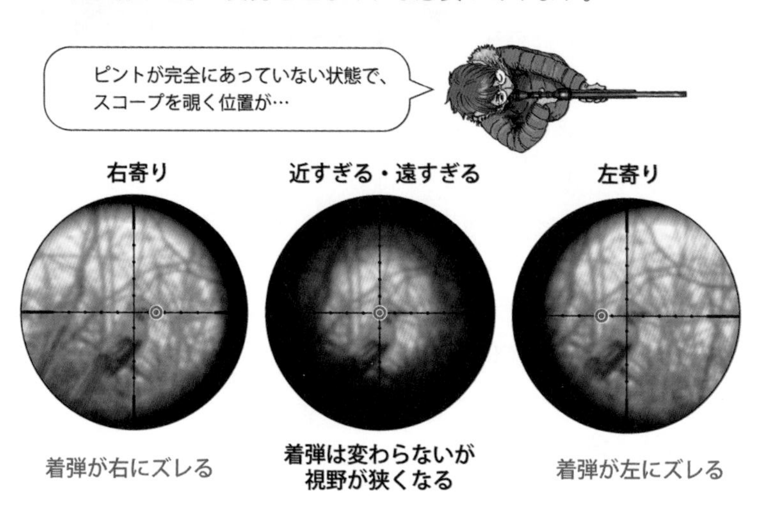

正しい据銃をマスターしよう

スコープを覗くとき大事になるのは、銃床の**ほほ当て（チークピース）**に「ほほ骨」をしっかりと押し当てることです。頭が傾いていたり、しっかりとほほが付いていない状態だと、スコープを覗き込む角度がズレてしまいます。

また、ほほ当てをしっかりするためには、銃床の底（**バットパッド**）を肩に押し付けて固定しなければなりません。このようにスコープを覗くときは、ほほ当て、肩当て、視線の3つが常に同じように決まるように練習をしておきましょう。

正しいほほ付け
ほほ骨にしっかりと
ベンドを押し付ける

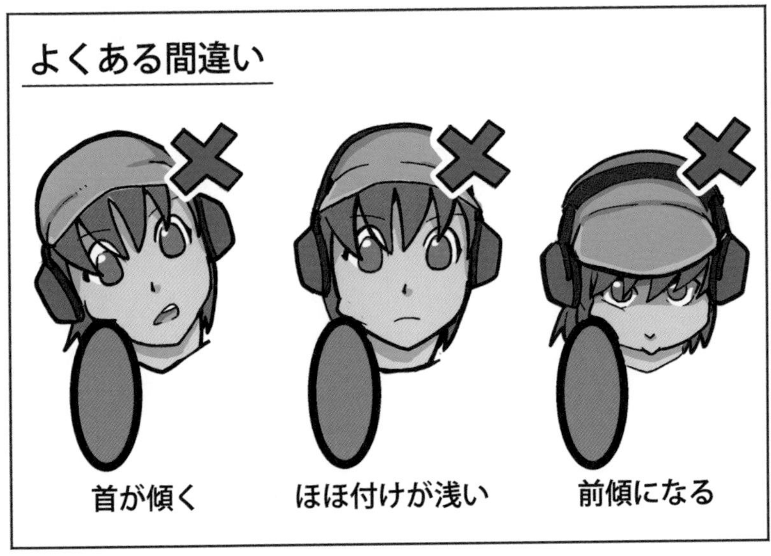
よくある間違い
首が傾く
ほほ付けが浅い
前傾になる

構えを崩さないように狙いを定める

特に初心者ハンターは、スコープを覗いたまま獲物を探そうとするので、銃をフラフラさせている姿がよく見られます。しかし双眼鏡のところでもお話したように、これらの道具は獲物を探すための物ではなく、すでに見えている存在を拡大して“観察”するための物です。よって、スコープを覗き込んだ後に獲物を探して回るのは、本来の使い方ではありません。

それに、スコープ付きの銃はかなりの重さになります。よって構え続けていると、腕は無意識的に「ぷるぷる」し始めて、照準が大きく狂ってしまうことになります。

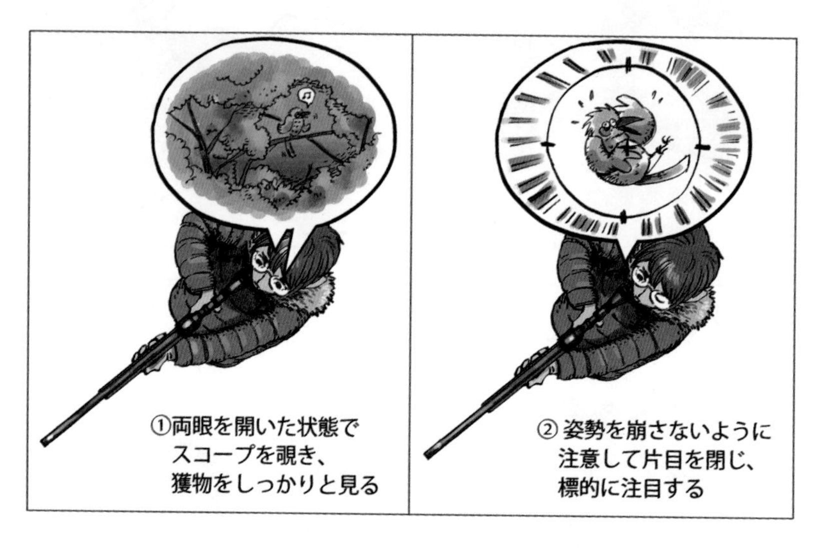

スコープを覗き込む時間を最小限に抑えるためには、まず、標的をしっかりと見ておくことです。そして双眼鏡を構えるときと同じように、『目の位置にスコープを持って行く』ように銃を持ち上げます。スコープを覗き込む位置を探して頭を動かすと、獲物を見失ってしまい、スコープ越しに獲物を探し回ることになります。

射撃の集大成、引き金を引くコツ

グリップの握り方

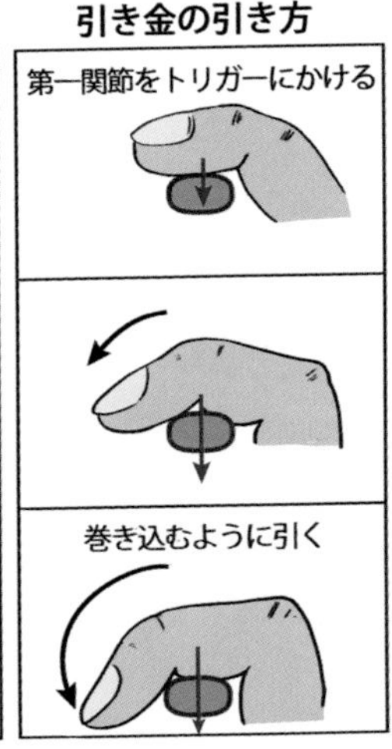

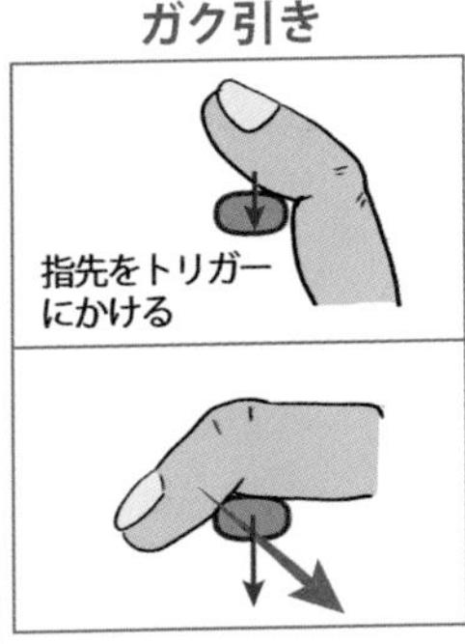

引き金と一緒に
銃本体を引っ張ってしまう
(右利きの場合は右側に)

最後に**引き金**の引き方について見ていきましょう。「たかが引き金を引くだけ」と思われるかもしれませんが、この動作は射撃の中でも最も繊細な作業です。もし、動揺して引き金にかかる指の力が強すぎると、指が引き金ごと銃全体を引っ張ってしまい、照準が最後の最後で大きく狂ってしまいます。ちなみに、このような現象は**ガク引き(トリガースナッチ)**と呼ばれます。

引き金は、グリップを握った人差し指の第一関節の付け根で絞り込むようにして引きます。引き金には「遊び」(テイクアップ)があるので、射撃練習中は引き金が落ちる瞬間まで指がどのくらい動いているか・どのくらい力が加わっているか意識しておきましょう。

引き金を落とす1秒前には、息を大きく吸って呼吸を止めます。これは呼吸で照準がブレるのをおさえるという目的がありますが、もうひとつ、呼吸を意識して止めることで冷静さを取り戻す効果もあります。

あなたが狙っているその鳥、本当に狩猟鳥獣ですか?発射先の安全はしっかりと確認できていますか?もし少しでも違和感を覚えたら“勇気を持って”、引き金から指を外しましょう。

4. 射撃の体勢をマスターしよう

照準がブレる原因は銃を支える腕の震えだけでなく、体重を支える足の震えからもきます。では足の震えはどうすれば抑えられるでしょうか？

立つより座る、座るより寝る、寝るより任せる

答えは簡単！座ればいいのです。お尻を地面に付ければ足の震えは腕に伝わってきません。さらに言えば、寝そべれば体重を支える腰の震えもなくすことができます。もっと言えば、そもそも人間が銃を支えずに、何かに立てかけてしまえば良いのです。

このように射撃では、立っているよりも座っている方が、座っているよりも寝そべった方が、寝そべるよりも銃を何かに依託して構えた方が、より正確な射撃ができます。

とは言え、実際の狩猟の現場で、いつも寝そべって射撃ができるわけではありません。猟場では獲物が突然飛び出してくることもありますし、地面が傾いていて寝っ転がれない場合もあります。よって、**射撃姿勢**は一通り覚えておき、猟場やシーンに合わせて使い分けができるように練習をしておきましょう。

立射（スタンディング・ポジション）

まず、基本的な射撃姿勢として**立射（スタンディング・ポジション）**を練習しましょう。

エアライフルでは発射の反動が装薬銃に比べて小さいため、**ヒップレスト**と呼ばれる体勢がとられます。ヒップレストは、まずターゲットに対して真横を向くように立ち、足を肩幅に開いて均等に両足へ体重をかけます。次に銃を構えたまま体を後ろに大きく反らせて、銃を支えている腕のひじを腰に乗せましょう。

このとき意識してほしいポイントが、銃の重さが骨盤に乗り、さらに前に出した足の裏で支えるようにすることです。言い方を変えると、前に出した足と腕を1本の“棒”と考えて、その上に銃が置かれるようなイメージです。

ヒップレストは銃の重さを腰で受けるため、手の震えも少なくなり、立射の中では最も安定する体勢です。また、足の向きを変えればすぐに射撃方向を変えられるので、ターゲットが動いても瞬時に体勢を作り直すこともできます。

ただし他の射撃姿勢に比べると足の震えが銃にかかってくるので、実際の狩猟では避けたい体勢です。少しでも余裕があるなら、次の座り撃ちに体勢を切り替えましょう。

座射（シッティング・ポジション）

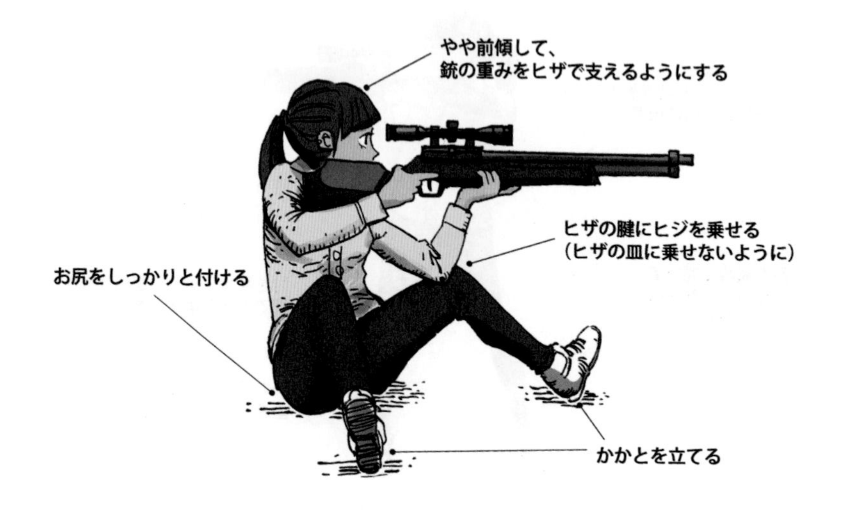

座射（シッティング・ポジション）には、足を広げる開脚型と、あぐらをかくようにして座る閉脚型の2種類あります。安定感はどちらも同じなので好きな方で練習しましょう。

開脚型は、地面にすわったら両ひじをハの字に曲げてひざの内側に乗せて腕を安定化させます。このときひじの関節をひざの関節（さら）に当ててしまうと、「くりくり」と動いてしまうので、関節付け根の腱に当てるようにしましょう。

座射では、お尻をしっかりと地面に付けるため、足の震えが照準に影響をあたえません。立射よりも銃が振れない分、獲物が動いてしまったときの対応が難しくなりますが、

エアライフル猟では基本的に動いている獲物は狙わないので、特に大きな問題ではありません。エアライフル猟における基本となる射撃姿勢なので、しっかりと練習してマスターしておきましょう。

膝射（ニーリング・ポジション）

座射は安定した射撃ができますが、猟場は地面がドロドロになっていることも多いので「座るのはなんだかなぁ」と思ってしまうことも多いはず。そういった場合に備えて、立射と座射の中間に位置する**膝射（ニーリング・ポジション）**を練習しておきましょう。

膝射では、まず利き手側の足を折って、その上に座ります。次に片側のひざを立てて銃を持つ腕を支えます。座射のときと同じように、ひじとひざは関節同士ではなく、腱に押し当てるようにして構えます。

膝射は立った状態から即座に射撃姿勢へ移れるので、素早い照準が可能になります。

もちろん座射の方が安定はするのですが、獲物との急な遭遇があり「座るか！？いや、そんな悠長なことはしてられない！」というシーンには有効です。

伏射（プローン・ポジション）

寝そべって撃つ**伏射（プローン・ポジション）**は、射撃姿勢の中で最も安定する体勢です。ただし、伏射は銃に角度が付けられないため、木の上に止まるような小鳥を狙うのは難しい体勢です。野池や川などカモが浮いている水面と地面がほぼ同じ高さになる場所や、傾斜があるので銃を傾けて置くことができるような場所では有効です。

伏射では体が回転しないように、足を拡げて地面に伏せ、銃を持つ方とは反対側のつま先を立てて体を固定します。足をどのくらい開くかは好みによりますが40°ぐらいが目安とされています。

伏せるときはできるだけ、銃の先に支えになる物を置きましょう。一般的にはバイポッドと呼ばれる二脚が用いられますが、リュックサックやガンバッグなど何でも構いません。とにもかくにも、銃の先がふらつかないようにする工夫が必要です。

依託射撃（レスト・ポジション）

依託射撃（レスト・ポジション）は、銃を何かで支える射撃姿勢です。残念なことに人間は銃を支える物として、まったくもって信用できません。そこで銃を支える役割を、木や枝、人工物などにお任せし、人間は照準と引き金を引く役割だけを担うのが、依託射撃という考え方です。

依託射撃では、発射の振動が銃に伝わらないように、なるべく固い面に触れないようにしましょう。モノポッドと呼ばれる専用の一脚であれば、ある程度衝撃を吸収しますが、固い木の枝や金属に依託する場合は接触面にバッグなどを挟んでおきましょう。柔らかいものが何もなければ、手や腕を挟むようにします。

依託射撃は、最も実用性の高い射撃姿勢です。猟場にある物を何でも使って、とにかく銃の重さから解放されるように工夫してください。

5. ペレットの威力とターゲットのバイタルポイント

※エアライフルのペレットは0.001[kg]で計算

	ft/s	m/s	ft.lb	J	呼び名
音速	1650	500	88	125	競技用小口径ライフル
	1115	340	43	58	マグナムパワード
亜音速	1000	305	35	47	ハイパワード（強力な狩猟用エアライフル）
	900	274	28	38	
	800	243	22	30	ライトパワード（一般的な狩猟用エアライフル）
	700	213	17	23	
	600	183	13	17	マッチパワード（競技用エアライフル）
	500	152	9	12	
	264	80	0.73	0.989	法定限界のトイガン

獲物に「最大HP（ヒットポイント）」がきまっており、攻撃を受けたら頭の上に数字がピョコンと現れ、HPが0になると撃破！・・・となれば簡単なのですが、現実世界の狩猟ではそう簡単にはいきません。

そもそも弾の持つダメージって？

ペレットが獲物に与えるダメージの評価は、マズルエネルギー、衝突のエネルギー、ストッピングパワーの3つに分割して考えることができます。これについては2章2節の「ペレットの仕組み」の中で詳しくお話しています。

さて、問題となるのはストッピングパワーという考え方です。先にもお話した通り、現実の動物はゲームの敵キャラとは違い、「どのくらいダメージを与えたら倒せる」という基準がありません。

そのためストッピングパワーの考え方では、弾の持つエネルギーはもちろん大事なのですが、それ以上に、破壊すれば致命傷となる部位（**バイタルポイント**）に弾を命中させるという考え方が大事になります。

ダメージの評価方法

バイタルポイントの解説の前に、ダメージの評価方法について詳しく見ていきましょう。2章でお話したように、エアライフルの世界ではエネルギーの単位を伝統的に**フィート重量ポンド［ft·lb］**という単位であらわします。

このフィート重量ポンドは、一般的なエネルギーの単位であるジュール［J］と同じように、運動エネルギーの公式で求められるのですが、厄介なことに、エアライフルで使用される重量の単位はグレーン[gr]、重力加速度の単位はメートル[m]を用いるため、これらを換算する必要があります。

具体的に計算すると、ペレットの持つエネルギーは、ペレットの重量[gr]と速度[ft/s]の二乗をかけた数値を「450240」で割った値で求められます。この「450240」という数値を覚えておくのが面倒であれば、ペレットの重量をグレーンからグラムに、距離をフィートからメートルに変換してジュールで計算し、最後に0.74を係数としてかけることでフィート重量ポンドに変換することもできます。

ペレットが標的に与えるエネルギーを E [ft·lb]
（すべての運動エネルギーが完全に仕事へ変換されたとする）

ペレットの速度を v [ft/s]
ペレットの重量を M [gr]

$$E = \frac{M}{450240} \times v^2 \quad [\text{ft·lb}]$$

係数「450240」の補足説明

重量 m [gr]、速度 v [ft/s] のペレットが持つ運動エネルギーは

$$E = \frac{1}{2} m v^2 \quad [\text{ft·lb}]$$

①ペレットの質量 m は重力加速度を g [m/s²] とすると、

$$m = \frac{M}{g} \quad E = \frac{1}{2} \times \left(\frac{M}{g}\right) v^2$$

②ペレットの重量 M [gr] は 1[gr] = 1/7000 [lbs] なので

$$E = \frac{1}{2} \times \left(\frac{M}{7000}\right) v^2$$

③重力加速度 g [m/s²] は 1 [m] = 3.2808 [ft] なので

$$g = 9.8054 \times 3.2808 \fallingdotseq 32.16 \quad [\text{ft}/\text{s}^2]$$

（重力加速度は北緯 43° 25″ の値を使用する）

$$E = \frac{1}{2} \times \left(\frac{1}{7000} \times \frac{M}{32.16}\right) v^2$$

$$= \frac{1}{450240} \times v^2 \quad [\text{ft·lb}]$$

動物のバイタルポイント

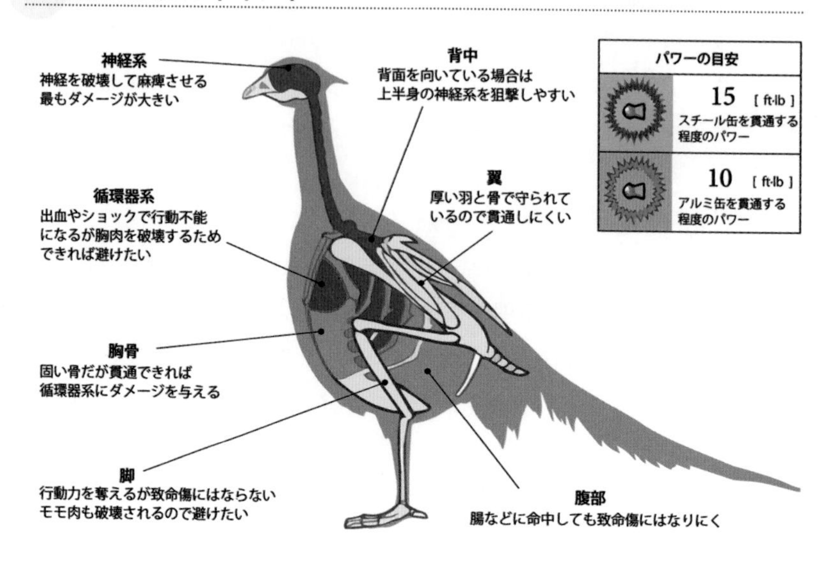

キジを例にバイタルポイントを考えてみましょう。バイタルポイントには、脳・脊髄の神経系と心臓・肺の循環器系の2種類があり、どちらに命中してもターゲットに大きなダメージを与えます。

では、このバイタルポイントを撃ち抜くにはペレットの残存エネルギーはどれくらい必要なのでしょうか？これについては定かではありませんが、「人体への殺傷能力がある準空気銃」として規制されているパワーが0.7〜14.7[ft·lb]という点を考慮すると、キジの肉体であれば10〜15[ft·lb]もあれば十分だと思われます。ベテランハンターの意見では「2 [ft·lb] あれば十分」とされることもありますし、ヒヨドリやキジバトであれば、実際にこのパワーで十分でしょう。

ハイパワーPCPの残存エネルギー

ペレットが獲物に命中する直前まで持っている運動エネルギーは、エアライフルやペレットの種類によって異なります。一例としてFXエアガンズ・ストリームライン2のカタログスペックから計算したエネルギーの減衰は右図のようになります。このグラフによると、5.5mm口径であっても、一般的なゼロイン距離（50m）で十分な残存パワーがあることがわかります。

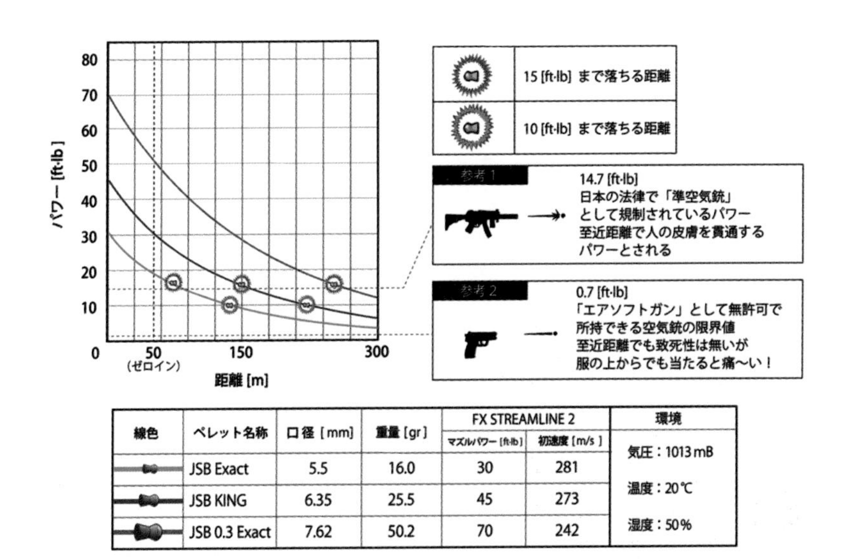

線色	ペレット名称	口径 [mm]	重量 [gr]	FX STREAMLINE 2		環境
				マズルパワー [ft·lb]	初速度 [m/s]	
	JSB Exact	5.5	16.0	30	281	気圧：1013 mB
	JSB KING	6.35	25.5	45	273	温度：20℃
	JSB 0.3 Exact	7.62	50.2	70	242	湿度：50%

以上の結果から考察すると、鳥や小獣をメインターゲットにするエアライフル猟においては、大口径・重量弾でダメージを増加させるよりも、小口径・軽量弾で精密性を向上させてバイタルポイントに命中させやすくした方が捕獲率は向上すると考えられるのです。

偽死・昏倒

狩猟において覚えておいていただきたい話として、弾が命中した獲物は偽死（死んだふり）をすることがあります。これは習性としての偽死なのか、それとも衝撃を受けて昏倒する（気を失う）のかは判断が付きませんが、「しとめた！」と思って回収準備をしていると、いつのまにかいなくなっていることがあります。こういったケースを考えて、狩猟では獲物を手にする瞬間まで気を引き締めて行動しましょう。

なお、偽死や昏倒から回復した鳥は、遅かれ早かれ死んでしまいます。こういった獲物は**半矢**と呼ばれ、ハンティングでは好ましくない結果です。狩猟では必ずバイタルポイントを狙い、獲物に対して無駄な苦しみを与えないように心がけましょう。

6. 弾道計算アプリを活用しよう

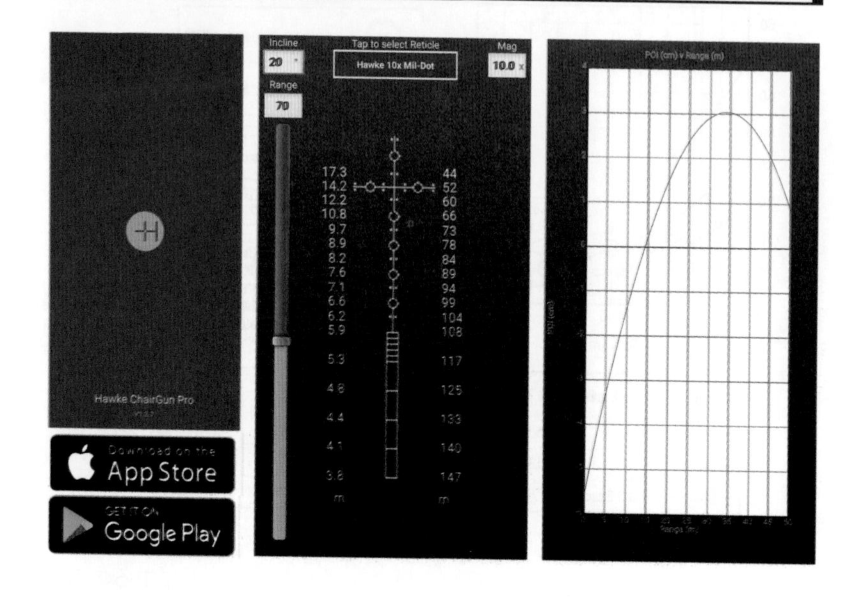

本節ではペレットの弾道や弾のエネルギーについてお話をしてきました。これらの数値を知るためには、ペレットの重量や断面積、発射速度、空気抵抗など様々なパラメータを準備し、数式に値を入れてグラフに点をポチポチ打ち、最後に自在定規でバーっと曲線を引けば出てきます。…しかし、そんな面倒くさいことしたくないですよね？それでは現代エアライフルマンの心強い味方、スマートフォン用の弾道計算アプリを利用しましょう！

現代エアライフルマンの必須アプリ『チェアガン・プロ』

エアライフルの弾道計算ソフトとしてオススメするのが、"Hawke Chair Gun Pro"（ホーク・チェアガン・プロ）というスマートフォン用のアプリです。

チェアガン・プロは、イギリスの光学機器メーカー・ホークスポーツオプティクス社がリリースした弾道計算アプリです。このチェアガン・プロにはエアライフル専用のモバイルアプリがあり、しかも"無料公開"されているため、エアライフルマンであれば利用しない手はありません！

チェアガン・プロ・モバイルには弾道計算だけでなく、様々な機能が付いています。しかし、初心者はひとまず、弾道計算機能とインターセプト機能の2つを使えるようになりましょう。なお、本書でご紹介するのは2018年10月に公開されたVer1.3.7です。バージョンによっては使い方が大きく変わる可能性があるので、ご留意ください。

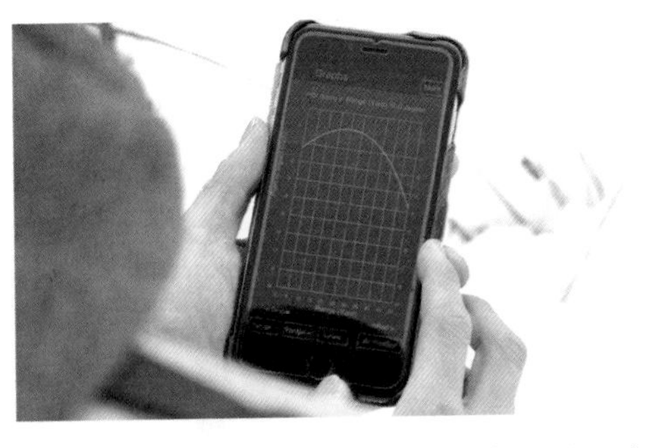

基本設定

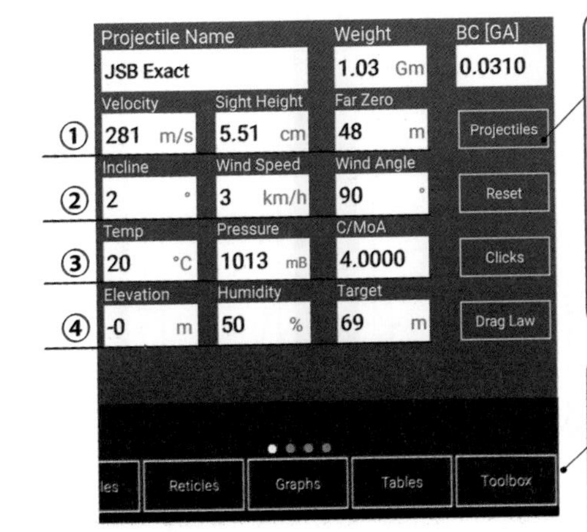

Projectiles：ペレット

Predator Polymag
RWS Eun Jin
RWS Hobby
RWS Meisterkugeln

データベースからペレットを選択すると自動的に重量などが入力される。ペレットが無ければ手入力する

Toolbox → Preferences

Use METRIC Units
Temperature in °C
Display Target on reticle

「Use METRIC Units」を✓するとグラム・メートル表記になる「Display Target on reticle」でレチクルに着弾点が表示される

① **Velocity**：ペレットの初速
Sight Height：スコープと銃身までの高さ
Far Zero：ゼロイン調整した距離

② **Incline**：標的までの角度（後ほど設定可能）
Wind Speed：猟場の風速
Wind Angle：射出方向に対する風の角度（向かい風・追い風の場合は0）

③ **Temp**：猟場の気温
Pressure：猟場の気圧
C/MoA：1クリック毎に調整できるMOA（1/4なら4）

④ **Elevation**：猟場の海抜
Humidity：猟場の湿度
Target：標的までの距離（後ほど設定可能）

出力結果の例

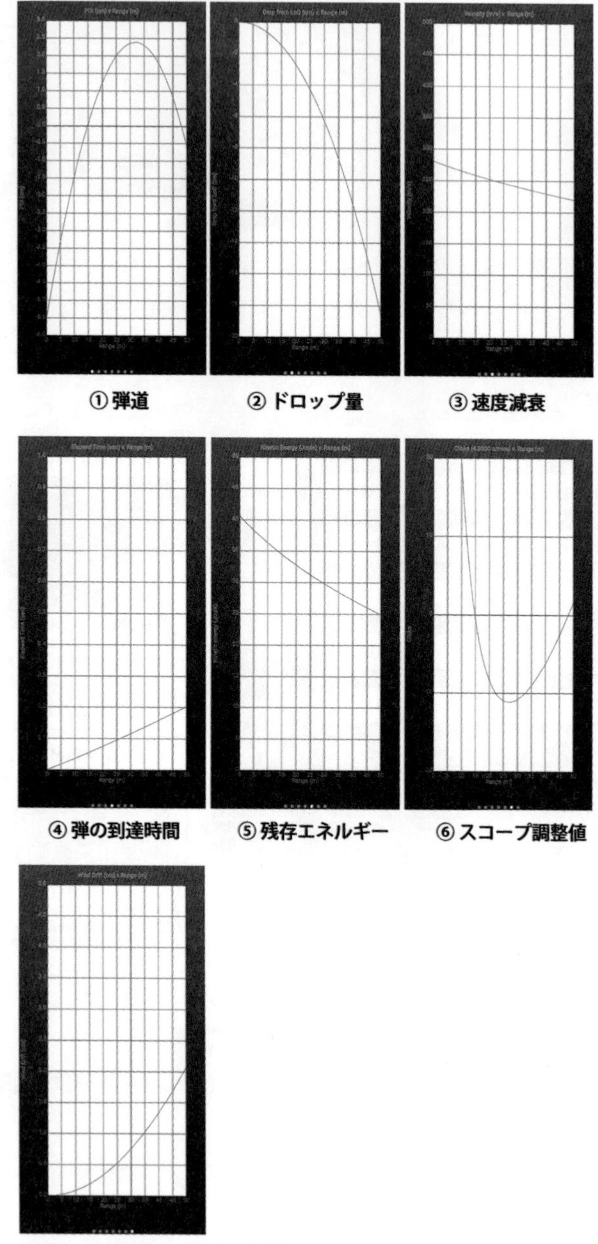

①弾道　②ドロップ量　③速度減衰

④弾の到達時間　⑤残存エネルギー　⑥スコープ調整値

⑦風による横滑り（ドリフト量）

インターセプト機能

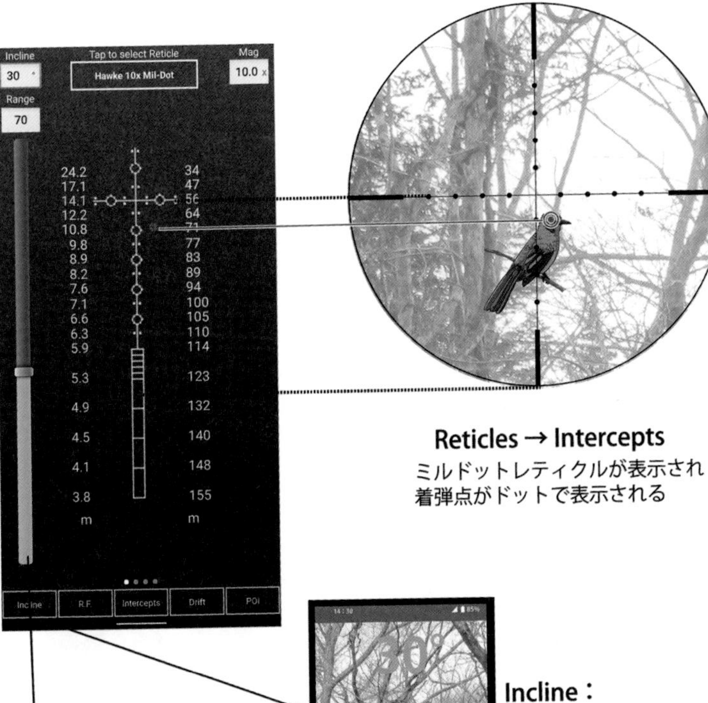

Reticles → Intercepts
ミルドットレティクルが表示され
着弾点がドットで表示される

左のスライダーを動かすと
距離を調整できる

Incline：
標的がいる位置に
スマートフォンをかざすと
角度が自動計測される

ターゲットを知ろう

エアライフル猟では狩猟鳥獣48種の内、鳥類28種がメインターゲットです。「28種程度なら覚えるのは簡単だ！」と思われるかもしれませんが、正しい判別をするためには名前と姿だけではなくターゲットの習性や生態などもよく知っておかなければなりません。

鳥獣判別は総合的な判断が必要

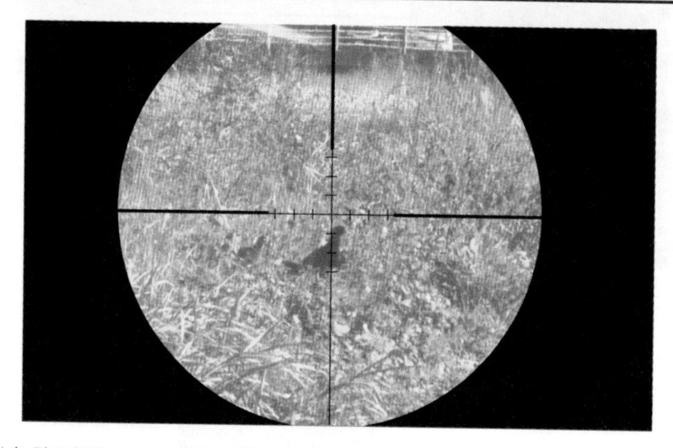

狩猟免許試験では、紙に描かれた鳥の姿を見て、その鳥が狩猟鳥であるか・狩猟鳥であればその名前を答えます。しかしここで満点を取れたからと言って、実際の猟場でスコープに映る鳥を正確に見分けることができるわけではありません。

鳥の色は光の加減で大きく変わる

実際の狩猟では、20mから100m以上もターゲットから離れます。そのため、たとえ倍率の高いスコープを使ったとしても、その羽色や柄をはっきりと見ることはできません。

さらに猟場では、逆光がきつくてシルエットしか見えなかったり、光の具合によって羽色がまったく違うように見えたりもします。

中でも厄介なのが“カモ”です。カモの仲間はオスとメスで羽色が違い、しかも「狩猟鳥獣のメスガモは狩猟鳥獣でない別のカモと姿がよく似ている」といった種もいます。

狩猟鳥獣でない鳥獣を誤って捕獲してしまう**錯誤捕獲**を起こした場合、たとえそれが故意でなくても鳥獣保護管理法違反となり、『1年以下の懲役又は100万円以下の罰金』という、かなり重たい罪に問われることになります。

うっかりでも密猟！鳥獣判別はハンターの必須スキル

なんだか難しそうな話ですが、鳥獣判別では名前や姿だけでなく、その野鳥が「どんな場所に住んでいて、どんな習性を持っているのか」といった複合的な情報を持つことにより、錯誤捕獲の危険性を下げることができます。

例えば、カモの見た目は同じような種類が多いですが、エサの取り方や飛び方、生息している場所が淡水域か？海水域か？などから判別することも可能です。ヒヨドリやキジバトのような小鳥の場合も、木に止まっているシルエットや走り方といった特徴だけで、判別できることもあります。

難しく考えずにバードウォッチング気分で楽しもう！

鳥獣判別は難しそうに思えますが、まぁ、そんなに気を張らずに、楽しんで覚えていきましょう！

狩猟鳥獣の判別は、いうなれば“バードウォッチング”です。野鳥の名前や個性を知っていると、たとえ狩猟に関係ないときでも、鳥との出会いが楽しくなります。

狩猟中に見る野鳥の姿は、冬場のほんのひとときです。一年を通して観察すると、もっと面白い姿が見えてくるので、猟期以外はエアライフルをカメラに持ち替えてバードウォッチングを楽しんでみるのはいかがでしょうか？

1. 狩猟界のスーパースター『キジ』

キジは危険を感じると藪の中に隠れてジッとする習性があるので、普通の狩猟では見つけにくいターゲットです。しかしエアライフルの場合はスコープがあるので、絶好のターゲットになります。

見た目の特徴

その大きさと派手な見た目で他の鳥と見間違えることはまずありませんが、羽は藪の中で高い迷彩効果があるので、発見するのに少し慣れが必要です。道路に埋めてある“赤い測量杭”が、キジの赤い頭に見えてしまうのは、エアライフルハンターにとっての「あるある」話。

50m先のターゲットの見え方

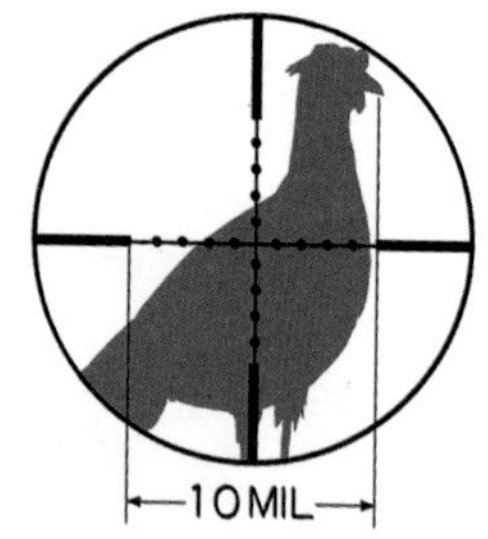

ターゲットの胴長を0.5[m]とすると

ミル数	距離
6	83
8	63
10	50
14	36
16	30
18	28

なお、北海道、対馬には首に白い輪が特徴的な亜種コウライキジが生息しており、こちらも同じく狩猟鳥獣です。

見つけるポイント

草地や河川敷などの平坦な土地に生息しており、特に大豆やトウモロコシといった穀物畑が側にある藪の中に多く住み着いています。その他、河川敷や緑地帯など幅広く生息しており、道路をテケテケと走る姿もよく見られます。

キジは夜明けごろから藪の中から出てきてエサを探すので、朝方に畑周辺で比較的よく見かけます。昼間であっても、寝床の藪の中から頭だけがニョキっと出ていることもあります。

また、冬季のキジはつがいがグループになっています。よって、狙っていた1羽が飛んで逃げたとしても、その周辺にはまだ何羽か忍んでいる可能性があるので、よく観察しましょう。

狩猟のポイント

『危険を感じるとうずくまる』という習性から、1発外しても逃げないことが多々あります。胸を借りる気持ちで次弾を発射しましょう。

しかしこの習性から、動かなくなったキジを見て「当たった！」と思い近づくと、突然飛び上がって逃げてしまうこともあります。近づくときは最後まで気を抜かないように注意しましょう。

注意点

キジ・コウライキジのメスは狩猟鳥獣ではない（※）ので注意しましょう。猟期中はメス単独でいることは少ないので、発見したら周囲にオスがいないか観察しましょう。

コウライキジ

(※狩猟のために放鳥獣を行う「猟区」というエリアでは、メスの捕獲も可能です。しかし2022年時点では、猟区は極限られた場所にしか存在しないため、「キジ・ヤマドリのメスは捕獲不可」と認識しておきましょう）

2. 初心者からベテランまで楽しめる『キジバト』

キジバトはもともと非常に警戒心が強い鳥ですが、普段から人里近くに生息しているため、だいたいが“人間慣れ”をしています。彼らの気持ちを裏切るようで申し訳ないのですが、警戒心の薄いキジバトは、我々エアライフルハンターにとって絶好のターゲットです。

見た目の特徴

キジバトの最大の特徴が、首のあたりにあるシマ模様の羽です。また、キジのようなよく目立つ羽を持っており、海外ではこの羽が亀の甲羅に見えるため、タートルドーブと呼ばれています。

50ｍ先のターゲットの見え方

ターゲットの全長が0.33[m]とすると	
ミル数	距離
4	82.5
6	55
6.6	50
8	41
11	30
12	27.5

なお、キジバトのオス・メスは同色同大で、見分けることはほぼ不可能です。一応、「デーデー・ポッポゥ」という声は、テリトリーを主張したりメスを呼んだりする、オス特有の鳴き声です。

見つけるポイント

「ヤマバト」とも呼ばれることもあるキジバトは、山が近い林や耕作地などに広く生息しています。分布は日本全土ですが、北海道のキジバトは冬場に南の方へ移動するため、狩猟ができる期間が限られます。

植物食性のキジバトは大豆や麦などの穀物類を好んで食べるため、このような畑が近くにある木の上に止まります。このときキジバト達は天敵となる猛禽類から身を守るために、まず1、2羽が木に止まって周囲を警戒します。そして安全が確認できたところで、他の木からキジバト達が集まってきます。

狩猟のポイント

先にお話した通り、キジバトは警戒心が強い鳥なので、待ち猟をする場合はカモフラージュテントなどを使いましょう。待つ場所も止まり木からなるべく遠くに陣取ります。

また、あらかじめ止る木に**デコイ**を仕掛けておくと「仲間が先に居るから、あの木は安全だ！」と勘違いして、警戒心を弱めることができます。

流し猟をする場合は、なるべく人通りの多い場所を狙います。警戒心の強いキジバトも、普段から人間を見慣れている個体は、近寄っても警戒しません。ただしこのような猟場では“人間に”警戒されないように工夫しましょう。

注意点

公園などでよく見かける**ドバト**は狩猟鳥ではないので注意しましょう。また、山間部に生息するエメラルドグリーン色をした**アオバト**や、埼玉県の越谷市周辺に生息する灰色をした**シラコバト**と見間違えないように注意しましょう。

ドバト

3. おしゃべりバード『ヒヨドリ』

「ひよっ、ひよっ」といったさえずり声から「ピー！ピー！」といった甲高い声まで、**ヒヨドリ**は日中ずっとおしゃべりをしている“かしましい”鳥です。その声があまりにも大きいため、姿は見えなくとも鳴き声を頼りにすれば見つけ出すことは難しくありません。ただしヒヨドリは警戒心が上がると「危険なヤツがいる！」と**警戒声**を上げて飛び回るという、厄介な習性を持っています。

見た目の特徴

「小鳥」と呼ぶにはちょっと大きく見える鳥で、長い尾羽と赤褐色のチークが特徴です。また頭の毛がボサボサしたスパンキーヘアをしており、ちょっとワイルドな見た目をしています。

ターゲットの全長が0.28[m]とすると	
ミル数	距　離
4	70
5	56
5.5	50
8	41
9.4	30
10	28

見つけるポイント

日本全土に分布していますが寒い地方では秋に南方へ移動します。止まれる木があれば里山や公園など色々な場所に居付きますが、特にミカン類が大好きで、果樹を荒らして農業被害を出すこともあります。

ヒヨドリは、羽ばたきと滑空を繰り返す**波状飛行**と呼ばれる姿で飛ぶ習性があり、遠目からでも判別は簡単です。また、羽ばたく瞬間に「ヒヨ！ヒヨ！」と声が漏れるので、音だけでも近づいてくるのがわかります。

狩猟のポイント

ヒヨドリは群れる習性があるので、一羽見つけたら必ず周囲に仲間がいます。また、ヒヨドリが移動するときは通り道になる木がある程度決まっているので、待ち猟ではその周辺に陣取りましょう。

ヒヨドリはそれほど警戒心が強い鳥ではありませんが、銃声に驚くと「ピ――！ピ――！」と山に響き渡るような警戒声を上げて、周囲に危険を知らせます。この状態からさらに発砲を重ねてヒヨドリたちのストレスを高めてしまうと、ある時点からヒヨドリがまったく近寄ってこなくなります。

そこでヒヨドリの待ち猟では、警戒心が高まって来たらいったん猟場を休ませて、ヒヨドリたちの警戒心を解くようにしましょう。

注意点

飛び方や鳴き声が特徴的なので見間違いは少ないですが、シルエットは**ツグミ**や**シロハラ**、**アカハラ**などに似ています。これらツグミ科の鳥とは、木に止まっているときの尻羽の向きが違うので、覚えておきましょう。

4. 狩猟鳥では最小『スズメ』

所持に許可がいらなかった1958年まで、エアライフルは子供が**スズメ**を狩るための銃でした。現在ではもちろん、エアライフルは玩具といえるような代物ではなくなりましたが、それでもスコープ越しに見るスズメの姿は、私たちに子ども心を思い出させてくれます。

見た目の特徴

国内にはスズメと**ニュウナイスズメ**の2種類のスズメが生息しています。

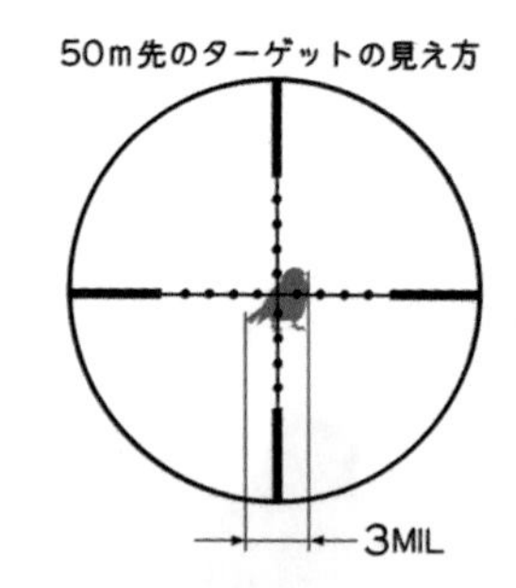

ターゲットの全長が0.15[m]とすると	
ミル数	距離
3	50
4	38
5	30
6	25
7	21
8	19

スズメは茶褐色の頭と白い胸が特徴で、ニュウナイスズメは頭が栗色をしており、頬に黒い斑点がないのが特徴です。

なお、2018年に熊本で、ユーラシア大陸最大の勢力を誇るスズメ科の鳥、「イエスズメ」が雌雄で発見されています。今後どうなるかは未知数ですが、スズメ・ニュウナイスズメに混じって出没する可能性があるので、注意しておきましょう。

見つけるポイント

スズメは小笠原諸島をのぞく日本全国に分布しており、主に田んぼや畑、公園、住宅地など人里に近い場所に多く生息しています。

ニュウナイスズメは北海道以南から中部地域にかけては一年中見られ、中部以南から四国、九州地方では冬にのみ見られる鳥です。住み付く場所は里山などの自然が豊かな場所を好みます。

スズメの居場所を知りたいのなら米農家さんに尋ねてみるのが一番の近道です。スズメたちは刈り入れが終わった田んぼやコンバインの周囲に沢山集まってきます。このような場所でエアライフル猟ができないか農家さんに聞いてみるのも一つの手です。

狩猟のポイント

かつては、電線の上のスズメを撃っていても怒られないような時代もありましたが、現代のエアライフルは強力なので、絶対に電線に向けて撃ってはいけません！そこでスズメ猟は、エサを食べに地面に下りてきているところを、一羽、一羽と狙撃することになります。

スズメは国内で狩猟ができる最小の鳥獣です。そのため、5.5mm以上のハイパワーエアライフルで狙撃をすると、肉が傷んで食べるところがほとんど残りません。

そのためだけに4.5mmを所持するのもコスパが悪いので、どうしてもスズメを捕獲したいのであれば、無双網と呼ばれる網猟か、『ザルの下に餌を撒いて、スズメが入ったらヒモを引っ張ってザルを落とす猟』（自由猟法）をオススメします。

注意点

スズメのように藪の中に群れを作る鳥に、**ホオジロ**がいます。羽色はよく似ていますが顔の黒い部分が違うので見間違えないように注意しましょう。

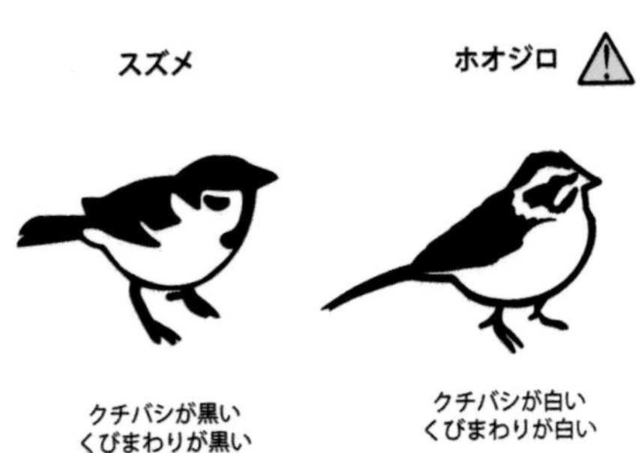

5. 大胆不敵な小さなターゲット『ムクドリ』

餌を探してテケテケと走りまわる**ムクドリ**は、こちらが逆に驚かされるほど警戒心の薄い鳥です。また、雑食傾向が強いので、田んぼや畑だけでなく、沼地や干潟などいたるところで見ることができます。動きが素早く狙いが付けにくいですが、地面に下りるとエサ探しに集中しているので、捕獲が難しいターゲットではありません。

見た目の特徴

全身灰色をしていますが、顔と腰は白い羽が生えています。また、クチバシの先端と足がオレンジ色をしており、遠目からでもよく目立ちます。

ターゲットの全長が0.24[m]とすると

ミル数	距　離
3	80
4.8	50
6	40
7	34
8	30
10	24

地面を歩くときはスズメのように「ピョンピョン」と**ホッピング**はせず、足を交互に出して「テケテケ」と走り回る、**ウォーキング**を行います。

見つけるポイント

ムクドリはかつて、農作物に付く虫を食べてくれることから、農業の**益鳥**として喜ばれていましたが、現在では街路樹に押し寄せて騒ぎ立てる害鳥として嫌われることの方が多くなりました。

このようにムクドリは、環境によって住む場所を大きく変えるため、『ここぞ』というポイントは無かったりします。干潟で虫をつついていたり、牛舎近くではこぼれ餌を漁っていたりと自由気ままに過ごしているので、色んな場所を探してみましょう。

狩猟のポイント

ムクドリはヒヨドリと並んで、平成8年の鳥獣法改正で新しく追加された狩猟鳥です。そのため、「ムクドリの伝統的な猟法」といったものはなく、ムクドリのみに的を絞ったエアライフル猟の技術といったものもありません（たぶん）。

「五目猟」という言葉は“良い意味”で使われることはありませんが、「キジ狙いで流し猟をしたついでに」ぐらいの感覚でムクドリを狙うことがほとんどのはずです。もちろん、キジを撃てるぐらい強力なエアライフルで、小鳥を狙うのはオススメしませんが…。

ちなみに、しばしばムクドリは「肉が臭い」と言われますが、そんなことはありません。ただし、干潟にいるような個体は、肉に磯臭いクセが出ることがあります。

注意点

ムクドリと同じく地面をチョコチョコと走る**ハクセキレイ**と見間違えないように注意しましょう。北海道、本州南部では極まれに**ホシムクドリ**と呼ばれる鳥がムクドリの群れに交じっていることがあるので注意しましょう。

6. 街角のギャングスタ『カラス』

どんなに鳥に詳しくない人でもカラスを知らない人はいないでしょう。真っ黒な見た目と大きな鳴き声で、人間の目などまったく気にせずアチコチ飛び回るこの鳥は、1羽までなら初心者でも簡単にしとめることができるターゲットです。しかし2匹目からは…！？

見た目の特徴

日本では約6種類のカラスを見ることができます。その中で狩猟鳥獣に指定されているのは、太いクチバシとモッサリとした頭が特徴的な**ハシブトガラス**、クチバシが細く頭がツルっとした**ハシボソガラス**、クチバシの根元が灰色の**ミヤマガラス**の3種類です。

50m先のターゲットの見え方

ターゲットの全長を0.57[m]とすると	
ミル数	距　離
6	95
9	63
11.5	50
13	44
16	37
19	30

見つけるポイント

おそらく「カラスを探さないと出会えない」ような場所に住んでいる人は少ないと思いますが、どうしても見つからない場合は農家さんに聞いてみるのが一番です。

カラスは、野菜や果樹、家畜の飼料を荒らすため、農家にとっては天敵です。よって「カラスを獲りに来ました」と言えば、多くの農家さんは諸手を上げてカラスの居場所を教えてくれるはずです。

なお、ハシブトガラスは平地や住宅地に、ハシボソガラスは森や里山に、ミヤマガラスは九州に渡ってくる渡り鳥として見ることができます。ただし、ハシブトとハシボソは、群れがゴッチャになっていることもよくあります。

狩猟のポイント

カラスは非常に頭が良い鳥なので、危険な場所や人の姿をすぐに覚えてしまいます。逆を言うと、人間から攻撃を受けたことがない個体は、警戒心が薄いため近づくのは難しくありません。

しかし、2羽目以降は捕獲難易度がグッと上がります。カラスには、敵を見つけると集団を作る**モビング**という習性があります。よってカラスを1羽しとめると、どこからともなくカラスが集まってきて、頭の周りをグルグルと旋回し始めます。

注意点

真っ黒な見た目をしているので、カラスと他の鳥を見間違えることはほとんどないはずですが、非狩猟鳥の**カササギ（カチガラス）**や**コクマルガラス**といった鳥と見間違えないように注意しましょう。北海道には北方から渡ってきたオオガラスという種がおり、こちらは非狩猟鳥なので注意しましょう。

7. ハンター憧れの霊鳥『ヤマドリ』

狩猟界の霊鳥といえば、神々しい長い尾羽が美しい**ヤマドリ**です。「沢沿いで暗い内から寒さをこらえ、山から下りてくるのをひたすら待つ」といった猟法が「ヤマドリ猟の世界」と言われますが、実際は猟期前に放鳥しているところもあるので、人慣れしたヤマドリがノコノコと近寄ってくることもあったりします。

見た目の特徴

全身が赤褐色の羽で覆われており長い尾羽を持っています。住んでいる地域によって見た目が少し違い、兵庫県・島根県以北の本州にヤマドリ、房総半島・伊豆半島に**ウスアカヤマドリ**、中国地方・四国地方に**シコクヤマドリ**、九州北部に**アカヤマドリ**、九州中南部に**コシジロヤマドリ**の5亜種が生息しています。

50ｍ先のターゲットの見え方

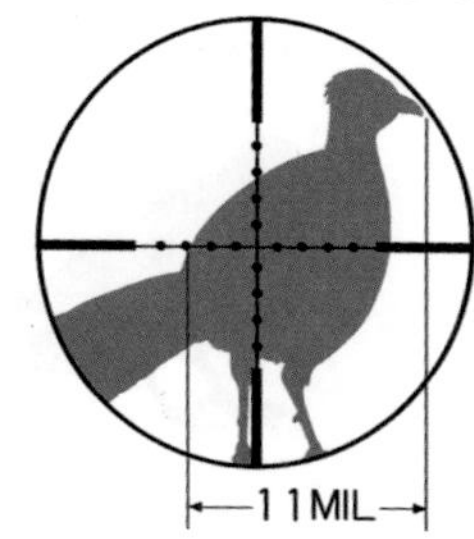

ターゲットの胴長を0.55[m]とすると	
ミル数	距　離
10	80
12	67
14	57
16	50
18	44
20	40

見つけるポイント

ヤマドリはその名前の通り「山に住む鳥」で、里山程度の低い山から断崖が切り立つ深く険しい山まで色々な山に住んでいます。

ヤマドリと出会うためには、とにかく山の中を探してまわるしかありません。しかし、重たいエアライフルを担いで山を登るのは大変なので、早朝に沢沿いの林道を流してみましょう。

ヤマドリは夜明けと共に、山の中腹から餌を探しに沢沿いへ出てきます。よって早朝に林道を流していると、チョコチョコと餌を探して動き回るヤマドリに出会える可能性があります。

狩猟のポイント

ヤマドリは同じキジ科の「キジ」のように、危険を感じるとその場にうずくまって隠れようとする習性があります。よって、ヤマドリを見つけたら、「じーっ」と相手を見続けましょう。車から降りて銃を構える間も目線は外さずにプレッシャーを与え続けてください。

ヤマドリを撃った後も視線を外してはいけません。ヤマドリは“倒したはず”なのに、目線を外した瞬間に消えてしまうことがよくあります。「もしかして霊鳥ではなく幽霊！？」…それは定かではありませんが、とにもかくにもキジ科の鳥は、首根っこを押さえるまで油断してはいけません。

注意点

鹿児島県や宮崎県などで稀に見られる亜種の**コシジロヤマドリ**は狩猟鳥から除外されているので注意しましょう。またヤマドリのメスはキジと同じく狩猟鳥ではありません。

生け捕りにしたヤマドリやヤマドリの肉、加工品などは、都道府県からの特別な許可を受けなければ販売できないので注意しましょう。

コシジロヤマドリ

8. ちょこちょこ走るトレイルランナー『コジュケイ』

「チョトコイ・チョトコイ」と山に響き渡る大声で鳴く**コジュケイ**は、「『ちょっと来い』と呼ばれているのに姿は見えない」と、ハンターの間で笑い話にされるほど、見つけるのが難しい鳥です。たとえその姿を見たとしても、地面をチョコマカと走り回るコジュケイをしとめるのは、なかなか難しい強敵です。

見た目の特徴

元々は中国や台湾に生息していた鳥でしたが、1955年ごろから定期的に放鳥され、日本に定着するようになった外来種です。

50ｍ先のターゲットの見え方

ターゲットの全長が0.27[m]とすると	
ミル数	距　離
3	90
4	67.5
5.5	50
7	38.5
9	30
12	22.5

体はキジ科特有の羽色をしていますが、頭は色鮮やかな配色をしています。オスとメスは同色同大ですが、爪の有無で雌雄を判別できます。

見つけるポイント

積雪の少ない中部以南の本州・四国・九州に分布しており、平地のキジ、山地のヤマドリに対して、コジュケイは平地と山地の中間あたりに広がる雑木林や竹林などに生息しています。

キジやヤマドリ、コジュケイといったキジ科の鳥は、総じて生まれた土地からあまり移動しないといわれています。またエサ場も決まっているので、一度姿を見たことのある場所と時間に行けば、再び出会う確率は高くなります。

またコジュケイは寒さが苦手なので、山に雪が積もると日光浴のために、日当たりが良い場所へ出てきます。

狩猟のポイント

冬場のコジュケイは家族単位で群れになっているので、一羽発見したら周囲を観察して近くに仲間がいないか観察をしましょう。

コジュケイの「ちょっと来い！」という鳴き声は、オスがメスを呼ぶ声なので、おとりのコジュケイを使って鳴き声でおびき寄せる猟法があります。生きたコジュケイはなかなか手に入らないので、スマートフォンにコジュケイの音声を吹きこんでおき、地面に隠しておきましょう。なお、同じキジ科のキジとヤマドリに対して音響機器を使った猟法は、禁止されているので注意しましょう。

注意点

コジュケイのように山の中をチョコマカと走り回る鳥に、**ガビチョウ**やツグミがいます。見た目はまったく似ていませんが、ヤブの中を「ガサゴソ」している相手が必ずコジュケイというわけではないので、ご留意ください。

ガビチョウ

なお、声マネが得意なガビチョウは、たまにコジュケイの声をまねて鳴いていることがあります。

9. 北海道の人気者『エゾライチョウ』

世界各地で『美味しい鳥』として知られている**エゾライチョウ**は、北欧のクリスマスにメインディッシュとして出されていたほど人気の鳥です。日本でも昔から人気の高い狩猟鳥でしたが、近年では生息数が減ってきているため、幻の味になる日も近いかもしれません。

見た目の特徴

頭上から背中にかけて灰色をしており、黒い斑点が並んでいます。また、目の上には赤い「とさか」が生えており、興奮すると頭の羽が盛り上がるといった特徴があります。

50m先のターゲットの見え方

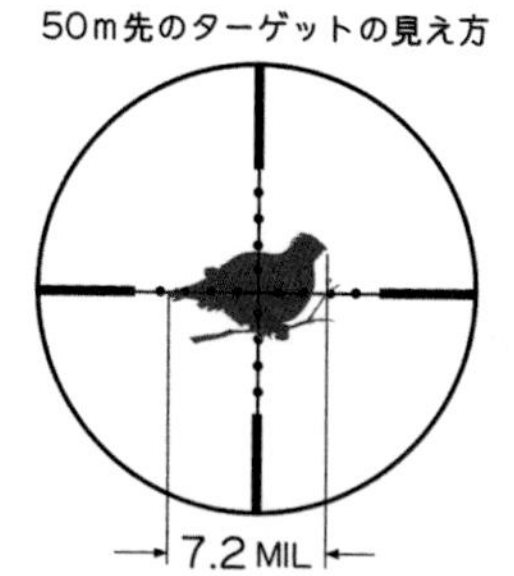

ターゲットの全長が0.36[m]とすると

ミル数	距　離
4	90
6	60
7.2	50
8	45
10	36
12	30

オスとメスの羽色は似ていますが、オスは喉元が黒くなっている点で見分けられます。

見つけるポイント

エゾライチョウはその名の通り、日本では北海道にのみ分布している鳥です。さらに北海道の中でも、十勝平野といった平野部や、日高山脈などの高山部には住んでおらず、針葉樹林と広葉樹林が適度に混じる森林地帯に生息しています。

かつては海外に輸出されるほど多く生息していたエゾライチョウですが、近年は減少傾向にあり、2001年には希少種に指定されました。よってエゾライチョウをターゲットにしたいハンターは、地元の人にガイドをお願いした方が良いでしょう。

狩猟のポイント

見た目の区別もつきやすく警戒心もそれほど高くないため、見つけることができれば捕獲するのは難しくはありません。地面に下りていることも多いので、周囲の音に注意を払いながら探索しましょう。

英語では『ヘーゼルグース』と呼ばれるエゾライチョウは、専用の笛を使っておびき寄せる**コール猟**が有名です。この笛で「ティー・ティー・チチチ」といった高い音色を上げて、「仲間かな？」と勘違いしたエゾライチョウをおびき寄せます。

注意点

エゾライチョウは生息数が減少傾向にあるため、今後、狩猟鳥獣の指定が解除される可能性があります。

狩猟鳥獣の指定追加・解除は、おおむね5年ごとに行われますが、都道府県知事の判断で捕獲可能なエリアを絞ったり、猟期を短縮したりできます。エゾライチョウ猟を考えている人は、あらかじめ規制に関する情報を収集しておきましょう。

10. 伝説級ジビエ『ヤマシギ』

フランス料理で『ジビエの王』と呼ばれる**ヤマシギ**は、1羽の値段が1万円以上もするという腰が抜けるほど高価な鳥です。ただ、その値段は食材としての希少価値だけではなく、捕獲したベテラン猟師の“腕”に支払う対価でもあります。もしあなたがエアライフルでヤマシギをしとめることができたならば、最高級の食材と最高のハンターの腕を称え、ワインを開けてお祝いをしましょう。

見た目の特徴

まっすぐ伸びたクチバシとオニギリ型のシルエットが特徴です。目が頭の後ろの方に付いており 360°見渡せるようになっています。

枯草の色の羽色は、冬山における天然の迷彩服になっているので、見つけるのは非常に難しいターゲットです。

50m先のターゲットの見え方

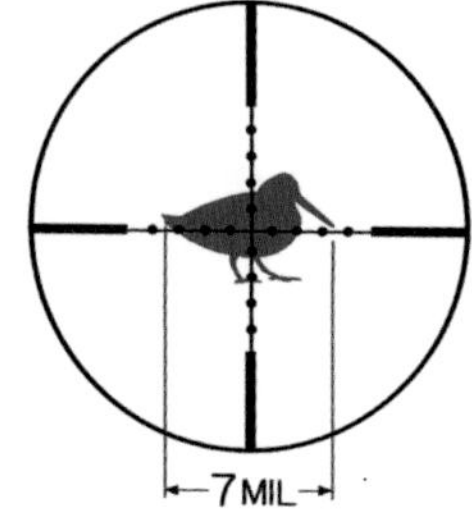

ターゲットの全長が0.35[m]とすると	
ミル数	距　離
4	88
5	70
7	50
10	35
12	50
14	25

見つけるポイント

ヤマシギは、ユーラシア大陸北部で繁殖し、冬にはヨーロッパやアフリカ、東南アジアなどの暖かい地方で越冬します。日本には北海道を除く全域で見ることができ、広葉樹林の多い山の中で過ごします。

基本的には山の中にいる鳥ですが、決まった時間になると草地や農耕地などにやって来てエサを探します。このとき、ヤマシギ独特のリズムで体を上下させたり、頭を地面に突っ込んでぷるぷる震えていたりします。

渡り鳥なので毎年同じ場所に居る保証はなく、また日中は薄暗い森の中で眠っているので探し出すのは至難の業です。安定して捕獲したいのであれば、雪が積もった日に、雪解けしている場所を探してみるぐらいしかなさそうです。

狩猟のポイント

ヤマシギは敵が近づいてもすぐに逃げようとはせず、藪の中で体を丸めてジッとします。そして敵が限界まで近寄ると、「パッ」と舞い上がり、どこか遠くに飛んで逃げてしまいます。

よってエアライフルでヤマシギを狙う場合は、何はともあれヤマシギの“オニギリボディ”を、うっそうと茂る草木の中から見つけ出さなければなりません。隠れているところを見つけてしまえば動きを止めている相手なので、しとめるのはさほど難しくありません。

注意点

ジビエの本場フランスでは乱獲により狩猟が禁止になっています。日本においてもヤマシギの生息数は減少傾向にあり、京都府では捕獲禁止の条例がでています。その他の自治体でも捕獲の自粛が呼びかけられているところもあるので規則に注意して狩猟をしましょう。

沖縄県や鹿児島県の一部地域では**ミヤマヤマシギ**と呼ばれるヤマシギにそっくりな鳥がおり、錯誤捕獲防止のためヤマシギの捕獲が禁止されています。

11. 漁業関係者の天敵『カワウ』

狩猟鳥獣の中には、農林業や漁業といった人間の生活に悪影響を与える**有害鳥獣**も含まれています。その代表的な野鳥である**カワウ**は、養殖の川魚（特にアユ）を食害するため、漁業関係者から恐れられています。

見た目の特徴

全身が光沢のある黒い羽で覆われており、翼にはウロコ模様が付いています。ただし、幼鳥は全身黒褐色で、腹や胸は白い斑点がつくことがあります。

50m先のターゲットの見え方

16.5MIL

ターゲットの全長が0.82[m]とすると	
ミル数	距　離
10	82
11	75
12	68
13	63
14	59
16.5	50

頭部は、クチバシの先端がカギのように曲がっていて付け根から目にかけて黄色い肌が露出しているのが特徴です。

見つけるポイント

カワウは世界中に広く分布している鳥で、日本では、本州中部以南から九州北部では一年中、九州北部では冬のみ、本州北部では夏のみ見られます。

河川敷を流していると、陸上で羽を広げて日向ぼっこをしているカワウをよく見かけます。カワウは大規模なコロニーを作る鳥なので、その周辺には住処があるはずなので、探索してみましょう。

カワウは養殖されているアユやウナギなどを食害するため、地元の漁師さんや漁業組合に被害の聞き込みをしてみるのも効果的です。

狩猟のポイント

カワウは警戒心が強く、100m以内に近づくのは難しい鳥です。しかも、羽は自身から染み出る油で硬くコーティングされているため、生半可なパワーでは撃ち抜くことができません。

そこでエアライフルでは、精密性の高い射撃で頭部を撃ち抜くか、30口径のハイパワーPCPで羽ごとブチ抜くかのいずれかの作戦で、挑むようにしましょう。

注意点

同じウ科の**ウミウ**とそっくりなので注意しましょう。ウミウは岩場の多い海に生息する鳥で、『顔の黄色い部分が三角形に見える』ところぐらいしか見分けるポイントがありません。一応カワウは淡水域、ウミウは海水域に住んでいるので、見つけた場所によって判別ができます。

ウミウ

12. 目指せスナイパー『タシギ』

ハトよりも一回りほど小さい体で長いクチバシを持つ**タシギ**は、本州以南では冬場にのみ見られる渡り鳥です。姿がよく似た鳥が多く見分けるのが難しいうえ、「スナイパー」の語源になるほど警戒心が強い鳥なので捕獲するのは至難のターゲットです。

見た目の特徴

真っ直ぐ伸びた長いクチバシが特徴的で、クチバシの横から目にかけて黒い線が伸びます。

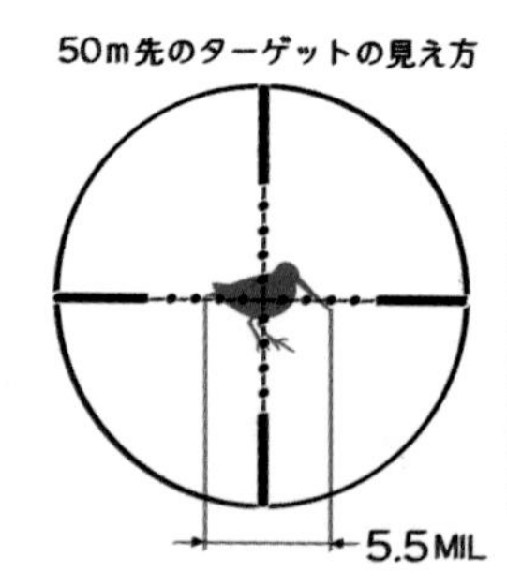

ターゲットの全長が0.27[m]とすると	
ミル数	距離
4	88
5	68
5.5	50
7	39
9	50
12	23

他のチドリ科と見分けが難しい鳥ですが、羽を閉じたとき、白い線が3本伸びるように見えるのがタシギの特徴です。また尾羽の左右端が白っぽく、均等な大きさに並んで見える点でも見分けることができます。

見つけるポイント

冬場に日本各地へ飛来しますが、本州中部以北では渡りの最中に一時的に滞在するだけなので、狩猟できる期間が限られます。

水田や湿地、川岸など水気が多く流れの少ない場所に好んで生息しており、泥の中に生息する虫を食べるために地面を「ツツツ」と突いて回ります。

名前の由来の通り、ひと昔前までは刈り入れが終わった田んぼが主な猟場でしたが、近年では刈り入れ後に水を抜いてしまうため、姿を見ることはあまりありません。

狩猟のポイント

危険を察知するとすごい速さで飛び立つので、エアライフルでは早期に発見して遠距離から狙撃するしかありません。体が小さいうえチョコチョコと動き回るので、しとめるには正にスナイパーの腕前が必要です。

注意点

見た目がそっくりな鳥が多いので注意しましょう。中でも**チュウジシギ**と呼ばれる鳥はタシギと尾羽の形ぐらいしか見分けられる点がないので注意深く観察しましょう。

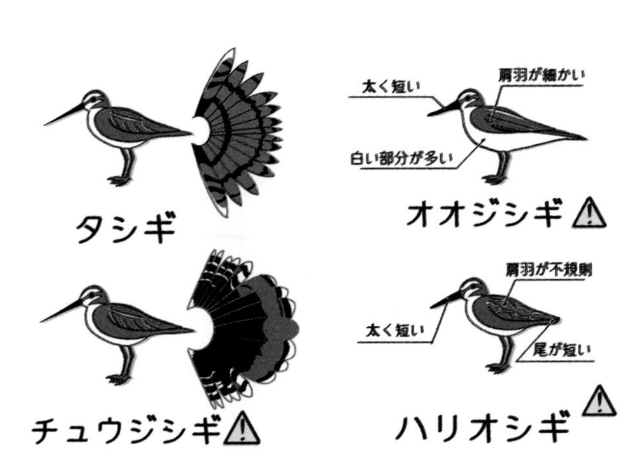

13. 首は折り畳み式『ゴイサギ』

『醍醐天皇の勅命に素直に従って捕まえられたことから五位の官位をさずけられた』、という故事が由来でその名が付けられた**ゴイサギ**は、河川や池で見ることができる大型の水鳥です。やんごとなきお名前ですが、警戒心が非常に強いサギ科の中でゴイサギは驚くほど警戒心が薄いため捕獲するのは難しくありません。

見た目の特徴

首のないずんぐりとした体形をしていますが、首を伸ばせば他のサギ科と似たようなスマートな体形になります。

50m先のターゲットの見え方

12.5MIL

ターゲットの全長が0.63[m]とすると	
ミル数	距　離
8	79
10	63
12.5	50
14	45
16	39
18	35

ゴイサギの若鳥は成鳥と羽色がまったく異なり全身灰褐色に白い斑点が散りばめられたような姿をしていることから**ホシゴイ**と呼ばれます。

見つけるポイント

本州・四国・九州では一年中見られる鳥ですが北海道では夏場のみ見られます。竹林や林の中で群れを作りエサを獲るときは湖や河川、海岸、水田などに現れます。

『夜鳥』という別名があるように夜行性の鳥で、日中は住処となる森の中で眠っています。夜明け前に「ギャー！ギャー！」と騒ぎ立てながら飛ぶので、地元の人に鳴き声を聞いたことがないか聞き込み調査をしてみましょう。複数のサギ類と木の上に**コロニー（営巣地）**を作ることもあります。

狩猟のポイント

サギの仲間は警戒心が強い鳥ですが、ゴイサギは名前の由来の通りそれほど警戒心は強くありません。体が大きく狙いも付けやすいので、できるだけゼロイン距離に近づいて、バイタルポイントを正確に狙いましょう。

注意点

同じサギの仲間で非狩猟鳥の**ササゴイ**とシルエットがよく似ているので注意しましょう。ササゴイはゴイサギよりも一回り小さく、顔の周りが黄色っぽい点で見分けることができます。羽の色はゴイサギと大きく違いますが、幼鳥（ホシゴイ）と似ているので間違えないようにしましょう。

ササゴイ

なお、令和3年度の『狩猟鳥獣の見直し検討会』において、全国的な生息数の減少から、ゴイサギが狩猟鳥獣から外される意向が決まりました。よって2023年以降は狩猟鳥獣ではない可能性があるので注意してください。

14. 木登りが上手い鳥『バン』

バンは水鳥のくせに足に水かきが付いておらず、あまり早く泳げません。しかも、体が小さく軽いくせに飛ぶのもあまり得意ではありません。しかしバンは、その長い指を器用に使って、物を握るのを得意とする変わった鳥です。危険を察知すると垂れ下がる水草をつたってスルスルと木に登ったり、水草を掴んで頭まで潜る“すいとんの術”を披露することもあります。

見た目の特徴

全身が黒い羽でおおわれていますが、尾羽の先と脇が白くなっており、遠目からでもよく目立ちます。

また、クチバシの付け根が赤く盛り上がっており、先端が黄色くなっているのが特徴です。ただし、冬ではクチバシの色が薄くなっていることもあるので注意しましょう。

50m先のターゲットの見え方

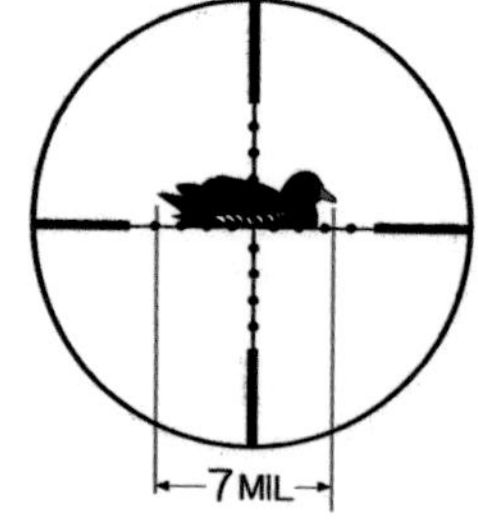

ターゲットの全長が0.35[m]とすると	
ミル数	距　離
4	88
5	70
7	30
10	35
12	50
14	25

見つけるポイント

高温多湿な環境を好み、湖沼や池、水量が多い川、湿地など、草木がうっそうと茂った場所に生息します。日本では関東以南で一年中見ることができますが、関東以北では夏にしか見ることができません。

バンは泳ぐとき、ニワトリのように頭を前後に振る習性があります。よって、他の水鳥に混じっていても、見分けるのはそれほど難しくはありません。

狩猟のポイント

比較的警戒心が強い鳥なので、木に登ったり水に潜ったりと、隠れることが多い鳥です。しかし、猛禽類に対しては有効なのでしょうが、スコープを持つエアライフルマンにとってしてみれば絶好のターゲットでしかありません！隠れている最中は動き回ることは少ないので、じっくりと狙いを定めて狙撃しましょう。

なお、バンは地面に立ってエサを探しまわっていることも多いので、なるべく高い位置から水辺の草むらを広く探索してみましょう。

注意点

同じクイナ科で狩猟鳥ではない**オオバン**と見間違えやすいので注意しましょう。オオバンはバンと同じように頭をニワトリのように振りながら泳ぎますが、クチバシの根元が真っ白なところと、体に白い斑点がないところで見分けることができます。

オオバン

ゴイサギと同じく、2022年に狩猟鳥獣の指定が解除される意向が発表されました。2023年以降は狩猟鳥獣でなくなる可能性が高いので注意してください。

15. 水鳥の王『マガモ』

陸鳥の王がキジ、ジビエの王がヤマシギならば、水鳥の王は**マガモ**で間違いないでしょう。スコープ越しに見るマガモの姿は、どんなハンターでも「ハッ」と息を飲む雄大さがあります。生息数は多いですが、警戒心が強く羽が厚くて丈夫なので、遠距離＆精密射撃ができなければ簡単にはしとめられない強敵です。

見た目の特徴

オスの頭部は光沢のある緑色をしており、黄色いクチバシと白い首の輪を持っています。また、真ん中の尾羽が上にカールしているといった特徴があります。

50m先のターゲットの見え方

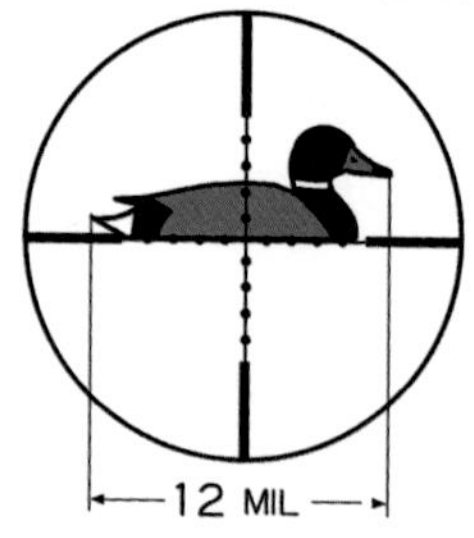

ターゲットの全長が0.62[m]とすると

ミル数	距　離
7	89
8	77
9	69
10	62
12	50
14	44

メスはクチバシがオレンジ色で、上面は黒くくすんでいます。他のメスガモと見間違いやすいので注意しましょう。

見つけるポイント

マガモはユーラシア北部からやってくる渡り鳥ですが、猟期がスタートする11月15日には日本全国の水辺で見ることができます。一度飛来した場所には何度も訪れる傾向があるので、エアライフル猟がしやすい“いきつけ”の池や川を見つけておきましょう。

狩猟のポイント

他のカモ類に比べて体力が高く、羽も厚いので当たり所がよくないとしとめきることができません。さらに、警戒心も強く近づくとすぐに飛び立ってしまうため、エアライフル猟ではなるべく長距離から素早く狙撃する腕前が必要です。

注意点

マガモのメスの羽色は、ハシビロガモやコガモ、オナガガモなどのメスとよく似ています。特に非狩猟鳥の**オカヨシガモ**のメスと似ているので、見間違えないように十分注意しましょう。

また、家畜のアオクビアヒルやアイガモも野生のマガモと見分けが付かないので、養鴨場のカモを間違って撃たないように気をつけましょう。

マガモの♀

クチバシの一部に
黒味がある

オカヨシガモの♀

クチバシ上面が
全体的に黒い

16. 一年中日本に住んでいる『カルガモ』

「皇居のお堀にカルガモの親子が現れました！」といったニュースが毎年流れるように、**カルガモ**は年中日本で観察できる**留鳥**です。生息数が多く見分けもつきやすいので、エアライフル猟では恰好のターゲットですが、毎年ハンターに追われている歴戦の猛者は警戒心が高いため、捕獲難易度は格段に高くなります。

見た目の特徴

全身黒褐色をしており横から見ると目とクチバシに2本の黒い線が通っています。クチバシは黒く先端だけ目立つ黄色になっている点が、他のカモと見分ける最大の特徴になります。

50m先のターゲットの見え方

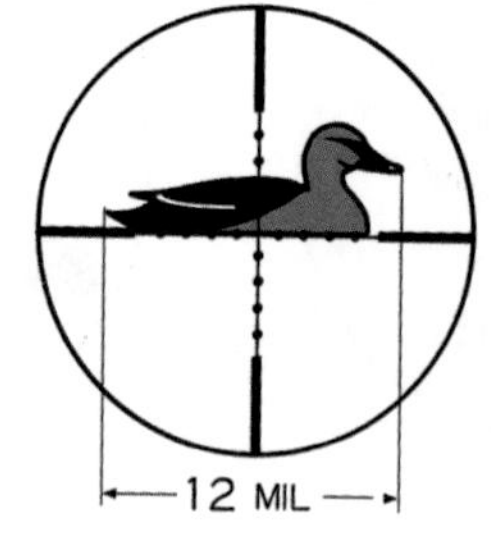

ターゲットの全長が0.62[m]とすると	
ミル数	距　離
7	89
8	77
9	69
10	62
12	50
14	44

オスとメスの羽色は同じで見分けがつきませんが、オスは尾羽の根元がメスよりも濃いという違いがあります。

見つけるポイント

カルガモは一年中見ることができるので、毎年現れる場所を覚えておきましょう。冬場は散り散りになっていた個体が集まって大きな群れを作るので、見つけるのは比較的簡単になります。

住み付く場所は河川、湖畔、河口、水田や海岸などでマガモとほぼ同じで、カルガモの群れにマガモが混じっている姿もよく見かけます。

狩猟のポイント

マガモと同じく体が大きいので、しっかりと急所を狙っていきましょう。カルガモはマガモと同等以上に警戒心が強く、危険を感じると「クワッ！クワッ！クワッ！」と仲間に危険を知らせる習性があります。忍び寄っている最中にこの声が聞こえたら、足を止めて警戒心が収まるまで隠れましょう。昼間のカルガモたちは普通寝ていますが、群れの中には数羽見張りが起きているので、『まったく気づかれないように近づく』というのは、まず無理だと考えましょう。

居付いているカルガモは車に対して慣れているので、限界まで車で近づいて死角から降車し、強襲をかけるように狙撃する作戦が意外と有効です。ただし、車上や道路上、道路をまたぐ発砲は違法なので注意してください。

注意点

カモの中には翼の一部に明るい色をした**翼鏡**を持つ種類がいます。マガモやハシビロガモとは翼鏡の形が、コガモなどとは色が違うので、見分ける際の参考にしてください。

17. 鴨の子ではなく『コガモ』

コガモはしばしば「カモの子供」と勘違いされることがありますが、マガモやカルガモより小さな体格をした別種のカモです。コガモは大きな群れを作るので遠目からでも発見しやすく、危険を感じると葦の間に隠れようとするので、エアライフル猟では格好のターゲットになります。

見た目の特徴

日本に訪れるカモの中では最小種で、大きさはハトほどしかありません。体が軽いため、他のカモにはできない『垂直飛び』をしたり、木の上に止まったりすることもできます。

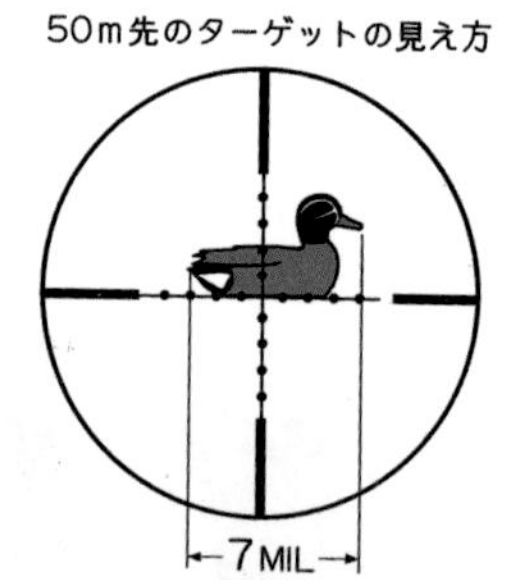

ターゲットの全長が0.36[m]とすると	
ミル数	距　離
5	72
6	60
7	50
9	40
12	30
14	26

オスは栗色の頭に歌舞伎のクマドリのような緑の帯が入っています。メスは他のカモ類のメスと似ていますが、オス・メス共にエメラルドグリーンに光る翼鏡を持っています。

見つけるポイント

コガモは10月～5月と、他のカモに比べて長い間日本に居付きます。ただし1、2月の厳寒期は北海道や東北地方など水場が凍る地域では少なくなります。

マガモやカルガモは、波が穏やかな日は近海や内湾に出ていくことがありますが、コガモは海に出ることはありません。しかし、体が小さく小回りが利くので、猫の額程度しかない小さな溜池や、狭い農業用水路にひしめき合っていることもあります。普段探さないような水辺も満遍なく調べてみましょう。

狩猟のポイント

マガモやカルガモに比べると警戒心は薄く、渡ってくる数も多いため、比較的狙いやすいターゲットです。また、驚いて飛び上がっても、上空をグルグル回って同じ位置に戻ってくることもよくあります。逃げられても焦らずに、しばらく身を潜めて様子を観察しましょう。

注意点

コガモのメスは**トモエガモ**や**シマアジ**などの小型のカモと見分けが付き辛いので十分に注意しましょう。

シマアジの♀

コガモの♀より
クチバシが長め

トモエガモの♀

クチバシの付け根に
目立つ白い斑点がある

18. 鴨界のイケメン『オナガガモ』

沢山の水鳥が群れている中で、「ピョン」と長い尾羽のカモを見かけたら、それは**オナガガモ**で間違いないでしょう。夏場のオナガガモは北極に近い地域にいるため人間を見たことがないのか、日本に来てからもハンターに対する警戒心はあまり強くありません。

見た目の特徴

オスは長く伸びた尾羽が特徴的で、茶色の頭に首から白い線が伸びています。クチバシは横から見ると薄青い色をしています。

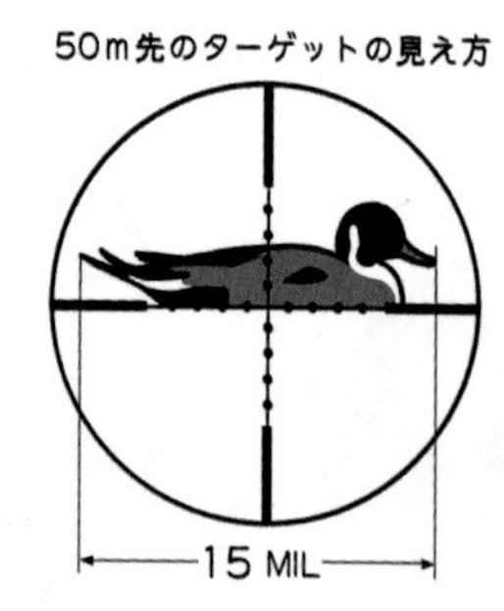

ターゲットの全長が0.75[m]とすると	
ミル数	距離
6	125
8	94
12	62.5
15	50
20	42
25	30

メスには目立った特徴はありませんが、オス・メス共に他のカモ類と比べて頭が小さく体形がほっそりしています。まったくの主観ですが、カモの中では群を抜いてイケメンです。

見つけるポイント

渡りのピークの9月ごろから全国的に見ることができます。シーズン中は新潟、山形、福島などの関東以北に大きな中継地点があり、大群を作ります。

マガモやカルガモと同じように河川や池、湖、沿岸などに現れ、公園の池にもよく現れます。

狩猟のポイント

警戒心が薄いため近寄るのはそれほど難しくはありません。ただし一度でも攻撃を受けた経験がある群れは警戒心が強くなるので、猟期始めの方が捕獲はしやすくなります。地面に上がってエサを探していることも多いので葦の隙間も丁寧に探してみましょう。

注意点

青森以北の海に生息する**コオリガモ**もオナガガモと同様に長い尾羽を持ちます。ただコオリガモは体全体が白く、また生息環境も違うため見間違えることは滅多にないでしょう。

メスは他のカモのメスと同様に地味な色合いをしているので見間違えないように注意しましょう。

19. トレードマークは白モヒカン『ヒドリガモ』

極寒の北国から渡ってきた水鳥たちは、温かい日本で恋人探しのために群れを作ります。この**ヒドリガモ**も日本に渡ってくると何百羽にもなる大きな群れを作り「ピューイピューイ！」と甲高い求愛の声を上げます。

見た目の特徴

マガモやカルガモと比べて一回り小さい中型のカモで、クチバシは短く全体的にずんぐりとした体形をしています。

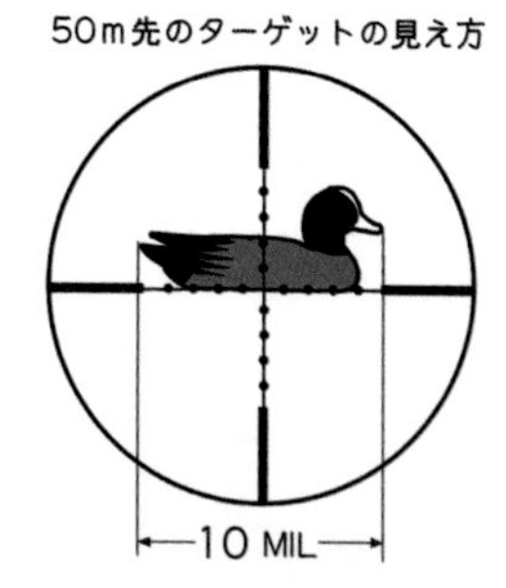

ターゲットの全長が0.75[m]とすると	
ミル数	距　離
6	85
8	64
10	50
13	39
17	30
20	26

オスの特徴はモヒカンのようなクリーム色の頭で、周りの茶色い羽とのコントラストがあるためよく目立ちます。またオス・メス共通してクチバシが青灰色をしており、先端だけが黒いので他のカモと見分ける大きなポイントになります。

見つけるポイント

10月ごろから全国的に飛来を始め、猟期中は中国地方と九州地方で多く見ることができます。ただし厳寒期の1、2月には全国的に数が減少して関東以北ではあまり見かけなくなります。また温暖な気候が安定した場所を好むので、冬場は海が荒れる日本海側よりかは、四国太平洋沿岸や瀬戸内海、有明海といった波風の穏やかな場所に長く居付きます。

飛来数はマガモやコガモに次いで多いカモで、特に海水が混じる河口域に大きい群れを作ります。

狩猟のポイント

警戒心は高い方ではありませんが、ジワジワと尻上がりにストレスを貯めていくタイプです。群れを発見したら早めに射撃を仕掛けてみた方が良いでしょう。

数十羽単位の群れで動いているため一羽でも飛ばれてしまうと群れ全体が警戒します。もちろん中には反応が遅いカモもいるので、焦らずに周囲を観察しましょう。

注意点

ヒドリガモと非狩猟鳥の**アメリカヒドリ**はよく似ているので注意しましょう。アメリカヒドリのオスは顔の周りにコガモのような緑色の帯があり、メスはヒドリガモに比べて羽色が灰色な点が見分けるポイントです。

アメリカヒドリ♀

20. ナポレオン帽子『ヨシガモ』

オールバックのような頭と長く腰に伸びる美しい飾り羽を持つ**ヨシガモ**は、カモ界の中でもひときわオシャレな存在です。しかしこのような美しい姿は、メスを引きつけるために繁殖期の数ヵ月間だけ生える羽。いわば、合コン用の勝負服です。

見た目の特徴

オスは横から見ると後ろ頭に長く伸びる羽毛が生えており、ナポレオンの帽子のようになっています。

また、風切り羽の一部が腰を覆うように長く伸びているのが特徴です。

50m先のターゲットの見え方

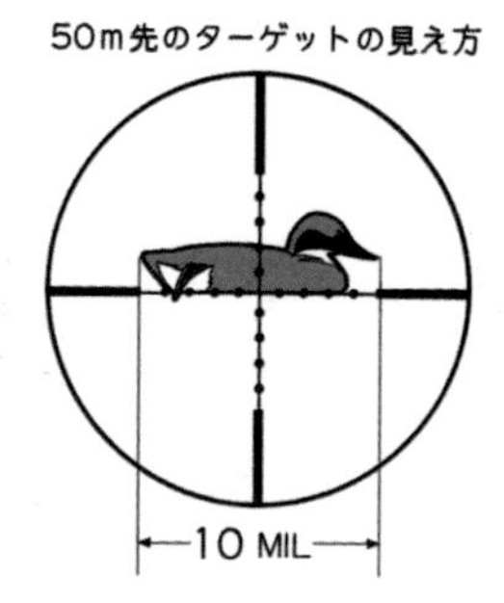

ターゲットの全長が0.52[m]とすると	
ミル数	距離
6	85
8	64
10	50
13	39
17	30
20	26

メスはオレンジ色のまだら模様の羽が特徴的ですが、遠目ではマガモやオカヨシガモのメスと区別が付きにくく見分けるのが難しいカモです。

見つけるポイント

冬場には日本各地へ飛来しますが、茨城県南東から千葉県北部の霞ヶ浦周辺、新潟県の阿賀野川周辺、静岡県の浜名湖周辺、佐賀県の筑後川周辺に多く、その他の場所では散発的に見られる程度です。

湖畔や河川のよどみ、河口付近、内湾のような流れの穏やかな場所で見られ、マガモの群れに混じっていることもあります。

狩猟のポイント

ヨシガモはオス・メスペアの小規模な群れを作ります。群れはさらにマガモの群れなどに混じっていることも多いので、注意深く観察しましょう。

ヨシガモはマガモやカルガモと同じぐらい警戒心が強く、近づくのは難しいターゲットです。また、ヨシガモが集まる主な水場は狩猟が禁止されていることも多いので、捕獲はなかなか難しいターゲットと言えます。

注意点

メスは羽色がマガモやオナガガモのメスによく似ているので注意しましょう。クチバシが灰色な点と、風切りばねに白い線が出る点で見分けることができます。

ヨシガモは次の地域で生息数の減少が報告されているので狩猟は自粛しましょう。

千葉県（絶滅危惧IA 類）、高知県・秋田県（絶滅危惧II 類）、青森県・新潟県・富山県・石川県・福井県・滋賀県・奈良県・鳥取県・長崎県（準絶滅危惧）。

21. 靴ベラのようなクチバシ『ハシビロガモ』

　これまでに解説した6種に、この**ハシビロガモ**を加えた7種族のカモたちは、**水面採餌性カモ類**と呼ばれています。その中でも、ハシビロガモは数羽で水面をぐるぐると回って水中プランクトンを中心に集め、平たいクチバシで濾して食べるという面白い習性を持っています。

見た目の特徴

　英語名の『ショベラー』と呼ばれるように、シャベルのように先が広がったクチバシを持つのが特徴です。

　クチバシにはクジラのような細かい髭状の歯が生えており、大量の水を飲んだ後吐き出してプランクトンを濾して食べます。他のカモよりも頭を低くして泳ぐので、シルエットが平べったくなります。

50m先のターゲットの見え方

10 MIL

ターゲットの全長が0.52mとすると	
ミル数	距 離
6	87
8	65
10	50
15	35
17	30
20	26

見つけるポイント

冬場に日本各地に飛来しますが、北海道以外で大きな群れを作ることはありません。また飛来数もそれほど多くありません。

湖や池、河川のよどみを好み、まれに内湾や港にも姿を現します。水草やプランクトンを主食にするので、水場が凍りつくような厳寒期は北海道、日本海側では見かけなくなります。

狩猟のポイント

マガモやカルガモなどに比べると警戒心はわりかし低く、両者に比べて体全体が押しつぶされたような姿をしているため、逆光でもシルエットから見分けが付きやすいカモです。

ただし、頭の位置が低いため、バイタルポイントが若干狙いにくくなっています。

注意点

ハシビロガモのメスは他のカモのメスと同様、見分けが付き辛いので注意しましょう。

また、オスは猟期中にメスに似た色(サブ・エクリプス)になる特徴を持っているので、判別に注意しましょう。

近年生息数の減少が確認されているので、狩猟の自粛が呼びかけられている都道府県もあります。

ハシビロガモ♀

22. ゴマ塩がらの羽と真っ赤な目『ホシハジロ』

水面採餌性カモ類に対して**潜水性カモ類**と呼ばれる**ホシハジロ**は深く水の中を潜ることができる泳ぎの名手です。しかし飛ぶのはあまり得意ではないようで、ハンターが近づいても泳いだり潜ったりして逃げようとします。よってエアライフル猟ではかなり狙いやすいターゲットといえます。

見た目の特徴

「ハジロ（羽白）」という名前の通り、羽は白く見えます。またクチバシの付け根が太く青灰色の横線が通っているのも特徴的です。

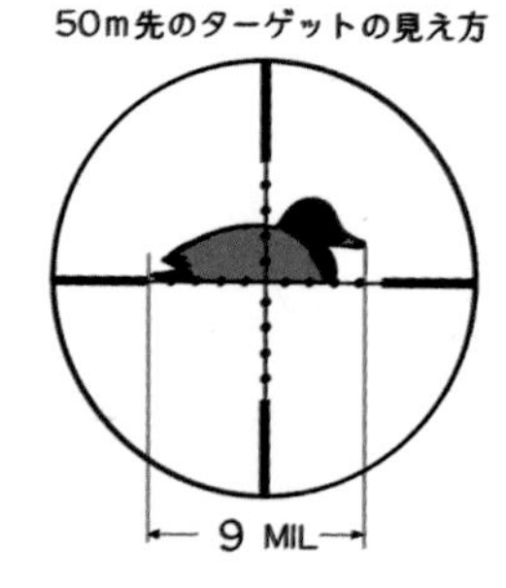

ターゲットの全長が0.45[m]とすると	
ミル数	距離
6	75
8	56
9	50
12	45
15	30
18	25

オスは目が真っ赤で頭の茶色と胸の黒、羽の白の三色のコントラストがよく目立ちます。

メスは他のカモと同様に見分けがつきにくいですが、クチバシの一部に灰色の横線が入っているのが最大の特徴です。

見つけるポイント

10月ごろから飛来を始め、特に西日本を中心に湖や池、内湾、流れの緩やかな河口域などで多く見られます。

流れが強い場所や波がある水場は苦手なようなので、風が強い日は内陸の水場に移動します。

他のカモと混ざって群れることも多く、キンクロハジロやスズガモ、オオバンなどと混群を作ります。

狩猟のポイント

他のカモに比べると警戒心が薄く、ハンターが近づいても悠々と泳いでいるので、ゼロインした距離まで近づいて、可能な限りバイタルポイントを狙うようにしましょう。

群れが飛び立っても何羽かは潜っているので、息継ぎに浮き上がってくるまでしばらくは水面を観察してみましょう。

注意点

ホシハジロにそっくりなカモで非狩猟鳥の**オオホシハジロ**がいます。このカモは北海道と本州でたびたび確認されており、1、2羽ほど他のカモの群れに混じっていることがあるので注意しましょう。

オオホシハジロ♀

23. 目つきの悪さは鴨界一『キンクロハジロ』

水面採餌性カモ類と潜水性カモ類にはエサの食べ方だけでなく、飛び方にも違いがあります。例えば、マガモは水面を蹴って飛び立ちますが、**キンクロハジロ**は羽ばたきながら水面を走り、助走を付けてから飛び立ちます。エアライフルでは飛び立たれると狙いは付けられませんが、散弾銃では進路が読みやすいので、しとめやすいターゲットとされています。

見た目の特徴

コガモより一回りほど大きい程度の小型のカモです。オスは後ろ頭に長く垂れ下がる弁髪のような長い羽毛を持っています。

羽のコントラストがよく映え、目の金色と羽の黒色、腹の白色の3つの色を足して『キンクロハジロ（金黒羽白）』と名前が付けられました。

50m先のターゲットの見え方

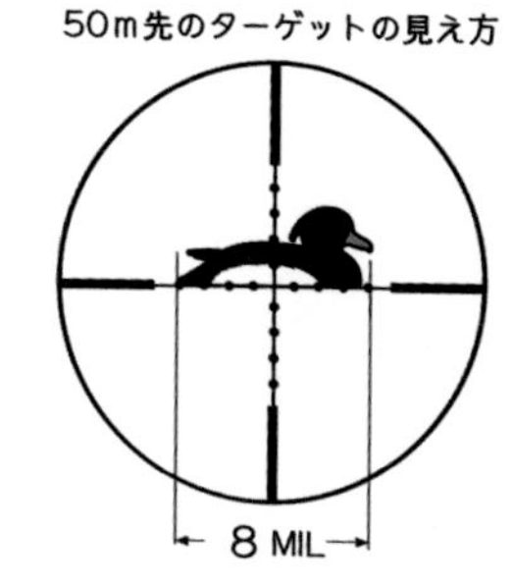

ターゲットの全長が「0.42m」とすると

ミル数	距　離
5	84
6	70
8	50
10	35
14	30
16	26

見つけるポイント

10月ごろから本格的な渡りが始まり、特に中部地方、近畿地方に多く飛来します。ただし厳寒期の1，2月は北海道、東北、北陸地方ではほとんど見かけなくなります。

河川や池、内湾、流れの緩やかな河口域などを好み、まれにスズガモの群れに混じっている姿が見られます。

狩猟のポイント

警戒心は高い方ではありませんが、体が軽い分ホシハジロのように泳いで逃げるよりも飛んで逃げることの方が多いカモです。よって、できる限り早めに狙いを定めて射撃しましょう。潜られた場合も潜水時間は20秒程度なので、息継ぎに浮いてくるまで待ちましょう。

注意点

キンクロハジロの生息数は世界的に見て安定していますが、日本では近年減少傾向にあり、今後狩猟の自粛が呼びかけられる可能性があります。

目が金色をしたカモには非狩猟鳥の**ホオジロガモ**がいます。ホオジロガモは光の加減によってキンクロハジロに似た羽色に見えるので、意識して観察しましょう。

ホオジロガモ♀

24. 飛び立つ羽音が鈴の音『スズガモ』

夏にシベリアやアラスカといった北極に近い場所で繁殖をする**スズガモ**たちは、渡りの時期になると北アメリカやヨーロッパ、そして日本の沿岸に多数飛来します。古くから欧米でも狩猟鳥としてなじみが深く、色や姿がそっくりな木彫りのカモを使う、デコイハンティングが人気です。

見た目の特徴

オスの頭は濃い緑色で、ひたいが厚く盛り上がっており、英語名「ブルービル（青いクチバシ）」と呼ばれるように薄青色のクチバシが特徴的です。

50m先のターゲットの見え方

9 MIL

ターゲットの全長が0.45mとすると	
ミル数	距離
5	90
7	64
9	50
13	35
15	30
16	28

キンクロハジロに似ていますが、羽の上が白っぽく見え、風切り羽に白い帯が付いている点で見分けることができます。

見つけるポイント

11月に渡りのシーズンを迎え、北海道、中国、近畿、中部、関東地方に多く現れます。主に河口や内湾、海岸など海水が入っている場所を好み、東京湾や伊勢湾では数万羽という大きな群れを作ります。

狩猟のポイント

警戒心などはキンクロハジロと変わりませんが、海に面した場所に多い分、遮蔽物が少なく近づくのが難しいターゲットです。

注意点

スズガモのメスは非狩猟鳥のホオジロガモのオスに似た白い頬を持っているので十分に注意しましょう。

また、日本で見るのはまれですが、**コスズガモ**と呼ばれるスズガモに似た鳥がいるので間違えないように注意しましょう。コスズガモとスズガモは見た目で判別することはほとんど不可能ですが、群れに混じっているとひときわ小さく映ります。

ホオジロガモ♂

25. 海に黄色いクチバシ『クロガモ』

狩猟鳥のなかにはエアライフル猟には向いていない獲物もおり、特に海上に集まる**クロガモ**は捕獲が難しいターゲットです。一般的に海に狩猟へ出るときはボートを使って忍び寄り、飛んだところを散弾銃で撃ち落としますが、エアライフルでは足場が揺れるため狙いをつけることができません。

見た目の特徴

全身が真っ黒い羽で覆われたカモですが、クチバシの付け根によく目立つ黄色いコブがあります。

メスは全体的に黒く、頬と喉は淡い灰色をしています。クチバシはオスとは違いコブはなく、全体的に真っ黒です。

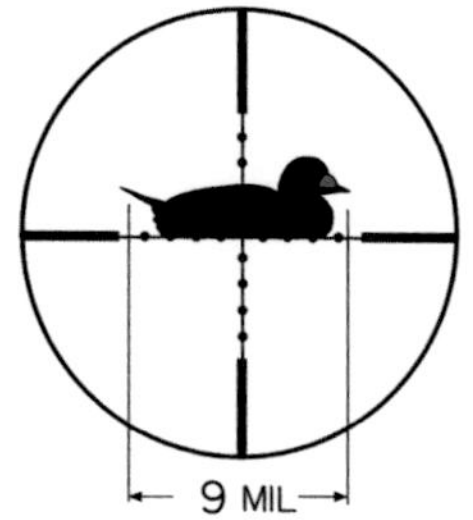

ターゲットの全長が0.47m]とすると	
ミル数	距　離
5	94
7	67
9	50
13	36
16	30
16	26

見つけるポイント

渡りの時期になると主に北海道、東海、北陸地方の沿岸部に現れます。中部以南ではほとんど見られず、また、淡水域に入ってくることも滅多にないので、内陸の都道府県で見ることはありません。

狩猟のポイント

海上の沖合に群れを作り、他のカモが避難するような波が高い日でも平気な顔をして浮かんでいます。海上のカモを狙う場合は船を用意して近寄らなければなりませんが、足場の悪い船上ではエアライフルの狙いが付けられないので効果的ではありません。

日によっては沿岸まで近寄ってくることがあるので、テトラポットや防波堤の上からゆらゆら揺れている“黄色いクチバシ”を見つけたら、狙ってみても良いでしょう。

注意点

クロガモのように全身真っ黒なカモに非狩猟鳥の**ビロードキンクロ**がいます。ビロードキンクロはクロガモの群れに混じっていることも多いので、クチバシの色などによく注意しましょう。

また、光の当たり具合によっては**シノリガモ**のメスも真っ黒に見えるので注意しましょう。

獲物を解体しよう

まだ息がありますね・・・
これ以上苦しまないように
首を折って
とどめを刺してあげなさい。
野生動物をさわる時はゴム手袋をするように
バタ
バタ
それと、バードナイフを使って
腸抜きをしておくと良いよ。
腸抜き？
キレイな羽だね

野生動物の腸内には色々な細菌が住んでいるから、
なるべく野外で抜いてしまおう。
熟成させるときも、腸が一番初めに腐るからね。
フックを肛門に入れる
ひねる
引き抜く
熟成ってどうやるんですか？
接地面に水分がたまって腐る
オシメやペットシートにくるんでチルド室で3.4日おく
足や首をつるせば肉の痛みが少ない
普通は腸を抜いて2〜3日
吊るしておくんだが、
羽を抜いてチルド室でもいいぞ。
ぬーん
ギャー!
冷蔵庫に吊るしてたら
ママ、怒るだろうなあ…
自然の恵みを最高の形で
味わいたいですね！
NEXT PAGE

獲物を解体しよう

しとめた獲物をどうするか考えたとき、やはり感謝していただくのがハンターの流儀と言えるでしょう。しかし、動物を食肉として食べるということは、そんなに簡単なことではありません。安全で美味しいジビエを作るために、解体の技術と知識を身につけましょう。

1. 命をいただこう

狩猟が他のアウトドアと大きく違う点が『動物の命を奪う』という行為です。その行為の是非については本書では語らないとして、「しとめた獲物をどのように処理するか？」、もし食肉として食べるのであれば「野生動物を食べるということには、どのような問題や注意点があるのか」について考えておきましょう。

まずは野生動物を食べるデメリットをよく理解すること

しとめた獲物を食べるうえでは、「野生動物は人間に食べられるために生きてきたわけではない」ということを理解しておきましょう。

例えば、スーパーには様々な食肉が並んでいますが、それらはすべてが衛生的で、旨味を最高に引き出された状態で流通しています。もしその肉で異物混入や食中毒が発生した場合、生産者や販売したスーパーが責任を負うことになります。

対して野生動物の肉は、弾の残骸が混入していたり、恐ろしい病気を持っていたりする危険性があります。そして、このような問題で健康被害が出たとしても、誰にもその責任を負わせることはできません。野生動物を食べたことで起こる問題はすべて“自己責任”です。

それに野生動物の肉は、固く、旨味は少なく、個体差が激しく、クセや臭みがあるなど、食味は家畜に大きく劣ります。正直な話、焼き鳥店に行けば、野鳥よりもはるかに美味しく、安全で、安い鶏料理を食べることができます。

それでも「ジビエが食べたい」と決心したのなら…

本書をここまで読んでいただいているほとんどの方は、「それでもしとめた獲物を食べたい」とおっしゃる奇特な人だと思います。その心意気やヨシ！

さて、そうと決まれば、いかにしてしとめた獲物を美味しく、安全に処理して食肉**『ジビエ』**を作り出すか考えていかなければなりません。そのためには、まず腐敗と熟成の関係を知り、羽や内臓の処理、精肉の方法などを学んでいきましょう。

もう一度だけご忠告しますが、ジビエは家畜に比べて衛生的なリスクが高く、味わいも家畜に大きく劣ります。スポーツハンティングやトロフィーハンティング（角や毛皮を目的とする狩猟）、有害鳥獣駆除といった『食べることを目的としない狩猟』についても、本書では決して否定しません。

しかしジビエには、スーパーに並んでいる家畜の肉とは比較にならないほど、沢山の「発見」や「面白さ」があふれています！もしあなたがそういった世界に興味があるのであれば、狩猟という一連の活動の〆として、獲物を美味しく食べて楽しみましょう！

2. 猟場での下処理

エアライフル猟ではターゲットのバイタルポイントを撃ち抜いて**即死（クリーンキル）**を狙うのが大前提です。しかし、実際の狩猟では、まだ息のある獲物を手にかけるシーンもあります。

窒息でとどめを刺す

獲物に息があるか完全にこと切れているかは種類によっても違いますが、大抵の動物（※）は息を引き取ると、目を閉じるか薄目になります(※シカなどの場合は逆に目が開きます)。そこで息のある獲物には**止め刺し**をしましょう。

鳥の止め刺しには、首を捻って窒息させる方法が一般的です。具体的には、鳥の頭と胴体を持ち、頭を360度以上ねじって気道をつぶします。鳥の肺は**気嚢**と呼ばれる空気を貯めておく器官があるため、窒息するまでには2、3分ほどかかります。途中で手を緩めると暴れて逃げられるので、完全に動かなくなるまで力を緩めずにしっかりと締めましょう。

どうしても獲物にとどめを刺しきることができない場合は、首を捩じって切り離すか、ナイフで頭を切り落としてしまっても構いません。

血抜きの必要性は？

狩猟のことを知っている人の中には**血抜き**という言葉を聞いたことがあるかもしれません。血抜きは獲物の血を体外に放出させることによって肉の質を高める下処理で、イノシシやシカに対しては必要な処理です。しかし、鳥に関しては「しない方がいい」と言い切ってしまっても良いでしょう。

大型哺乳類の血抜きは、体温を素早く落としたり、解体中に血をまき散らさないようにするために行われます（※）。しかし鳥の場合、大型獣よりも体温の低下が早いうえに、傷口から汚れが入ったりするので、しない方が良いと考えられます。
(※血抜きは「肉に血の味を残さないようにするため」という人もいますが、血液自体に臭みはありません。)。

ビニール袋などには入れないで！

カモなどの水鳥の場合、しとめた後にすぐビニール袋に入れるのは止めましょう。後ほど詳しくお話をしますが、腐敗には水分の付着が大敵です。よって、まだ体温が残っている状態で通気性の悪い袋にいれると、羽についた水分で袋の中が蒸し返り、皮膚に水分が付いて腐敗しやすくなります。

しとめた獲物は、まず体温がしっかりと落ちるまで外気で冷やします（水に突っ込んで冷やしてはいけません！）。体温が落ちたら通気性の良い麻袋やバケツなどに入れて、持ち運びましょう。

捕獲してすぐに羽を毟る場合は、体表に水分が付かないようにペットシートなどにくるんでからクーラーボックスに入れましょう。

腸抜き

① フックを肛門に
差し込む

② フックの端を腸壁に
引っかけて捩じる

③ ゆっくりと引っ張って
腸を抜き出す

捕獲した獲物は、できれば猟場で**腸抜き**をしましょう。ガットフックと呼ばれる腸抜き専用の道具があれば良いですが、なければ先端をJの字に曲げた針金でも構いません。腸は全部抜き切る必要はなく、肛門付近の腸が抜けていれば、途中で切れても大丈夫です。

そもそも腸抜きってなんで必要なの？

動物の生体内は基本的には"無菌状態"です。しかし、外界に触れている消化器系と肺だけは例外で、特に腸の中には100〜3000種類以上の**微生物（バクテリア）**が住んでいます。

この微生物のほとんどの種は人間にとって無害なのですが、その中には、例えば黄色ブドウ球菌やカンピロバクター、クラミジア、サルモネラ菌、トキソプラズマ原虫や、鳥インフルエンザといった種類がおり、人間に感染すると下痢や嘔吐、高熱、場合によっては命を落とす病気になる危険性があります。このように野生動物の腸内は**病原性微生物**（ウィルス含む）を保有している可能性があるため、猟場で腸を処理してしまい、自宅に持ち込まないようにした方が良いのです。

なお「腸抜きは、肉に臭いが付くのを防ぐため」という話がよく聞かれますが、よほど気温が高い日でない限り、半日程度で腸が腐敗して肉に臭いが付くようなことはありません。

できる限り野外で下処理を済ませてしまおう

もし時間があるのであれば、腸抜きだけでなく羽の処理や内臓の処理まで野外で済ましてしまいましょう。

野外での獲物の下処理は**フィールドドレッシング**と呼ばれ、泥や砂などで汚染される危険性があるため、けして衛生的な方法とは言えません。

しかしながら、腸を含めた内臓すべてと、体毛を自宅に持ち込まないで済むため、病原性微生物がキッチンや室内に付着するリスク（二次感染）を低くできます。どちらを選択するかは人によりますが、できる限り汚染物質は野外で処理することをオススメします。

なお、捕獲した獲物の内臓や羽、毛皮などを猟場に放置するのはマナー違反です。フィールドドレッシングをする場合は、残滓をゴミ袋に入れて封をした状態で持ち帰り、燃えるゴミに出しましょう。それができない場合は、地面に深い穴を掘って埋めるようにしましょう。

3. 熟成と腐敗

「新鮮」という言葉は、しばしば「おいしい」の代わりに使われますが、果たして本当に「新鮮な食べ物」は美味しいのでしょうか？できれば皆さんは『熟成と腐敗』の関係をよく理解して、真に“美味しい”ジビエを作り出す腕を身につけてください。

新鮮≠旨味

私たちがスーパーなどで目にする食肉は、とても新鮮でおいしそうに見えます。しかし実をいうと、それらの肉は1週間以上も前に屠殺された家畜の肉であり、決して「屠りたての肉」ではありません。それではなぜ「屠りたて」の新鮮な食肉が出回っていないかというと、食肉は熟成と共に旨味を増すからです。

生物の筋肉はアミノ酸が鎖のように繋がったタンパク質でできていますが、タンパク質自体は人間の味覚で感知できません。肉のうまみを感知できるようにするためには、タンパク質がアミノ酸の状態に分解されていなければならず、そのためには**熟成（エージング）**という工程を踏まなければならないのです。

熟成の期間は動物の種類によって異なり、カモやキジのような大型鳥は3〜5日ぐらい、小鳥だと1日ぐらいと言われています。

タンパク質は自己分解酵素によってアミノ酸になる

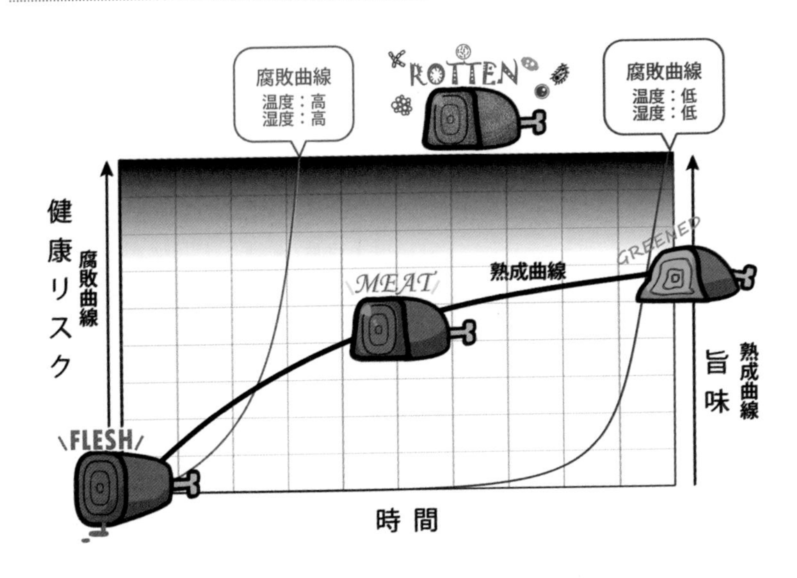

熟成は、ある程度時間が経てば旨味の増加は緩やかにはなりますが、基本的には時間が経てばたつほど旨味が増します。それでは、「獲物はずっとほったらかしにして置けば良いのか？」というと、そういうわけではありません。なぜなら、肉は熟成と合わせて**腐敗**が進行するからです。

腐敗とは、簡単に説明すると、『微生物が無秩序に激増する現象』です。肉の表面に付着した水分や、肉のアミノ酸を利用して増殖した微生物は代謝を繰り返しながら増殖します。このとき微生物の中には、人間にとって嫌な臭い（スカトールや硫化水素、インドールなど）を出す種や、人間の体内で増殖して病原性を示す種もいます。

つまり捕獲した獲物の肉は、熟成のために数日間寝かせる必要がありますが、このとき、腐敗を遅らせる何かしらの処置が必要になるのです。

ちなみに英語では、狩猟で捕獲したての獲物の肉（動物の筋肉）は“Flesh”（フレッシュ）。人間が食べるのに適した肉（熟成された食肉）は“Meet”（ミート）と区別されています。また、代謝により旨味成分を増やすなど、人間にとって有益な活動をする菌の増殖は、腐敗ではなく発酵と呼ばれます。

腐敗を抑えて熟成をすすめるためには？

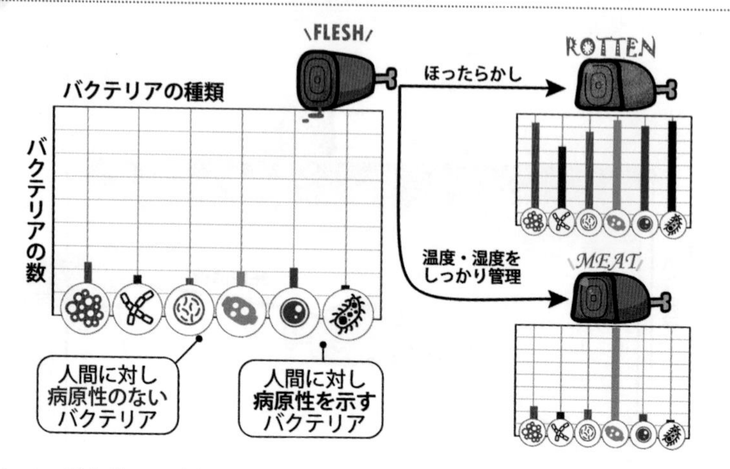

さて、微生物には様々な種類がいるため、一概に増殖を抑える方法というのはありません。なぜなら、微生物の中には超強力な放射線に耐えたり、真空中でも活動ができたり、120℃という高温で生存する種もいたりするからです。

しかしながら、「人間が不快に感じる物質を出す、かつ、人間に対して病原性を示す微生物」に限定した場合、『水の管理』と『温度の管理』の2つができていれば、これに該当する微生物のほとんどを抑制することができます。

何はともあれ『水（ドリップ）』の管理を徹底的に

腐敗の要因として最も大きいのが、肉に付く『水』の存在です。先に述べた肉を腐敗させる微生物のほとんどは、水を利用して増殖します。そこで、肉に付いた湿気や、熟成によりにじみ出てくる水分を取り払うことが、肉の腐敗を抑える最も大切なことになります。

「なんで肉から水が出るの？」と思われるかもしれませんが、これは生体機能が停止して細胞が崩壊することにより、細胞の中にあった**組織液（ドリップ）**が染み出るからです。みなさんもご存知かと思いますが、スーパーで買った肉をしばらく冷蔵庫に入れておくと、パックの底に赤い水が溜まっていきますよね？あれがドリップです（※血液ではありません）。

水分を抑えるために接地面積は小さくする

ドリップには細胞が崩れたときのアミノ酸が大量に混じっているため、微生物にとっては格好のエサです。そして、ドリップは水分が蒸発しにくい部分に溜まっていくため、接地面から腐敗が広がっていきます。

そこで狩猟でしとめた野鳥は、首や足を吊るして熟成させます。なぜなら、首や足は可食部ではないため、この部分が少々腐敗しても問題ないためです。

余談ですが、足を吊るす方法は『アメリカ式』と呼ばれています。その理由についてアメリカ人いわく「アメリカで吊るし首にするのは馬泥棒だけだぜッ！HAHAHA」なのだとか。

水分と合わせて温度管理もしっかりと

腐敗を遅らせる2つ目の要素が温度です。肉を腐敗させる微生物の多くは、20～35℃の範囲で活発に活動します。よって、熟成時の温度を低温に保つことで、腐敗の進行を遅らせることができます。

ただし、温度を下げたからといって、すべての微生物の活動が停止するわけではありません。微生物の中には極低温でも活動できる種がおり、それが病原性を持っていることもあります。そこで温度管理と一緒に水の管理も併せて行わなければなりません。

具体的には、肉をペットシートなどに包んで、冷蔵庫（できればチルド室）で保管します。そして、熟成開始1日目に1回、2日目に1回、以降定期的にシートを変え、ドリップの出が収まるまで続けます。

日中でも10℃を越えないような季節、地方であれば、軒先に鳥を吊るしておいても問題ありません。羽を剥いた状態だと表面に砂や泥が付くので、羽を付けたまま吊るすのが一般的です。

ただし野外に吊るしておく場合は、ノラネコやイタチ、トンビなどに盗まれないように注意しましょう。

4. 下処理（アビエ）

風切りバネ
硬くて真っすぐ伸びる羽。一度根本で折った後に引っ張るようにして抜く。クルクル回りながら落ちる。

雨覆羽
翼の前面に並んで覆っている羽毛。抜けにくくて跡が残りやすい。ふわふわ落ちる

羽毛
体を覆っている柔らかい毛。強く引っ張ると皮が破れる。

尾羽
引っ張ると真っすぐ抜ける。スィーっと落ちていく。

羽を野外で処理する場合は、できれば体温が残っているうちに行いましょう。これは獲物の体温がある間だと毛穴が開いており、羽が抜けやすいからです。

小鳥の処理

キジバトやヒヨドリなどを自宅で処理する場合は、羽が室内に散らないように、シンクの中で作業しましょう。

①鳥を蛇口の下に置き、水を掛けながら表面を撫でるように羽を毟っていく。こうすることで、羽毛が周囲に飛び散らないで済む。

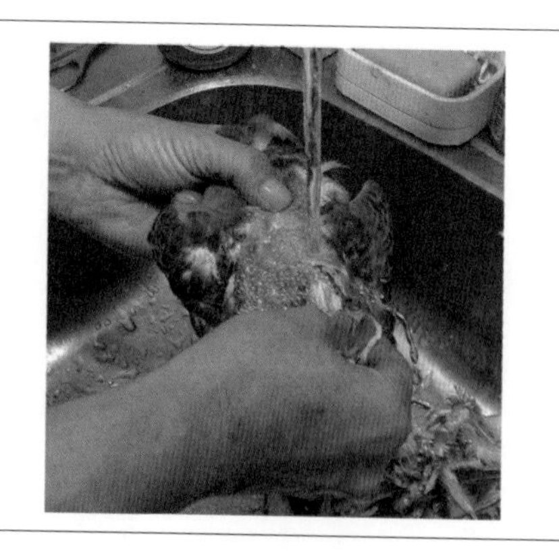

②手羽の部分は肉がほとんど付いていないので、翼ごと切り離す。刃にくぼみがあるタイプのハサミを使うと翼を切り落とすのが楽。	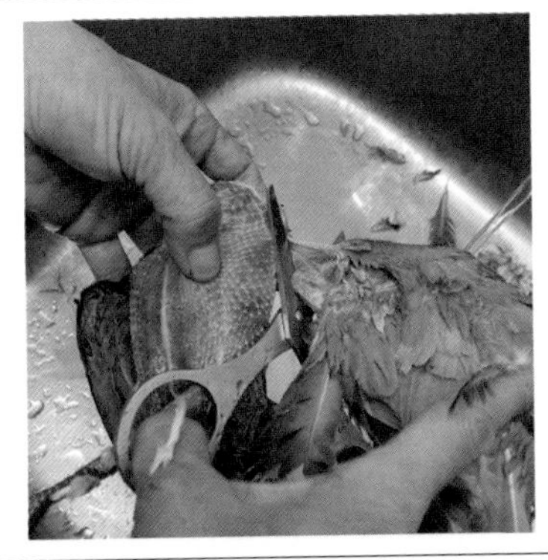
③頭も翼と同様にハサミで切る。首の部分には鳥の胃袋となる『そのう』がある。どのような餌を食べているか確認し、次回の作戦立案に役立てよう。	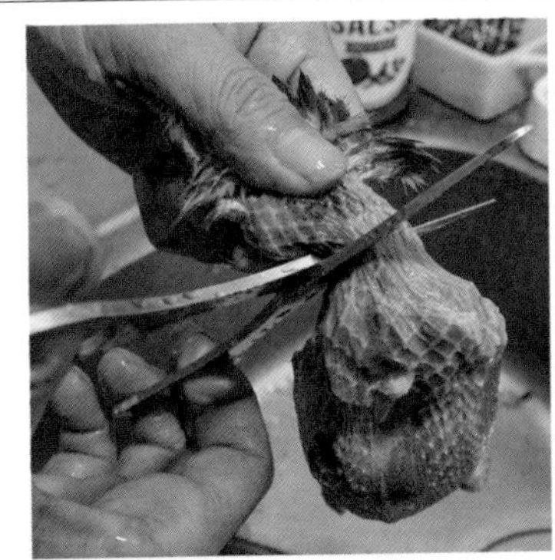
④足も同じように切り離す。表面の産毛も綺麗に取ったら完成。冷蔵する場合は水分をしっかりと除去すること。冷凍する場合は水分を除去後、ラップを巻いて冷凍焼けを防ぐようにする。	

大型鳥の羽むしり

①翼についている**風切り羽**を根元から上に折り、引っ張って抜く。羽先はほとんど肉がついていないので切り落としてしまってもOK。

②翼の付け根に生えている雨覆羽を毟っていく。雨覆羽は翼にしっかりと付いているので、丁寧に剥いていく。
③雨覆羽が剥けたら、体表についている羽毛と、尾羽を抜く。羽毛はゴム手袋で表面を摩るようにすると、抜けやすくなる。

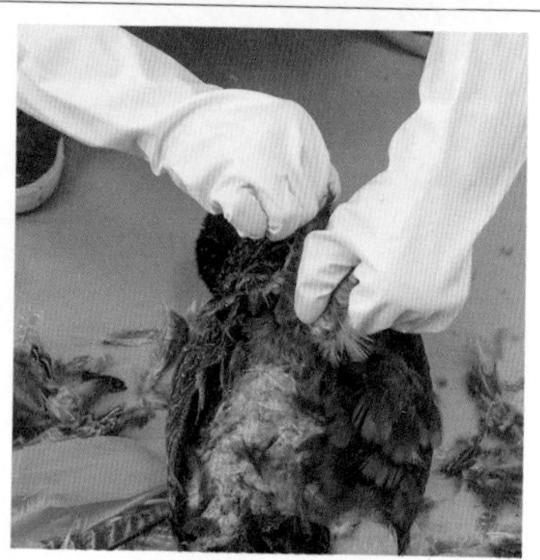

④羽が剥き辛いのであれば、熱湯に数十秒ほど漬けると毛穴が開いて毟りやすくなる。皮下脂肪があまり付いていない個体や、皮に臭みがあるハシビロガモなどは、皮を剥いで羽も一緒に処理してしまうという手もある。

ダックワックスで羽を処理する

①ダックワックス約4kgとカセットコンロ、大鍋を用意。ダックワックスを弱火で溶かし、その間に鳥の羽を荒く剥いておく。
②ワックスが溶けたら獲物の頭を持ってワックスに漬ける。鍋の中で獲物をかき回して満遍なく付いたら、引きあげてワックスを切る。

③獲物を涼しい場所や水の中に漬けて冷やし、ワックスを固まらせる。30分ほど置いて表面がカチカチになったら、手羽を引っ張って脇の下の羽をバリッと割る。

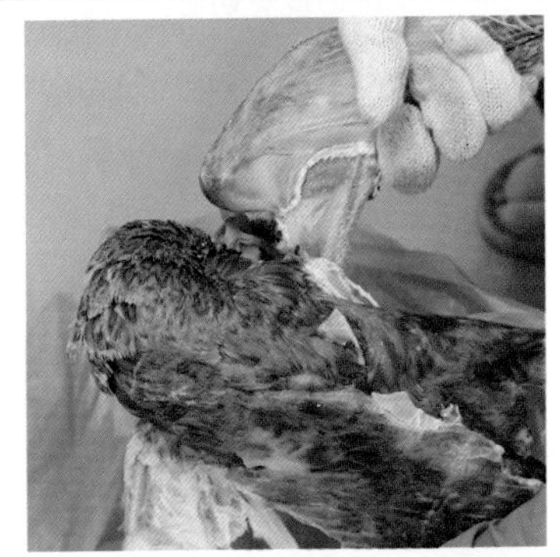

④この割れ目から手を入れて、固まった羽を肉から剥がしていく。通常であればペリペリと小気味よくはがれて行くが、獲物を冷凍していた場合は剥き辛くなるので注意。

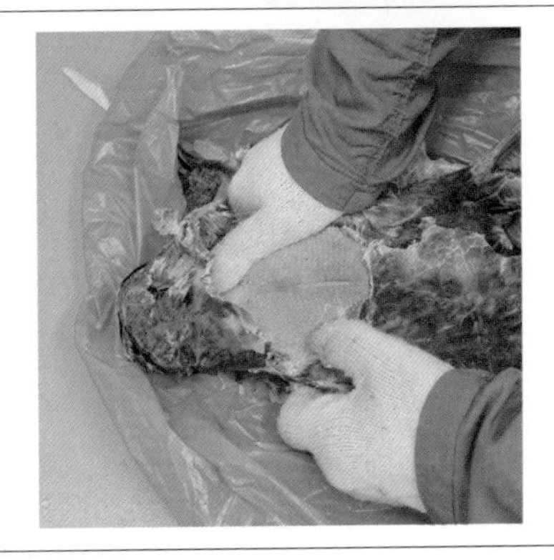

内臓を取りだす

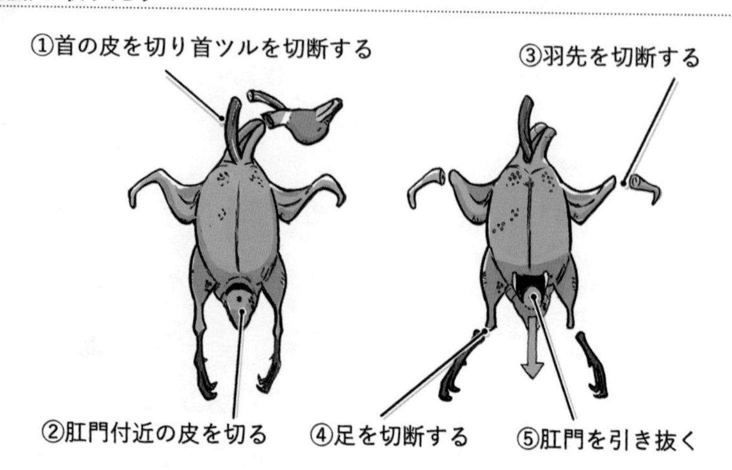

羽の下処理が終わったら内臓を取りだしましょう。初めは抵抗感があるかもしれませんが、2，3回もすれば慣れてきます。

①頭と羽先、足を外す。包丁の先で関節を探してそこを丸く切り込みを入れてねじると簡単に外れる。刃が悪くなるので、くれぐれも骨を叩き切るようなことはしないように。	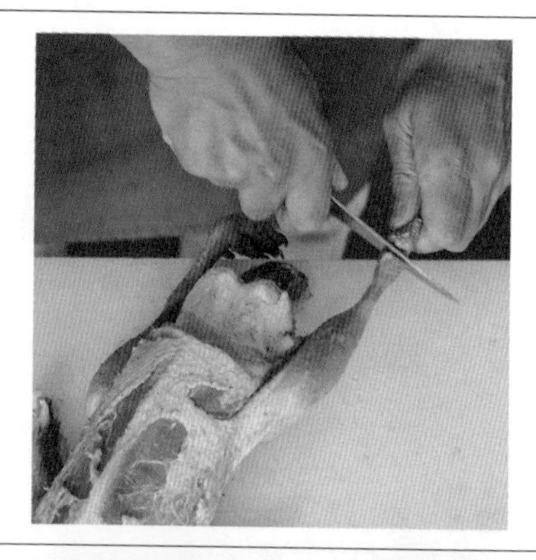
②首の皮を、胸元から頭に向かって縦に裂き、首ツルについている食道と気道の癒着を剥ぐ。 ③首ツルと一緒に頭を落とす。首ツルはソースなどの材料に使えるため、捨てずにとっておく。	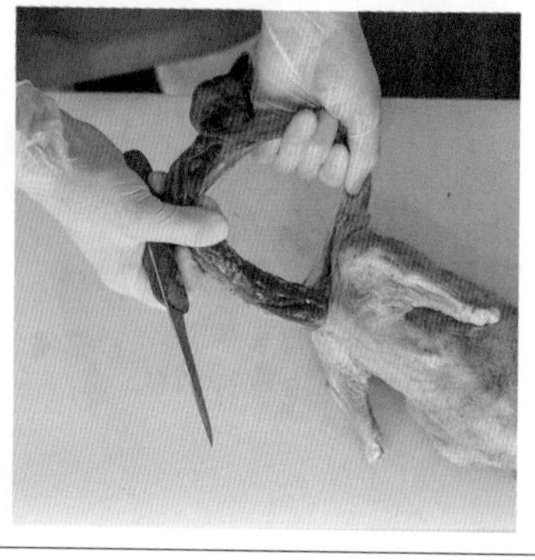

④肛門周りを指でなぞり、U字型の骨を見つける。ここの周りを包丁で丸く切り取り、肛門ごと内臓を取り外す。

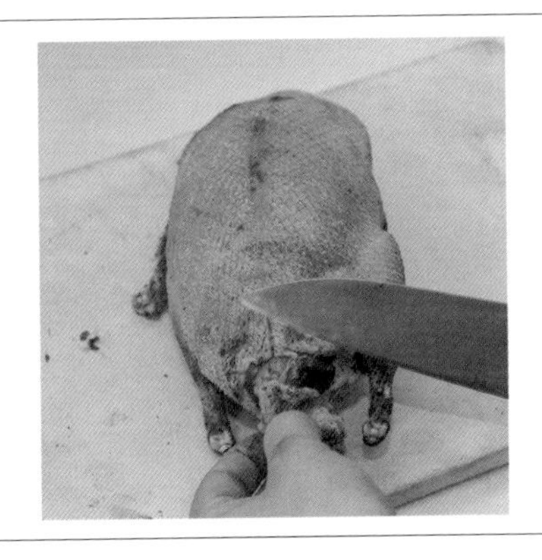

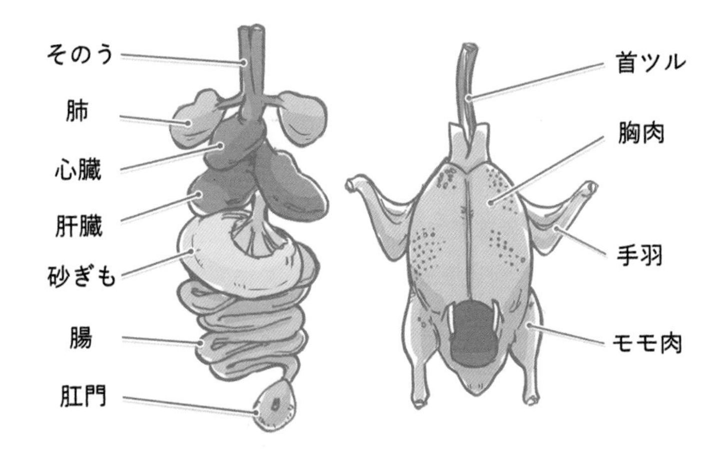

肛門を外したら、開いた穴に指を入れて砂肝を握って引き出します。このとき背中側には肺がくっついているので、指で骨から引きはがしましょう。

フレンチの世界ではここまでの羽抜き、首・羽先・足のカット、内臓出しを総称して「**アビエ（下処理）**」と呼びます。

5. 精肉

アビエが終わったら、肉を食べやすいように切り分けていきます。精肉には色々な方法がありますが、ここでは一般的な**八落し**という方法を解説します。

鎖骨を外す

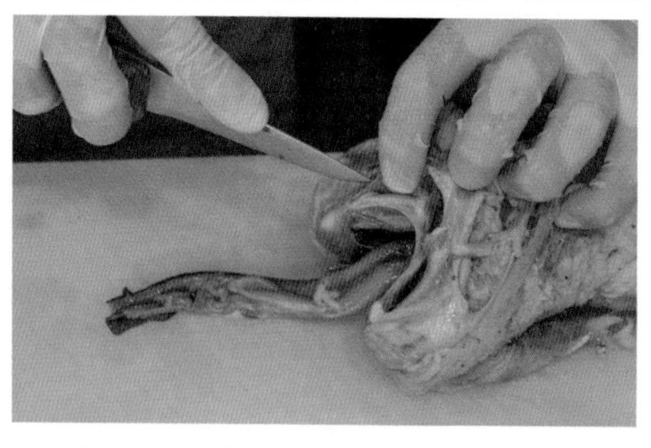

まずは首の根元に付いている**鎖骨（フルシェット）**を取り外しましょう。鎖骨は首元の真ん中から胸に向かって刃を入れていき、突きあたった先にある骨です。

これの周りに付いている肉を切って、指で持ち上げるようにして折り、ピンを抜くように引っ張ると取り外すことができます。

鎖骨を取り外すのは必須ではありませんが、後で胸肉を切り分けるときに作業がしやすくなります。

肩甲骨の癒着を切り離す

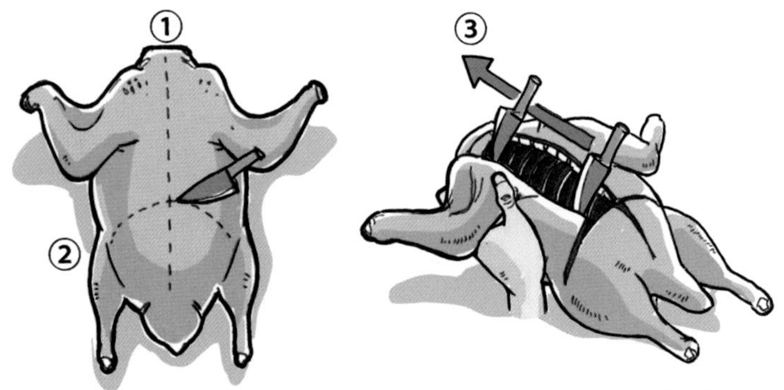

① 背骨に沿って縦に切る
② 足の付け根にそって横に切る

③ 肩甲骨に沿って首方向に向かって切り開く

鎖骨を外したらうつ伏せに寝かせて背中に十字の切れ込みを入れます。縦線は首の付け根から尻にかけて切れ込みを入れ、横線は足の付け根から腹周りの皮にかけて切れ込みを入れます。

次に十字になった切れ目に包丁を入れて、首側に向かって切り開いていきます。このとき背中に**肩甲骨**が付いているので、その上（皮側）と下（肋骨側）を首に向けて切り開きます。

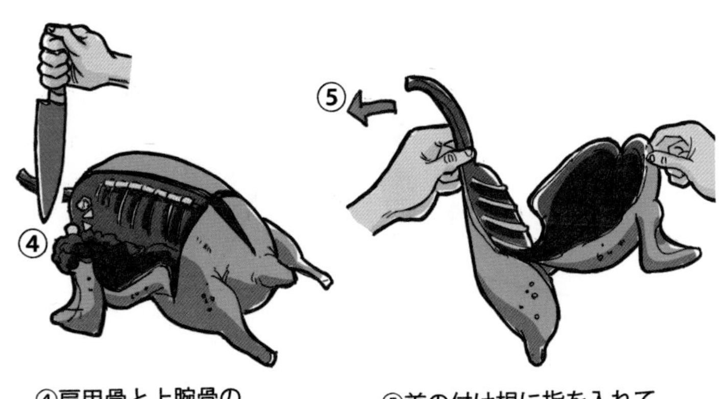

④肩甲骨と上腕骨の関節を切断する

⑤首の付け根に指を入れて上身と下身に分離する

肩甲骨に沿って包丁を滑らせていくと、首の付け根あたりで翼を支える**上腕骨**にぶつかるので、関節を切り離します。

胸肉を引き剥がす

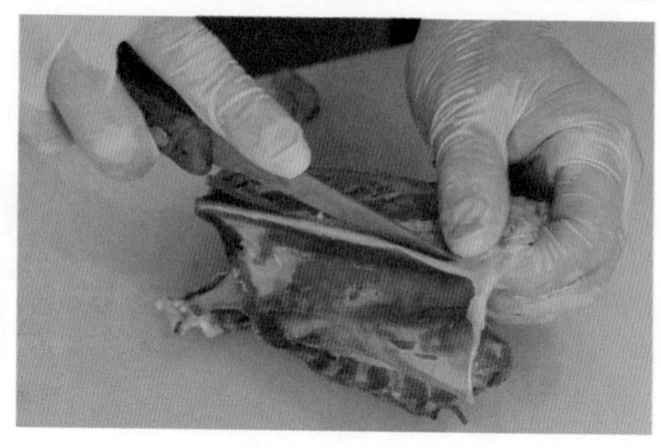

上身側はまず胸の中心線にそって切れ込みを入れ、胸骨に沿って**胸肉**を左右に分けます。次に手羽を持って胸肉を引きはがしましょう。このとき胸骨の底には**ささ身**が付いているので忘れずに引きはがしてください。

胸肉には**手羽**が付いているので、手羽を動かして癒着している肉を切り離していきます。あとは余った皮を切って整形すればお馴染みの姿の胸肉になります。

手羽にはあまり肉が付いていませんが、良い出汁がでるので捨ててはいけません。

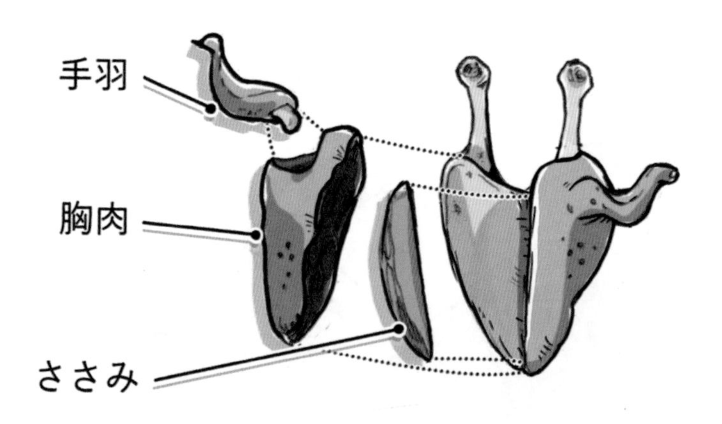

もも肉を切り離す

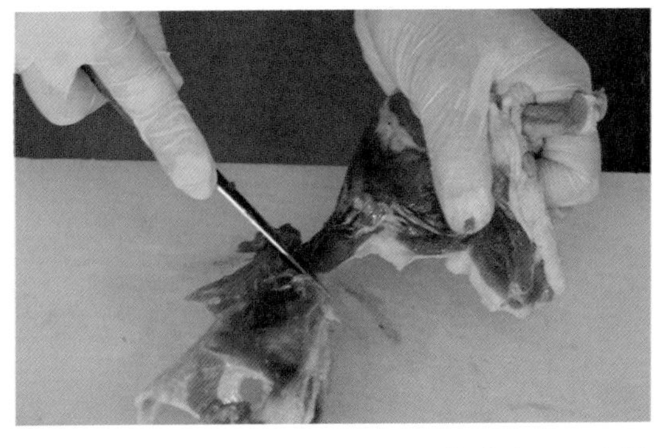

下身側は、まず、モモを両手で握って背中側に向かって折ります。すると股関節が外れるので足を引っ張ってモモを切り離しましょう。

モモ肉には骨が付いているので、足先の腱に包丁を差しこんで骨に沿って股関節方向に刃を滑らせます。次に骨に付いている肉を刃先で丁寧に切り離していきましょう。骨を外したあとも肉には関節が付いているので、刃先を使って取り外します。

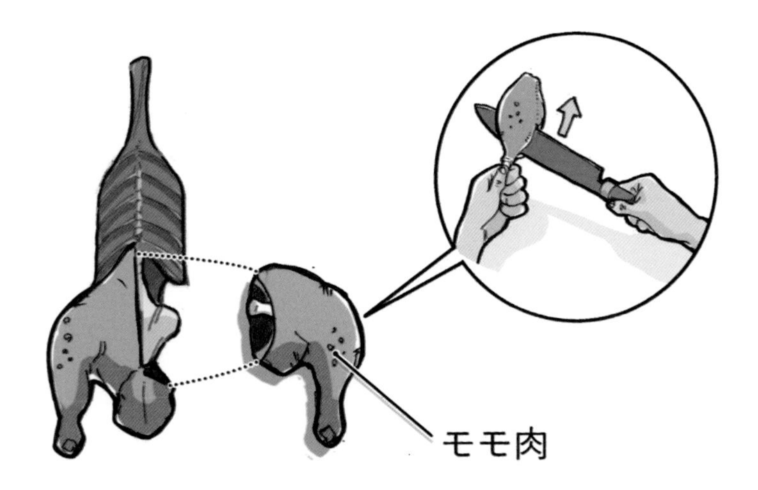

Chapter 4

ジビエ料理編

THE PRODUCT

ジビエパーティーを楽しもう！

このナベの中の骨って何に使うの？
おーい！
コニャックはあったけどシェリー酒なんて売ってなかったぞ
ほとんど僕がしとめてただろ！
これ全部チアキが獲ったの？
このカモ肉クセが強いなァ…
パクチーと合わせたらクセが消えるよ
そうだよー！百発百中なんだから!!
NEXT PAGE

ジビエを料理しよう

フレンチで最高峰と言われるジビエ料理。お店に行けば一皿数千円はくだらないジビエが食べられるのは狩猟の大きな魅力ですが、ジビエが高価なのは食材が『希少だから』だけではなく、そこには様々な『芸術費』が含まれているからです。

1. ジビエを料理しよう

普通の料理は、まずレシピを考えて、それに合わせた肉と料理方法を選びます。しかし**ジビエ料理**の場合は、まず肉の質を見てから料理方法を考えなければなりません。

例えば私たちが普段食べるスーパーに並んだ鶏肉や豚肉は、手に入れた場所や時期によって品質が大きく変わることはありません。なぜなら畜産物は多くの人の手により品質が管理されており、また動物たちも『食べられるためのエキスパート』として世に送りだされているからです。

対して野生動物は人間に食べられるために生まれてきたわけではないため、ジビエの肉質は固く、エグ味があり、臭みがあり、旨味に乏しいのが普通です。はっきり言ってしまうとジビエは畜産物より味で劣ります。ではジビエの魅力とは一体どういったところにあるのでしょうか？

ジビエはドラマを食べる

ジビエの魅力、それは一言で言えば『ドラマ』です。例えばあなたが鶏肉を手に入れようと考えたとき、果たしてそこに心躍るような出来事がおこるでしょうか？おそらく多くの人は鶏肉を手に入れるために、まず財布を持って家を出て、次に近所のスーパーで鶏肉のパックを握って、最後にレジに向かうだけです。そこには苦労話や感動話は一切ありません。

しかしジビエは違います。あなたはその肉を手に入れるために多くの困難を乗り越えエアライフルという道具を所持し、獲物もあなたはその死を目の当たりにしています。たとえその獲物が小鳥であったとしても、あなたにとってその肉は特別な存在であり数多くのドラマが詰まっています。

つまりジビエはただ栄養を摂取するための食事ではなく、食べることによってドラマを感じる、季節を感じる、命を感じる芸術だといえます。よってその料理方法も、ただ食べるためだけではなく、その獲物に合わせた最上の料理に仕立ててあげなければなりません。フレンチでジビエシェフが最高位に存在するのも料理の腕が確かなだけでなく、季節を感じる・命を表現する芸術的なセンスの持ち主であるからだと言えるのです。

基本の料理テクをおさえよう

さて、ジビエ料理は『芸術的な料理だ！』とお話ししましたが、ちょっとそれでは話が抽象的すぎます。そこで、ここからはジビエ料理を作り出すために必要となる料理方法の基礎について目を向けていきましょう。

ここでご紹介する料理方法の基礎とは、まず『熱の入れ方』、『燻製の仕方』、『出汁のとり方』、そして『ソースの作り方』です。もちろん料理の基礎はこれだけではありませんが、まずはあなたがジビエを自由に料理するためのマインドセットとして覚えておいてください。

2. 焼き（グリエ）

日本語では『焼き』と表現される料理方法ですがジビエ料理の本場フランスでは、油を使って短時間でさっと焼きあげる『ソテ』、鍋に食材を入れて少量の水分を加えて蒸し焼きにする『ブレゼ』、衣をつけて焼き上げる『ムニエル』など様々な言葉があります。ここでは肉の一般的な『焼き』の一種である、鉄板の上で炙り焼きにする『グリエ』の基礎を学びましょう。

グリエの基本は遠火でじっくり

肉料理が好きな人は“あっつあつ”に熱した鉄板で肉をジュウジュウ焼きたいと思うでしょう。しかしジビエの場合は強火での**グリエ**は厳禁です。

肉質にもよるので一概にはいえませんが、肉は約80℃を越えると細胞が破壊され旨味成分となる肉汁が漏れ出てしまいます。家畜の肉であれば肉の内部に脂分が多く含まれるので、少々肉汁が落ちても脂の味で食味をカバーできますが、無駄な脂肪を持たないジビエの場合は肉汁が落ちてしまうとスカスカな食味になってしまいます。つまりジビエを料理する場合は強火で焼きあげるのではなく、弱火でじっくり時間をかけて焼きあげるのがコツになります。この火加減は肉の表面がジュウジュウ言わない温度、俗に「肉に火傷をさせない温度」と呼ばれたりします。

冷蔵庫から出したジビエは常温に戻す

「なるべく弱火で」とは言われたものの、やはり生焼けになってしまわないか心配だと思います。確かに野生肉は抗生物質を使っている畜産肉とは違って、様々な病気を持っているリスクがあります。

そこで弱火でも中までしっかりと熱を通させるために、肉は冷蔵庫から出したら常温に戻るまで休ませましょう。肉を冷蔵庫から取り出してすぐに焼くと内部まで温度があがる前に表面は焼けきってしまい、「外は焼けているのに、中は生」という最悪な状態になってしまいます。

65℃で10分、ミディアムな焼き加減を目指そう

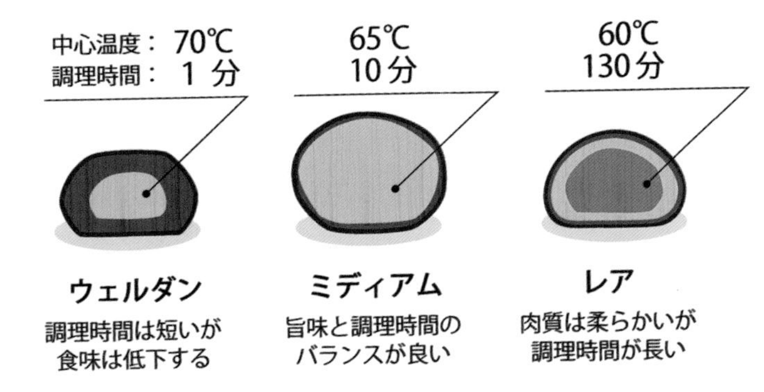

火加減は肉の内部の温度が**65℃で10分以上**熱が通るように火加減を調整しましょう。食中毒を引き起こす細菌や寄生虫は熱によって死滅しますが、その温度は『70℃で1分相当』と言われています。しかしジビエでは70℃の焼き加減（ウェルダン）では肉汁が落ちて食感が悪くなってしまうため、65℃（ミディアム）で調理時間を長めにして焼きあげます。

内部の温度を知るにはクッキング温度計を肉に刺すのが一番ですが、肉を触ることで調べることもできます。肉を強く触って指を押し返す弾力を感じたら、内部に熱がまわって膨張している合図なので、最後に表面を強火でカリっと焼いて食感を与えましょう。その後は網の上で休ませてアルミホイルをかぶせて余熱でじっくり中まで温めます。

3. 焼き（ロースト）

『焼き』の料理方法においてグリエと同じく一般的な方法にローストがあります。ローストは直火で焼きあげるグリエとは違い、オーブンの中の熱気を利用した調理方法です。

詰め物を変えて香りにアレンジを加える

ローストでは食材全体を熱気で包むため均一に熱を通すことができます。よってグリエでは熱が通りにくい骨の中やモモ肉の奥にも熱が通るので、丸焼きなどの料理に最適です。

丸焼き料理にする場合は鳥の腹の中に**詰め物（スタッフ）**をして、香りにアレンジを加えましょう。詰め物には例えばニンニク、セロリ、ニンジン、玉ねぎや、ローズマリー、タイム、オレガノといったフレッシュハーブなどを詰めると良いでしょう。これらの詰め物はオーブンで熱せられると香りを放ち、身の内側から香りが染み込んでいきます。また骨からは旨味成分が染み出すため、詰め物も美味しく食べることができます。ハーブの代わりにもち米やパンを詰めてローストしても良いでしょう。

丸焼き料理は180℃で10分が目安

オーブンの温度は肉の大きさによりますが、ヒヨドリやキジバトといった小鳥、または脂の少ないキジやコジュケイの場合は約**180℃で10分**、大型のカモは**220℃で20分**を目安にしてください。

ローストは熱気を利用するためオーブン内は非常に乾燥します。よって脂分の少ないジビエでは表面から水分が失われ、ボソボソとした食感になってしまいます。そこでロースト中はバターやオリーブオイルを定期的に塗って乾燥を防ぎましょう。

オーブンの予熱で温める

時間がたったら火を消しますが、肉はすぐに取り出さずオーブンの中でさらに10分ほど入れておきましょう。これはオーブンの予熱で肉の内部まで熱を通すためで、熱の通りにくいモモ肉や胸身の中心までじっくりと焼きあげることができます。

丸焼き料理の場合、肉に火がどのくらい通っているか触ってみただけではわかりにくいので、金串をモモの内側か手羽の付け根から胸身にかけて刺して唇に当てて内部温度を測ってみましょう。

熱いうちは切らない

オーブンから取り出した肉は金網の上に乗せて、アルミホイルをかぶせて休ませます。肉は温度が高い状態で切ると肉汁が溢れだしてしまい、ジューシーな食感が失われてしまいます。また肉汁が皿の上にしたたるため見た目もよくありません。

ダッチオーブンでローストしよう

骨ごと食べられるジビエ料理では出番の多いローストですが、家にちゃんとしたロースターがある人はなかなかいないはず。そこでオススメなのが**ダッチオーブン**です。

ダッチオーブンは取っ手を含めた全面が分厚い鉄で作られた調理器具です。中は深い鍋になっており、食材を入れて火にかけると全面から熱をかけることができるので、オーブンの中と同じような熱効果を発揮します。またダッチオーブンのフタは炭などの熱源を置けるように平らになっているので、上面からも熱がかけられるようになっています。

ダッチオーブンというとアウトドア専用と思っている方も多いですが、台所でも使いやすいように底が平らになった**キッチンオーブン（モダンダッチオーブン）**や、厚いフライパン型の**スキレット**、深鍋にスキレットをフタ代わりにして使う**コンボクッカー**など様々なタイプがあります。

お手軽！ダンボールオーブン

もし、あなたが野外でジビエを料理したいと思われたなら、オススメなのが**ダンボールオーブン**です。ダンボールオーブンはダンボールとアルミホイル、両面テープと100円の針金、金網で作る簡単な調理器具です。見た目はお粗末ですがその調理能力は本格的で、簡単なローストからピザやパンまで焼くことができます。

ちょっとしたキャンプにも使うことができるので、作り方を是非覚えておきましょう！

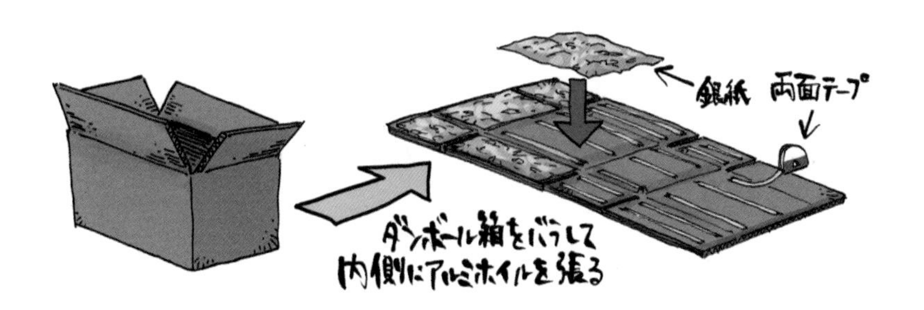
銀紙
両面テープ
ダンボール箱をバラして
内側にアルミホイルを張る

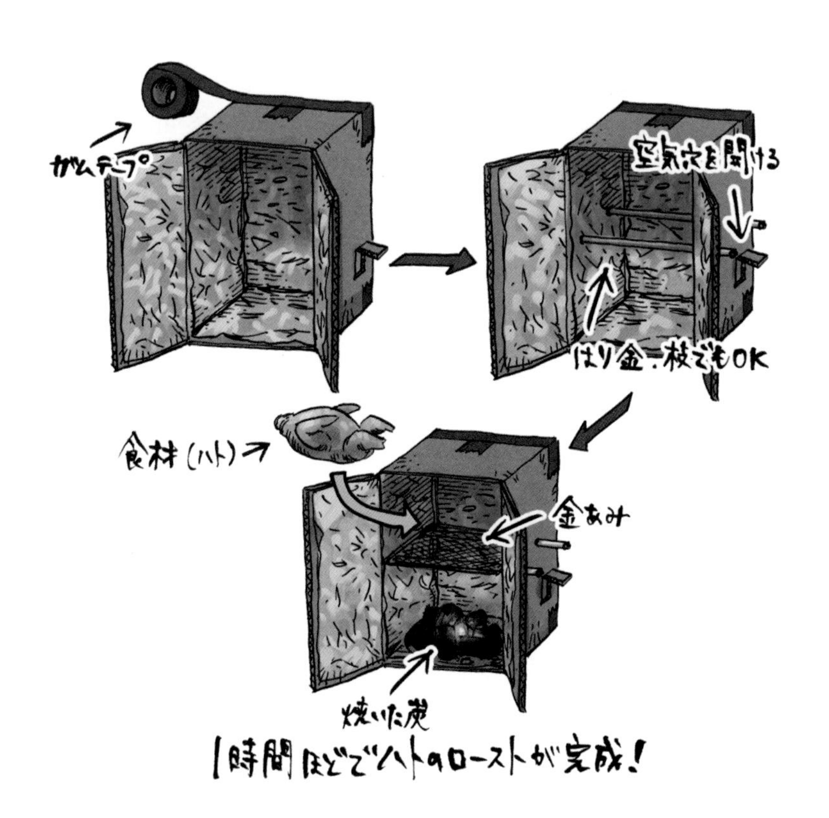
ガムテープ
空気穴を開ける
はり金、枝でもOK
食材（ハト）
金あみ
焼いた炭
1時間ほどでハトのローストが完成！

4. 燻製

「獲物が沢山獲れてうれしいけど、こんなにいっぱいは食べきれない！」

そんなときにオススメの料理法が**燻製（スモーク）**です。燻製はスモークチップと呼ばれる木片をいぶして熱を加えながらチップ特有の香りを付ける料理法で、熱の加え方によって冷燻、温燻、熱燻の3種類あります。ここではジビエをジューシーに仕上げ、かつクセに打ち勝つ強い香りが付く**温燻**についてお話をしましょう。

ソミュールにしっかり漬ける

燻製はまず、素材に下味をつけることから始めます。ジビエ燻製における定番の**ソミュール液（漬け汁）**は、ジップロックに入れたジビエが完全に漬かる程度の赤ワインと水1：1を用意し、その分量の10分1の塩と、その半分の量の砂糖を煮て作ります。好みに応じてブラックペッパーやセージといったスパイス・ハーブを加えても良いでしょう。

ソミュール液から取り出した食材は水気を抜くために、よく乾燥させましょう。乾燥方法は、よく風が通る場所に魚用の干し網に入れておくか、冷蔵庫にラップをせずに置いておくと半日程度で乾燥します。

300円でできる乾燥調理器

「燻製」と聞くと、大掛かりな燻製装置が必要だと思われるかもしれませんが、実は100円ショップで売っている土鍋2つと金網で簡単に作ることができます。燻製は**ウッドチップ**によって香りが変わってくるので、ソミュール液との組み合わせを試しながらあなたのオリジナル燻製にチャレンジしてみましょう！

おてがる くんせいテクニック!!

100均の土鍋2つ

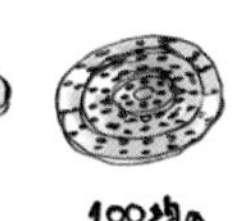

100均の落としブタ

アルミホイル

ウッドチップ
（ピートがあれば さらにくんせいっぽさUP!）

① アルミホイルにチップをしいて火にかけた土鍋におく

② 強火にしてウッドから けむりが出始めたら弱火に

③ 100均の落としブタと食材を乗せて もう1つの鍋でフタをする

④ じっくり1時間かけてスモークする

5. 煮る

肉料理で『焼き』と同様によく用いられる料理方法が『煮込み』です。煮込み料理では材料を入れて火にかけるだけ・・・と思われがちですが、美味しく臭みのない料理を作るためには色々なテクニックが必要です。

アルコールで臭みを抜く

煮込み料理の大きなメリットは食材の臭みを抜くことができることです。肉の臭みのおおもとは肉の中に含まれるアンモニアなどの窒素酸化物ですが、このような臭い成分は煮込むと水蒸気と一緒になって飛んでいく**共沸**(きょうふつ)という性質があります。そこで臭いのきつい食材はフタを閉めずに湯気をどんどん出すことで臭いを揮発させることができます。

また水よりも沸点が低いアルコールを加えるとアルコールの揮発につられて窒素酸化物も早い段階で揮発していくので、より早く臭い成分を取り去ることができます。つまり料理で酒を使うときは始めから食材と一緒に煮込むか、料理の最後に加えて短時間で沸騰させるように使いましょう。アルコールを飛ばした後に食材を加えては意味がないので注意してください。

出汁を取る

煮込みのもう一つのメリットは、染み出した旨味を再利用できるところです。料理の世界ではこのメリットを利用して、普段は食用には向かない骨や固い肉から**出汁（フォン）**を取ります。

出汁を取る基本は、まず臭みを抜くために必ず水から煮出すようにして、酒も初めから入れておきましょう。また出汁は骨髄から多く抽出できるので、首つるや背骨は必ず入れるようにします。

出汁を取るコツは、とにもかくにも強い熱を加えないことです。鍋の中がグラグラと沸騰するような熱を加えると、臭み成分と一緒に旨味成分がアクとなって浮き出てしまい、このアクを取ってしまうと臭みと一緒に旨味も少なくなってしまいます。よって出汁を取るときは極弱火、“薪ストーブの上”ぐらいの熱量で、数時間以上かけてじっくりと熱を加えましょう。

骨や肉は事前に焼いておくと肉に含まれるアミノ酸や糖が熱によって変性して香ばしさがでます（メイラード反応）。ただし焦げ目を入れすぎると出汁が茶色くなるので、軽くキツネ色になる程度の焼き加減に留めておきましょう。

6. フォン・ド・ジビエを作る

「フォン・ド・ヴォー（子牛の出汁）」という言葉を聞いたことがある人は多いかと思いますが、ジビエの世界にもカモやキジを使った出汁でフォン・ド・カナール（鴨の出汁）や、フォン・ド・フェザン（雉の出汁）などが存在します。しかし一般的なエアライフルハンターは、カモやキジばかりを何十羽も集めて出汁を取る機会はなかなかありません。そこでここでは様々なジビエの骨や固い肉をごっちゃ煮にして出汁を取る**フォン・ド・ジビエ**と呼ばれる出汁の作り方をご紹介します。

ジビエのガラを焦げ目が付くまでしっかりと焼く

まずジビエのガラをオーブントースターや魚焼き器でしっかりと焦げ目が付くまで焼きます。焼き皿に焦げ目が付いたら赤ワインで洗って、こびりついた旨みも利用しましょう。

材料をしっかり炒める

鍋に少量のサラダ油とニンジン、玉ねぎ、手羽元やモモ肉などの硬い部位を細切れにしたものを加えて、野菜がしんなりするまで炒めます。

よく火が通ったら焼いたガラを加えて、赤ワイン半カップ、トマトペーストと水を材料がひたひたになるまで加えて火にかけます。

5時間以上、じっくり煮出す

沸騰してきたらアクを丁寧にとって、鍋がグツグツならない程度の火加減にしてセロリやハーブ（セージ、パセリ、タイム、ローリエなど）をお好みで入れます。

ここから5時間以上かけてじっくりと煮出していきましょう。

出汁を濾して、再度アクをとる

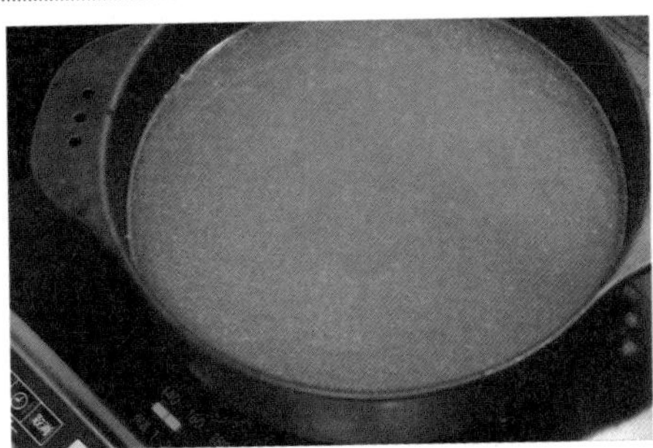

時間が経ったらザルで濾して、スープを再び沸騰させてアクを出します。丁寧にアクを取り切ったらジビエと野菜の旨味が凝縮されたフォン・ド・ジビエの完成です。

7. ジビエに合うオススメソースレシピ

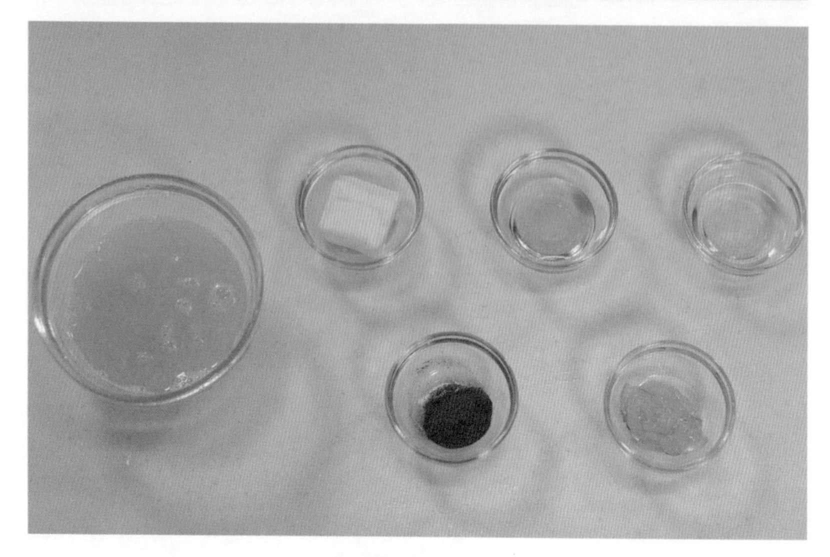

火の入れ方が絵画における下書きの工程だとしたら、味付けは筆入の工程です。下書きがよくても筆入がおかしいと全体的に変な絵になってしまいますが、逆に筆入が良ければ下書きがおかしくてもカバーできます。これは料理でも同じで、ジビエの質が少々悪くても味付けが良ければ十分挽回できるのです。そこでここではジビエに合う4種類のオススメ**ソース**をご紹介します。(レシピはマガモの胸肉1枚分の分量です)

ソースは足し算の料理

和食の世界は味付けを極力少なくして素材自体の味わいを大切にした『引き算の料理』と言われます。対してジビエ料理は、もともと肉の持っているクセに合わせて強い味付けをぶつける『足し算の料理』と言われます。一見すると足し算の料理は武骨な感じに思えますが、家畜のように肉質が調整されていないジビエには、当然不足している味覚があり、それを補うためにソースを利用するのは非常に合理的な考え方なのです。

ソースは…ぶっちゃけた話、『焼肉のたれ』をブッかければどんな肉もそれなりに食べられるようになるのですが、それは最終手段として。是非とも色んなソースでジビエ料理を楽しみましょう！

果物とガストリックのソース

ガストリックとは砂糖と酢を煮詰めた甘酸っぱいカラメルソースです。ただしこれだけでは風味が足りないので、ここに果物、特にオレンジの果汁を絞って加えます。大抵のジビエに合わせることができる万能調味料で、果物の種類を変えることで様々なバリエーションを作り出せます。

材料

- 砂糖………………………………………… 大1
- 水…………………………………………… 小1
- 酢（できれば赤ワイン酢）…………… 大1
- 果汁（オレンジなど）………………… 50ml
- コニャック（orブランデー）………… 小2
- フォン・ド・ジビエ ………………… 100ml
- コーンスターチ ……………………… 適量
- バター ………………………………… 5g
- 塩コショウ…………………………… 少々

作り方

①鍋に砂糖と水、酢を入れて火にかける。このとき混ぜ込んでしまうと結晶が残るので触ってはいけない。
②煮詰まったら果汁とコニャック、フォン・ド・ジビエを加えて分量が2/3になるまで煮詰める。
③水溶きコーンスターチを加えて濃度をつけ、バターを加えて照りを出す。
④塩コショウで味をととのえて完成。

香味野菜と赤ワインのソース

肉料理ではベーシックな存在である赤ワインで香味野菜を煮詰めたソースです。ルージュ色をしているので**ヴァンルージュソース**とも呼ばれます。香味野菜にはエシャロットを使うのが一般的ですが、なければラッキョウや玉ねぎ、にんにく、猟場に生えているノビルを摘んで使うのも『ジビエ感』があって面白いです。赤ワインの質により味が大きく変化するので、香味野菜とのかけ合わせを考えるとシンプルながらも無限の可能性を秘めたソースです。

材料

- 香味野菜（エシャロットorラッキョウorノビルなど）...... 30g
- 赤ワイン 100ml
- フォン・ド・ジビエ 50ml
- コーンスターチ................. 適量
- バター 5g
- 塩コショウ......................... 少々

作り方

①赤ワインとみじん切りにしたエシャロットを鍋に入れ、1/5の量になるまで煮詰める。

②フォン・ド・ジビエを加えてしばらく煮立て、水溶きコーンスターチを加えてとろみを出す。

③目の細かい網でエシャロットをつぶしながら濾す。

④鍋に戻して火にかけて沸騰させる。

⑤沸騰したらバターで照りを付ける。

⑥塩コショウで味をととのえ完成。

百獣中華ソース

　ジビエ料理は何もフレンチだけではありません。しばしば「椅子とテーブル以外の4本脚なら何でも食べる」と揶揄される中華料理も、ジビエ・・・いえ、**百獣（ももんじ）**の料理が発達した食文化なのです。

材料

- オイスターソース............大1
- ごま油...............................大1
- 醤油...................................大4
- 酒.......................................大4
- 砂糖...................................小2
- フォン・ド・ジビエ.........150ml
- 豆板醤...............................小2
- にんにく...........................1かけ
- しょうが...........................1かけ
- 片栗粉...............................適量

作り方

①ニンニクとしょうがをみじん切りにして、ごま油で炒める。

②醤油、酒、オイスターソース、フォン・ド・ジビエを加え、豆板醤と砂糖を溶かすようにして温める。

③1/3の量まで煮詰まったら、水溶き片栗粉を加えてとろみをだして完成。

生クリーム味噌ソース

「お味噌と生クリーム」と聞くと、「げぇ」と思うかもしれませんが、味噌と生クリームは意外と相性がよく肉料理にはなかなか合います。特にキジやコジュケイなど身がたんぱくな鳥ほど生クリームと味噌のコクが活きてきます。キノコの出汁と合わせるソースなのでマッシュルームではなくシイタケやシメジでも大丈夫です。

材料

- 味噌（できれば白みそ）……………… 小1
- キノコ（マッシュルームなど）…… 40g
- フォン・ド・ジビエ …………………… 150ml
- 生クリーム…………………………………… 50ml
- レモン汁 ……………………………………… 適量
- 塩コショウ…………………………………… 少々

作り方

①鍋にフォン・ド・ジビエとみじん切りにしたマッシュルームを入れてゆっくり熱しながら出汁を取る。
②水分がほとんどなくなるぐらいに煮詰めたら味噌を溶かしいれる。
③火を弱火にして生クリームを加えて軽く粘度が出るまで煮詰める。
④網の目の細かい網でマッシュルームを潰しながら濾す。
⑤鍋に戻してレモン汁、塩コショウで味を整える。このとき粘度が足りないと思ったら水溶きコーンスターチを、味にまろやかさが足りないと思ったらバターを少量足して温める。

パクチーソース

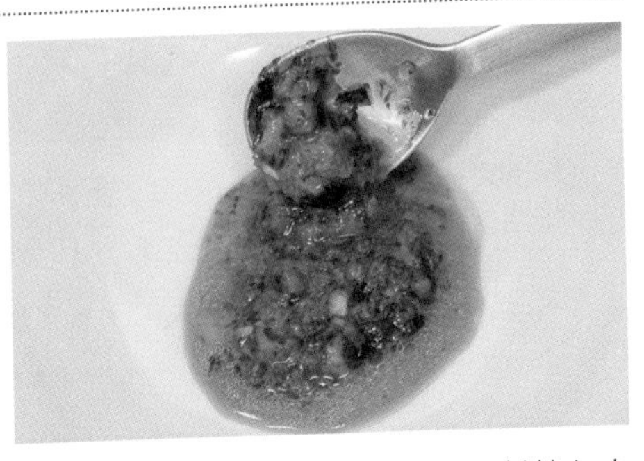

『カモネギ』という言葉があるように、ネギのクセは、カモ肉のクセを打ち消す効果があり、昔から相性の良い食べ合わせと言われています。

そこでカモの中でも特にクセが強い海ガモの肉には、野菜サイドも特にクセが強いパクチー（コリアンダー）を合わせて対抗しましょう！なおこのパクチーソースは厳密にはソースではなく、野菜をペーストにした薬味で**ピストゥ**と呼ばれます。

材料

- パクチー 1束
- にんにく........... 半かけ
- ごま油 大2
- ナンプラー 小1
- レモン汁 .... 適量
- 塩コショウ........ 少々

作り方

①材料をすべてミキサーに入れてペーストにする。ミキサーがなければパクチーとニンニクをみじん切りにして、すり鉢でよく擦って調味料と合わせる。

ジビエを食べよう

「カラスってどんな味？」など、多くの方は獲物がどんな味がするのか気になるところでしょう。しかし食べ物は人によって好き嫌いがあるように、ジビエの味も人によって感想は大きく変わってきます。

1. ジビエ食べ比べ

私たちが普段から食べている牛肉。おそらくこの肉を「クセがある」といって嫌う人はいないでしょう。しかし日本人が牛肉を食べるようになった明治初期は「こんなクセの強い肉、口には合わない！」と嫌う人も多くいました。つまり食とは習慣であり、食べなれているか慣れていないかによって感じ方は全く異なるのです。

そこで今回は5人の方に用意したいくつかのジビエを食べていただき、それぞれ感想を出していただきました。提供方法は簡単なソテーで味付けは塩のみ、さらにあらかじめ何の肉か伝えない**闇ジビエ**方式で行っています。もちろんあなたの舌ではまた違った感想を持たれると思いますが、味のイメージや今後の料理の参考にして頂けましたら幸いです。

お友達紹介

武藤 赤理さん(24歳)

大学の先輩。

海外経験も豊富でジビエも結構好きらしい。

堀木 好ちゃん(20歳)

サークルの後輩。

食べることとお酒が大好き。ジビエは食べたことがないみたい。

武藤 拓也さん(32歳)

赤理さんの旦那さん。

こちらも海外経験豊富で、若いころは世界一周していたとか。

白井 健介さん(28歳)

私と好ちゃんのよく行くお店のソムリエさん。

ワインと料理の知識は抜群！

蜂谷 浩司くん(17歳)

蜂谷誠くん(→3ページ)の弟くん。

お兄ちゃんよりもしっかりしてそうだ。

2. キジ肉

西欧ではフェザンという名で親しまれるキジの肉は日本においても非常に重要な食材でした。特に平安時代においては貴族たちの祝祭に必ず献立にあがるハレの料理で、現在でも宮中では毎年元旦の朝にキジの胸肉を少し焼いて酒に漬けたキジ酒がふるまわれます。

由緒正しい国鳥の味

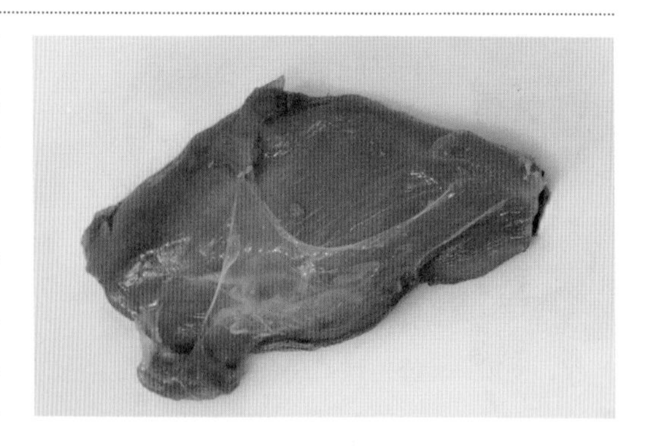

また戦国時代においても、勇猛果敢なキジは『勝利を呼ぶ鳥』として武家の間で愛でられて、戦に出る兵士や端午の節句のお祝いに食べられていたといわれています。正にキジ肉は食味の良さと合わせて日本の文化に根付いた国鳥にふさわしい鳥だと言えるでしょう。

ニワトリに似た味、でも旨味が強い

ちょっとニワトリっぽいね。

この鳥はキジ科で、ニワトリもキジ科の鳥だから、
肉質はほぼ同じだね。

でもニワトリよりも味にコクがあるよ。
ちょっと固くて筋張ったところがあるけどね。

うう～ん・・・私は苦手だなぁ。

え？そうなの？どういったところが？？

なんかツンとした酸っぱい臭いがあるんだよね。鶏
肉にも似たような臭いがあるけどこの肉は強いね。

鶏肉の臭いってあんまり気にならないけどなぁ～。

鶏肉が苦手な人も結構多いですよ。
特に皮目の臭いがダメだっていうね。

3. キジバト肉

日本人には馴染みがないハト肉ですが、洋風、中華料理はもちろん東南アジアや中東、北欧など世界中で親しまれている食肉です。

ハトは時として一日に1000km以上もの距離を飛ぶことができる鳥なので、その胸肉は持久力に優れた遅筋と呼ばれる赤い筋肉でできており、瞬発力に優れたニワトリの白身（速筋）とは全く違った肉質をしています。

赤身は火の入れ加減に要注意

味の違いも赤身のマグロと白身のヒラメのように全く異なり、赤身は弾力のある柔らかい食感が特徴です。赤身の肉質に共通してレバーっぽい風味がありますが、火の入れ加減と料理に脂分の強いソースを用いることなどで美味しく食べることができます。

赤身の鳥は料理方法が難しい

レバーっぽい味がして、ちょっと苦手かな。

弟くんもワインが飲めるようになったら、
この味の良さがわかってくるよ。

脂分の少ない赤身の肉は火を入れすぎると
パサパサになっちゃうんですよね。料理法は
グリエよりローストの方がいいかな？

肉の中が赤くなってるけど
野生の肉って生は大丈夫なの？

熱は通ってるから大丈夫だよ。

中心温度が75℃で1分、または65℃で
10分火を通せば大丈夫！

旨味はあるけど、ソテーじゃものたりないかなぁ。

料理はバターや生クリームを使ってみようかな。

4. ヒヨドリ肉

カモ類などは渡りの季節になると、長旅のエネルギーを蓄えるために皮下や肝臓に沢山の脂分を貯め込みます。もちろんそれは小鳥であっても同じで、スズメやムクドリといった脂が付かない居着きの小鳥とは違い、渡り鳥のヒヨドリはジューシーな甘味のある脂身が付いています。

小鳥の中では特殊、濃い脂がのっている

ヒヨドリは11月ごろから渡ってくるため、猟期始めはエネルギーを使い果たして痩せています。しかし1月の終わりごろになると春の渡りに備えて体の中に沢山の脂肪を貯め込みます。脂の乗ったヒヨドリはお尻がプリッとして弾力があり、口の中でサラサラとろける柔らかい食感をしています。

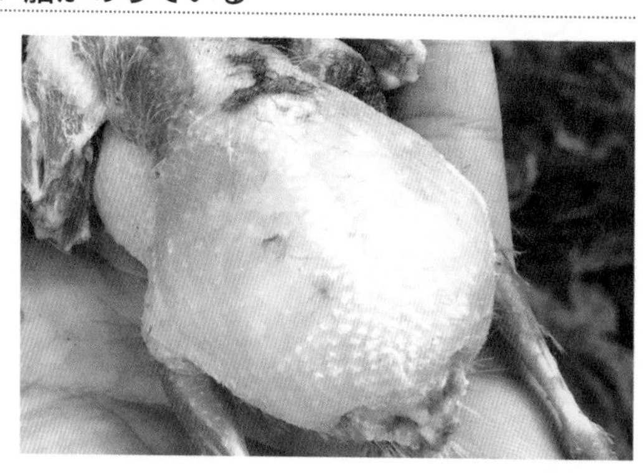

小鳥料理は骨ごとバリバリ

骨付きなんだね。

小鳥の骨は空を飛ぶためにスカスカなので、
そのままバリバリ食べれますよ。

何の鳥かわからないけど、
脂の質が他とは全く違うね～

東南アジアで小鳥の焼き鳥を食べたけど、あれはパサパサして骨ばっかりだったよ。これはジューシー！

でもこの鳥って当たり外れが大きくて、
脂が全然ついていないことも多いよね。

食べてるエサにもよるみたいだね。
ミカン畑に出てくるのは、
早い時期から脂がのるそうだよ。

心臓と砂肝も、ミニチュアサイズだけど
しっかりとハツとズリの味がするね。

5. コジュケイ肉

キジ、ヤマドリ、ニワトリ、シチメンチョウ、ウズラなど、キジ科の鳥は総じて美味しい鳥とされています。しかしその味の濃さはサイズによって違いがあり、小さければ小さいほど旨味が締まっていく傾向にあります。つまりキジ科の中でも小型のコジュケイは、キジやニワトリに比べて旨味の強い肉質をしています。

赤身と白身の中間、『ロゼ身』

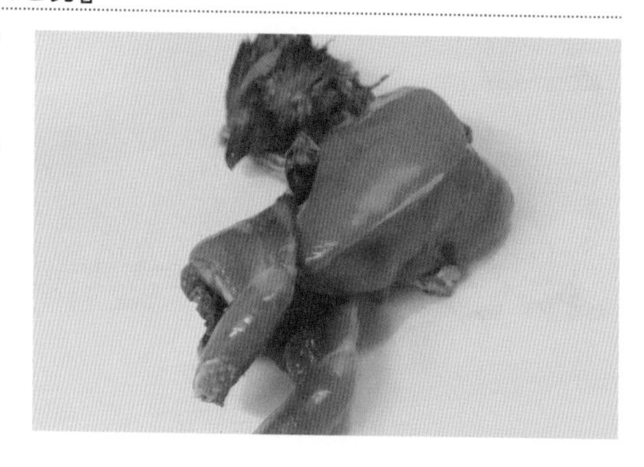

ニワトリの肉は白身ですが、キジやコジュケイといった野生の肉はやや赤みがかった白身、言うなればロゼ身です。このロゼ身は赤身の旨味を持ちながら、白身の歯を弾くプリンプリンとした食感が楽しめます。

いわば究極の地鶏

うまい！普通に美味しい。

味といい歯ごたえといい、
すごくおいしい地鶏って感じだね！

この鳥は本場中国でも味が良い鳥として知られていて、中国の宮廷では『野生肉の冠』や『益智の王』なんて呼ばれていたみたいだよ。

味はさっきの鳥（キジ）っぽいけど大丈夫？

うん、これは全然いける！
美味しいね～

うまい！普通に美味しい。
意外と白ワインにも合いそうな味だね。

肉が少ないのが残念だなぁ～
もっと食べたい！

6. エゾライチョウ肉

288ページでもお話しした通り、エゾライチョウはハンターのみぞ知る味です。よって一般の人達はお店で食べるしかありません。ただし一点、同じ『ライチョウ』でも色々な種類があるので、お店で頼むときは注意してください。

ライチョウの肉は種類によってクセが強い

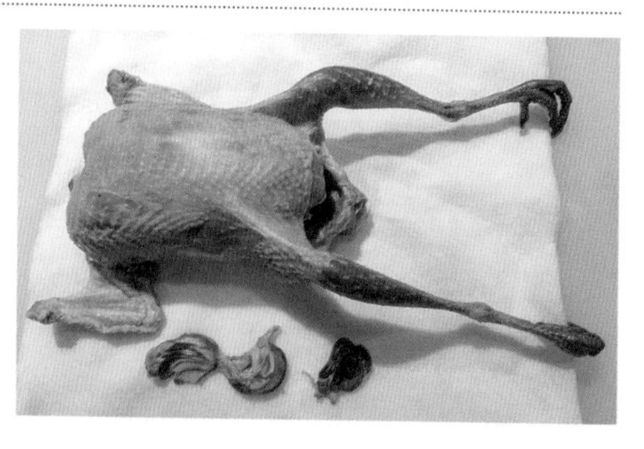

フレンチに出てくるのはアカライチョウ“moorcock”と呼ばれる日本にはいない種類のライチョウです。これはエゾライチョウよりもクセが強く、しっかりと調理しないと美味しく食べられません。有名なスコッチの『フェイマスグラウス』に描かれているのはこのライチョウです。

日本にいる天然記念物のライチョウはアイスランドでは伝統的な狩猟鳥ですが、2005年から捕獲規制されており一般的には食べることができないようです。ちなみに味は『ウンコのような臭みがある』らしいです。

好き嫌いがわかれる味か

ニワトリに似ているけど、
ちょっとクセがあるね。

なんかライチョウっぽいクセがあるけど、
日本のライチョウは天然記念物だよね（笑）？

いえ、さすがに悪いことはしてないですよ。
ただ本州にはいない鳥ですね。

俺はあんまりクセは気にならないかなぁ。
普通においしいよ。

ワインと合わせてみたら、また違うかもよ。

香りの強いジビエには香りの強いフルボディの
ワインがよく合いますよ。一本開けましょうか。

わーい！

飲みすぎちゃうね、こりゃ。

7. ハシボソガラス肉

食にはイメージが非常に大切です。例えば料理を出されて「これはカラスの肉です」と聞かされたら誰もが食べる前から食欲を失うことでしょう。そこでカラス料理を出すときは事前に何の肉か言わずに、みんなが「おいしい！おいしい！」と言い出してから「それはカラスだ」と伝えましょう。おそらく皆さんは一瞬固まりますが、「カラスって案外おいしいんだね」と納得してくれるでしょう。

タンパクな黒身

ニワトリは白身、キジバトは赤身、コジュケイはロゼ身なら、カラスの肉は黒身です。カラスの胸肉は非常にくすんだ色をしており、スーパーに並ぶタイプの肉ではないので一瞬料理するのをためらわれると思います。しかし調理方法は赤身と同じで、できるだけ火を入れすぎないことと料理で脂を足すことが美味しく食べるポイントになります。

パサパサしているけど料理で化けるか？

なんだろう？味は悪くないんだけど、
食感がパサパサしてて、レバーっぽいクセがあるね。

うん、なんだろう。
今まで食べたことがない感じ。

すごく身近にいる鳥ですよ。

あ、もしかしてカラス？

ええ～！カラス？
カラスなんて食べられないでしょ！

なんでカラスと思ったの？

う～ん、肉が黒いから？
あとツンとしたカラスっぽい臭いがする。

カラスっぽい臭いってなんだ（笑）

8. マガモ肉

「手を取って 子に撫でさせる 鴨の腹」という句が残されているように、江戸時代の庶民にとってマガモは家族総出で喜ぶほどうれしい食肉だったと言われています。キジが貴族や武家に愛された味だとしたら、マガモは庶民に愛された味だと言えるでしょう。

マガモは脂がうまい

マガモの渡りは11月に始まり2月ごろに北の地へ戻っていきます。そのため猟期終わりのマガモは皮下にずっしりと脂を蓄えており、皮を焼くとジュウジュウと香ばしい油が染み出します。もちろんこの油を捨ててしまうのはもったいないので、ネギなどの野菜をその油で炒めたり、調味料を入れてソースを作ったりしましょう。

カモの王は伊達じゃない！

これマガモだね。

・・・まだ秘密。
答え合わせは後で！

うん、マガモだ。やっぱり他のカモと比べて全然違うね。肉質もよくって脂の旨味も強い！

やっぱりわかるんですね。

俺は鴨って食べたことがないからわからないなぁ。

蕎麦屋さんで鴨南蛮とか食べない？

若い人は蕎麦屋さんっていかないでしょ（笑）

私は蕎麦目的じゃなくて飲みにいくよ！
弟くんも早くお酒が飲めるようになるといいねぇ

9. コガモ肉

コガモの肉質はマガモに似た赤身ですが、マガモに比べて体重が1/4ほどしかないため肉の量はあまり多くありません。しかしその分、肉には旨味が凝縮されており「カモの中では一番うまい」と言われることもあります。コガモに非常によく似たトモエガモ（非狩猟鳥）も、味が良いという意味で古くはアジガモとよばれていました。

精肉するよりも丸ごと料理してしまおう

小型のコガモは精肉してしまうとドリップが抜けてスカスカになってしまうので、キジバトと同様に丸ごと一羽使ったローストが向いています。また骨からは良い出汁が出るので、蕎麦や鍋の汁にそのまま使ってみるのもオススメです。

マガモよりも旨味は強い

おっ？これは美味い！
ハトっぽいけど脂が乗ってるね。

クセもないし、柔らかくて食べやすい！

でも、肉が少ない（笑）

小さい鳥なのでしかたがないですね。
料理では一羽丸ごと使いましょう。

なんかビーフジャーキーっぽくないですか？

うん、旨味が詰まってる感じがするよね。

ワインよりもブランデーとかに合いそうじゃない？

ご飯のおかずっていうよりか、おつまみだよね。

10. カルガモ肉

ジビエは獲物が食べていたエサによって肉質が大きく変わります。例えば落穂やどんぐりなどを食べるカモは肉に臭みが少なく、対して貝やタニシなどを食べているカモは肉に生臭さが出ます。特にこのカルガモは住んでいる地域によって食性がかなり違うため、食味に当たりはずれの大きいカモだといえます。

クセが強い場合でも出汁は大丈夫

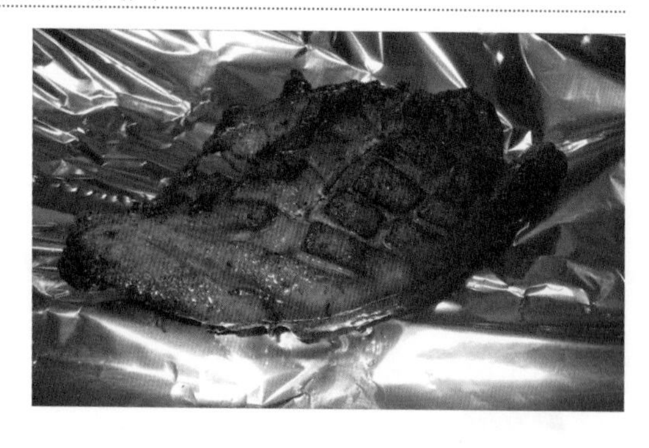

肉の臭みの多くは、皮膚と筋肉の間に通る皮下脂肪組織か、鳥の場合は羽のコーティングに使っている尾脂から来ています。よってクセが強いジビエでも皮下脂肪から上をとってしまえば美味しく料理できます。また鳥は基本的にどんな種類でも美味い出汁がでるので、ガラは捨ててはいけません。

マガモに似てるがクセがある

見た目はマガモっぽいんだけど、
なんか違うな〜・・・。

結構、クセが強くない？
エグ味っぽい感じ。

マガモと同じで人気があるカモなんですが、
結構クセが気になりますか？

僕は気にならないかな？
肉厚だから気になるんじゃない？

なんでだろう、
前食べたときとちょっと味が違うよね？

前食べたカルガモは、お腹の中にどんぐり
みたいなのが沢山入ってたよ。

鴨ってドングリ食べるの？

ドングリとか豆っぽいのとか色々。
たまにオタマジャクシとか入ってるよ。

11. ハシビロガモ肉

よくハンターの間では「クチバシと足が黄色いカモは美味しい」と言われます。確かにマガモ属のマガモとカルガモは味が良いカモですが、このハシビロガモは例外と言えるかもしれません。

肉質はマガモと同じなのだが

ハシビロガモの肉質はマガモやカルガモとよく似ています。しかしエサがプランクトンや水草に限られているためかあまり皮下に脂が付かず、また肉質もかなりパサパサしています。さらに肉には独特なクセがあり好みがわかれる味をしています。

なぜか魚っぽい

なんかイワシっぽくない？

うん、イワシの干したやつの味だ。

僕もこの鳥は初めて食べるんですけど、
すごく魚っぽい味がしますね。

ホッケの味だ。

ホッケ？

ああ、北海道民的にはホッケの味なんだ。

マヨネーズ付けたらおいしいよ。

ジビエを裂きイカみたいに食べてる（笑）

12. ホシハジロ肉

エサの食べ方によってマガモやカルガモ、コガモ、ハシビロガモなどは陸ガモ（水面採餌性カモ類）、ホシハジロやキンクロハジロ、スズガモなどは海ガモ（潜水性カモ類）と呼ばれていますが、その違いはエサの食べ方だけでなく肉質にも現れています。

海ガモの肉は赤身が強い

陸ガモの皮と海ガモの皮を見比べてみると、海ガモの皮は赤味が強く、クセも強くなっています。このクセは人によっては海藻を潰して発酵させたような不快感があるので、嫌いな臭いであれば皮を剥いで肉だけ食べた方が良いでしょう。

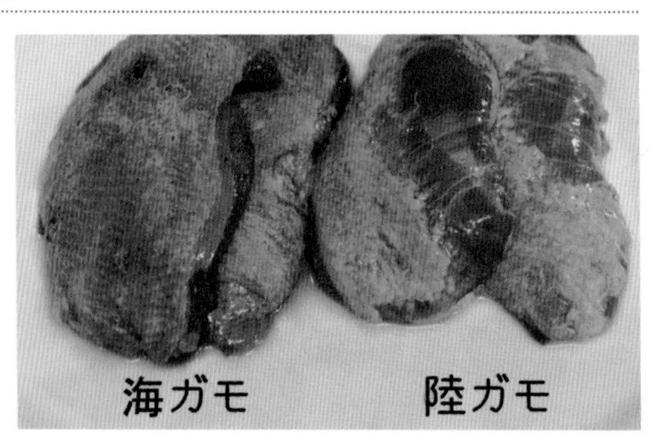

好き嫌いがわかれる味

あ～・・・かなりクセが強いよね。

食べられないことはないけど、
食べすぎると明日、後悔するやつだね（笑）

胃から臭いが上がってくる的な？

解体しててもこの手の鳥（海ガモ）は
臭いがきついんですよね。

皮を外して食べてみたらどうかな？

あ、結構臭みがなくなるね。
味は・・・マガモとは全然違う感じかな。

旨味は感じるんだけど、独特だよね～。

う～ん、俺はダメな感じっす・・・。

13. カワウ肉

鳥のジビエには皮下脂肪からくる臭いともう一つ、尾脂腺からくる臭いがあります。この尾脂腺とは鳥の尻からでる羽のコーティング油で、水鳥たちはこのコーティング油を羽に塗りつけることで水の上に浮くことができます。

ケミカルな臭いがしたら皮をはぐ

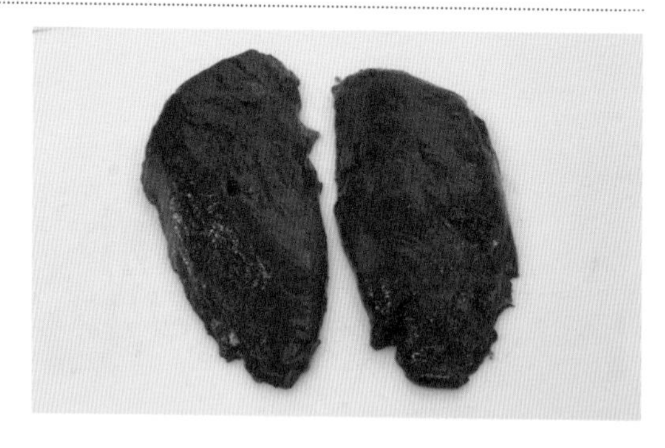

特にカワウは羽のコーティングが厚く臭いがキツイ鳥です。その臭いはいうなればツンとしたケミカル臭で、触ると手にも臭いが付きます。このような尾脂腺の臭いがキツイ鳥は、皮ごと処理をしてしまった方が良いでしょう。ただし羽が肉に付かないように十分注意して解体してください。

皮目に臭みがある

うう〜ん、なんか臭うね。
魚っぽい生臭さというか、なんというか。

捌いているときの生肉は、すごくブリや
ハマチっぽい魚臭がありましたね。
焼いてもなんか魚っぽい臭いがしました。

皮はついてないんだね。

この鳥は羽にワックスみたいな臭いがあるから
羽ごと皮をむきました。
食べるとケミカル臭いですから。

お肉の中はそれほどでもないんだけど、
表面というか、焼けたところが臭くない?

ん?確かに表面の膜みたいなのから臭うね。
でもここにうまみがあるような気がする。

臭いのが表面だけなら下処理を工夫したら
上手く隠せるかもしれませんね。

ジビエパーティーを始めよう

『獲物をみんなと分かち合う』。これは原始の時代に人類が、仲間との結束力を強めるために行っていた行動様式です。もちろんそれは今を生きる私たちの遺伝子にも深く残されています。

1. 獲物を分かち合う

皆さんも一度は耳にしたことがあるとおもう、『欧米人は**狩猟民族**、日本人は農耕民族』という言葉ですが、実はこれはまったくの大嘘です。そもそもこの「農耕民族」という言葉は、日本の有名な哲学家の和辻 哲郎が1935年に出版した『風土』という本に使われていた言葉なのですが、実はここで使われている言葉は農耕民族と『牧畜民族』であり、『狩猟民族』という言葉は一切出てきません。

おそらくこの言葉は戦時中に、「日本人は勤勉でおとなしくまじめな国民だ。対して欧米人は野蛮で攻撃的な国民だ。」という極端な選民思想の人によって作りだされた差別的な（または日本人を純朴で反抗心を持たないよう洗脳するための）言葉なのです。

では日本人とはいったい何民族なのでしょうか？

元狩猟民族の農耕民族

その答えはずばり、『元狩猟民族の農耕民族』です。いえ、日本人がというよりも、世界中全ての民族は元狩猟民族か現狩猟民族かのどちらかです。**ヒト（ホモサピエンス・サピエンス）**がアフリカの地から全世界に向けて旅立ったグレートジャーニーがおよそ400万年前、そして農耕が始まるのはおよそ約1万年前、つまり約399万年の間私たちヒトは狩猟採取生活を続けてきました。この狩猟採取生活では獲物を協力してしとめ、それを公平に分配して、暖かい火を囲んで料理を『分かち合う』ことによって、団結力を深めていきました。その団結力は個体から家族になり、家族から複数の家族で構成される群れになり、集落になり、村になり、そして国へと発展して今の社会が構成されていったのです。

つまりヒトという動物は、獲物を分かち合って食べることによって人と人とを繋ぐ絆を感じる感性を持っています。それは399万年以上蓄積されてきた遺伝子に残る本能であり、現代社会に生きる私たち現代人においてもそれは変わりありません。

11月29日と2月9日はジビエパーティーを開こう！

実を言うと、狩猟を始める人の多くは1年以内で辞めてしまいます。しかし自分の獲った獲物を仲間と供に食べる**ジビエパーティー**を楽しんでいる人は、ほぼ100％狩猟の世界に魅入られ、そして多くの良い友達を作っています。

そこで本書を読んで狩猟を始められた方は、猟期が始まって2週間後の**11月29日（いい肉の日）**と、猟期が終わる1週間前の**2月9日（肉の日）**に友達を招待してジビエパーティーを開きましょう！

狩猟は動物をしとめるだけでなく、それを仲間と食べて、笑い、火を囲んで、酒を飲み、思い出話に華を咲かせるまでが魅力なのです。

2. マガモのオレンジソース

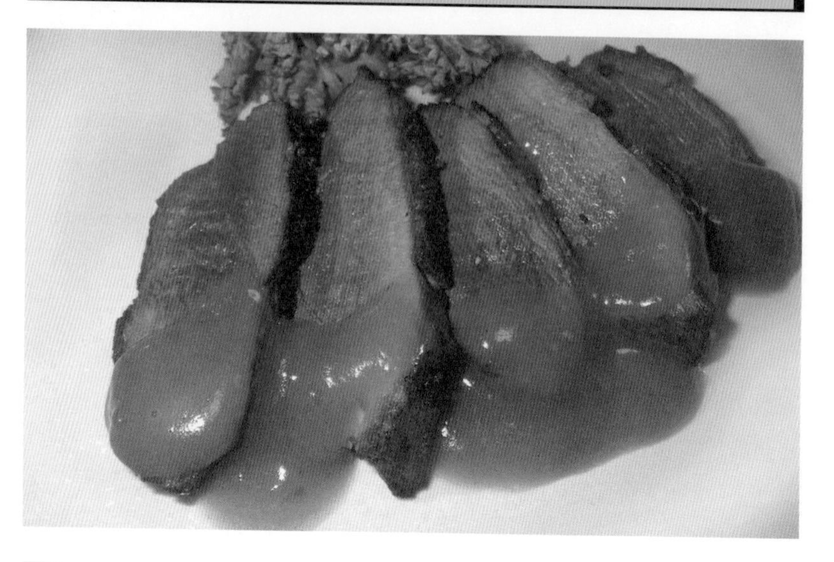

材料

- マガモの胸肉 1枚
- 果物ソース .... 適量
- 塩・こしょう .... 少々

作り方

①オーブンを180℃に予熱しておく。
②胸肉にあら塩を振り、フライパンに乗せて皮目に焼き目をつける。
③焼き目がついたらオーブンに乗せて10分ほど熱を通す。
④10分経ったら火を消して、オーブンの中で10分ほど予熱を通す。
⑤中心の温度が50℃ぐらいまで下がったら切り分けてソースを沿える。

注意点

熱が高い状態で切るとドリップが流れ出てしまうので、いったん肉を冷ましてから切り分けましょう。

感想

やっぱり、マガモは美味い！！

うん、それにオレンジソースがカモのレバーっぽさを上手く消してるね。

でもなんでカモとオレンジってこんなに相性がいいんだろう？

オレンジに含まれるクエン酸に臭みを打ち消す効果があるみたいだね。

あとはやっぱり、熱の通し方かな？
鴨肉は火を通しすぎるとパサパサになってレバーっぽい味になっちゃうからね。

お店で食べるカモ肉もジューシーだよね

油が沢山出るから、その油でアスパラガスとか焼いたらおいしそうだね。

青物は油で炒めると吸収がよくなるっていうしね。

3. ホシハジロとパクチーの生春巻き

材料

- ホシハジロの胸肉.......1枚
- ライスペーパー...........4枚
- パクチー 1束
- 春菊..............................2本
- ベビーリーフ..............一つかみ
- 擦りゴマ 大1
- パクチーソース...........大3
- 市販のチリソース.......適量

作り方

①ホシハジロの半身をたっぷりの水で茹でる。
②沸騰したら火を消して予熱で20分温める。
③もう一つのコンロでお湯をわかし、適当に切った春菊を湯通しする。
④刻んだパクチーと擦りゴマ、ベビーリーフ、水気を切った春菊をボールに入れてパクチーソースで和える。
⑤ライスペーパーを水に浸してまな板のすみに置く。

⑥ライスペーパーが程良い柔らかさになったら、端っこに④を置いて巻き始める。
⑦2回ほど巻いたらスライスしたホシハジロを中央において再び巻く。
⑧最後まで巻いたら二等分にして完成。

注意点

水にさらしたライスペーパーは時間と共にドンドン柔らかくなるので、一枚ずつ使いましょう。また柔らかくなりすぎると巻き辛いので丁度良い硬さの時間を見つけましょう。

感想

あ！すごい！パクチーと一緒に食べると
ホシハジロの海藻みたいな臭いが上手く消えるね！

クセの強い海ガモには、クセの強いパクチーが
相性抜群ですね。

うう～ん・・・、確かにホシハジロの臭みは
消えるけど、パクチーは苦手なんだよなぁ。

大丈夫！チリソースを付けたら気にならないから！
頑張って食べて！！

いや、無理に食べる必要はないんじゃないかい？

4. エゾライチョウの焼き鳥

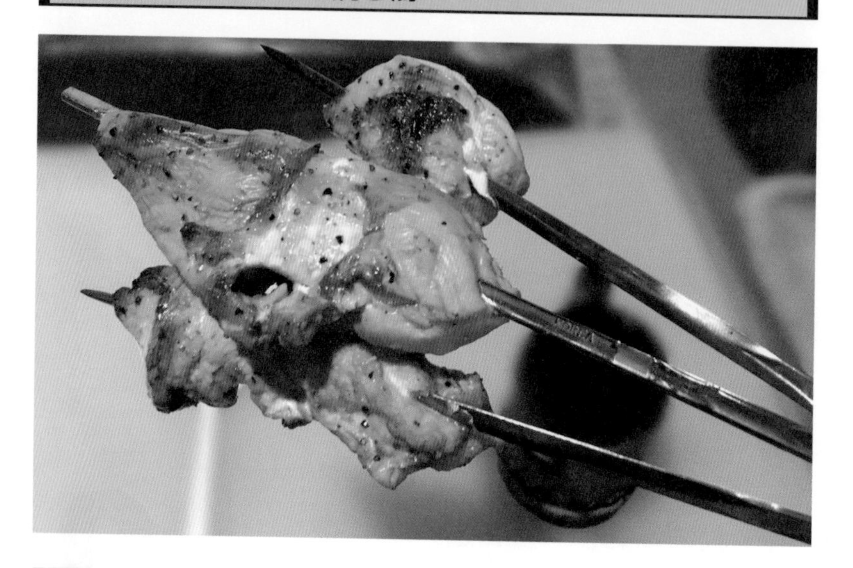

材料

・エゾライチョウ..... 1羽分
・塩コショウ............. 少々

作り方

①精肉したエゾライチョウの身に金串を刺す。
②ストーブなどの中に入れる。ストーブがない場合は魚焼き器の弱火で焼く。
③串を刺したところから汁が噴きでなくなったら串から外して、塩コショウをかけて完成。

注意点

直火で肉を焼くときはなるべく遠火で焼きあげ、直接肉に火があたらないように注意してください。また金串が熱くなるので火傷に注意しましょう。

感想

すごい！
さっきのソテーよりもクセがなくておいしい！

金串を刺すと熱伝導で中までじんわり熱が通るので
身がふっくらしますよね。

他のジビエでいったらウズラに似てるかな。
身がふわっとしてて食べごたえがあるね。
この鳥って、東京あたりでも獲れるの？

ううん、北海道にしかいない鳥だよ。
銃砲店の店長さんからもらったんだ。

へぇ〜、北海道にそんなジビエがあったんだ。
知らなかったなぁ。

あと、店長さんからもらった
甘酒ソフトキャンディーもあるよ！

うわ！懐かしい！
道民のソウルフード！！

5. キジの炊き込みご飯

材料

- キジのガラスープ.......500cc
- 米..................................3合
- ニンジン 1本
- しめじ 1房
- ごぼう 1本
- 油揚げ..........................2枚
- 酒..................................大2
- 醤油..............................大4
- みりん 大2
- 塩..................................小1/2

作り方

①スープを出したあとガラに付いている肉を手でほぐして外す。

②ニンジンと厚揚げ、しめじを適当な大きさに切る。

③キジのガラスープに調味料と①、②を入れ沸騰させ、そこにゴボウをささがきにして入れる。

④ゴボウに熱が通ったら火からおろして冷ます。
⑤米を研いでよく水を切り煮汁を約500cc入れる（炊飯器の目盛りよりも少な目に入れる）。
⑥釜に煮た材料を加えて炊き上げる。

注意点

キジのもも肉は細い骨のような筋が通っているので、指で丁寧にもみほぐしてください。

感想

お！上品だけど確かな旨味があるね！

でも、ちょっとご飯がベチャベチャじゃない？

おかしいなぁ・・・
いつもと同じように炊いたんだけど。

始めに具に味を付けておく炊き込みご飯は、
具が出汁を吸ってるから、ちょっと少な目に
炊かないとベチャベチャになっちゃうよ。

あ！炊き込みご飯茶漬けにすると
おいしいかも！！

6. コガモの燻製

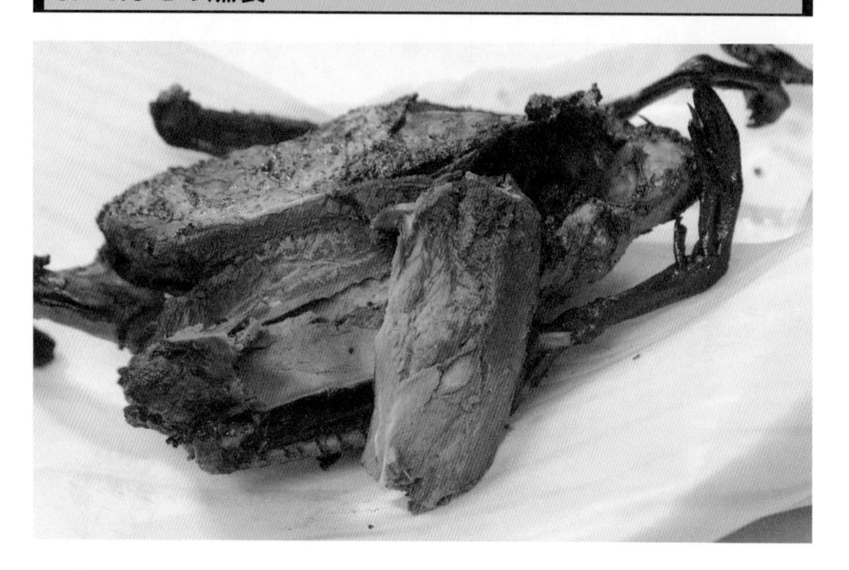

材料

- 丸のままのコガモ.......2羽
- 水...................................300cc
- 赤ワイン 300cc
- 岩塩..............................120g

作り方

①コガモをジップロックに入れて調味料（ソミュール）を入れる。
②ジップロックから空気を抜いて冷蔵庫で1日以上漬け込む。
③ジップロックから出してクッキングペーパーでソミュールをよくふき取り、冷蔵庫の中で1日以上乾かす。
④燻製器に入れて30分ほど温め、10分ほど燻製する。
⑤火を止めて30分ほど冷ます。

注意点

ソミュールがウッドチップに落ちると焦げ臭い臭いが出るので、水気はしっかりと切りましょう。

感想

あ～・・・足とか首とか付いていると
鳥ってちょっと見た目が虫っぽいね。

コガモはサイズが小さいから、
精肉すると歩留まりが悪いんだよ。
だから丸のまま燻製してみたんだ。

でもこの胸肉の部分とか、すっごく旨味があって
おいしい！

フレンチでは、小鳥料理といえば
丸ごと一頭料理するのが普通だったりするね。

首の部分の肉もおいしいよ！
ちょびっとしか付いていないけど。

こう、細かい部分をチビチビつつきながら
酒を飲むのって、けっこう好きなんだよなぁ～。

あんた、シジミとかピスタチオとか好きだもんね。

7. キジバトのバターロースト

材料

- 丸のままのキジバト 2羽
- バター 20g
- たまねぎ 1/2個
- ニンニク 1かけ
- 岩塩..................................少々

作り方

①玉ねぎとニンニクを細かく刻んでバターで軽く炒める。

②キジバトの腹の中に塩を振りかけて玉ねぎとニンニクを詰める。

③ステンレス製かグラタン皿に乗せてタコ糸で足をXの字に縛る。

④180℃に予熱しておいたオーブンに入れ溶かしたバターを流しかける。

⑤度々様子を見ながらバターを表面にかけて10分ほど焼く。

⑥モモ肉か手羽元に金串を刺して、赤い汁が噴き出さなければ取り出す。

⑦腹の中の汁を受け皿に流してアルミホイルをかぶせて寝かせる。

⑧グラタン皿のバターを再加熱して食べる前に流しかける。

注意点

　火を通しすぎるとパサパサになってしまうので熱の通り具合には注意しましょう。また表面が乾燥しすぎないように、しっかりとバターを塗りましょう。

感想

ワイン開けよう！赤ワイン！！

海外ではハトはよく食べるって聞いてたけど、
こんなに美味しいとは知らなかった！

味が濃いね。これは本当にワインが合う味だ。

フランスではハトをパイ包み焼きにするのが定番だね。ハトは出汁が美味しいから、汁を逃がさない料理が向いてるよ。

ハトすごい！
これは公園のハトを見直さなくっちゃ！

い、いや、公園のドバトは獲っちゃダメだからね。

8. キジのクリーム煮

材料

- キジの胸身............1枚
- キジのもも肉.........1枚
- バター....................20g
- たまねぎ................1個
- エリンギ................2本（大きければ1本）
- ニンニク................1かけ
- 生クリーム............大4
- キジの出汁............200ml
- 牛乳........................100ml
- 味噌........................大2
- 塩コショウ............少々

作り方

①バターとニンニクをフライパンに入れて、きつね色になるまでじっくり炒める。

②みじん切りの玉ねぎとスライスしたエリンギ、キジ肉を炒める。

③肉に適度な焦げ目がついたらキジの出汁を加えて強火にする。

④アクが浮いて来たら丁寧に取り除く。

⑤しっかり煮詰まったら味噌を溶かして牛乳、生クリームを加えて弱火で温める。

⑥塩コショウで味をととのえて完成。

感想

どう？キジ肉。
やっぱり臭みが気になる？

ん！いや、全然気にならないよ。
生クリームのクリーミーさがあっておいしい！

これ、味付けって何か入れてるの？

味噌を入れてるんですよ。
どうですか？

え！生クリームに味噌！？

結構、味噌と牛乳の組み合わせってあるんだよ。
飛鳥鍋とか石狩鍋とか。牛乳味噌汁もあるし。

9.コジュケイのつみれ汁

材料

- コジュケイ団子
    - コジュケイ.....1羽
    - 卵.....................1個
    - 長ネギ.............1本
    - 片栗粉.............適量
    - ごま油.............少々
    - 塩コショウ......少々
- 水.............................1000cc
- えのき.....................1房
- ほうれんそう.........1/2房
- 醤油.........................大2
- 酒.............................大2
- 塩コショウ.............少々

作り方

①精肉したコジュケイ1羽分の肉を包丁でよく叩いてすり身にする。手羽先や首つるを入れると、コリコリとした食感が楽しめる。
②みじん切りにした長ネギ、醤油、酒、卵、片栗粉をコジュケイのミンチに混ぜて粘りが出るまでよく叩いて混ぜる。
③鍋に水を入れて沸騰させる。
④さじでミンチをすくい、鍋の端に叩き付けるようにして落とす。
⑤すべての団子を浮かせたら弱火にしてしばらく煮る。アクが出たら取り除く。
⑥野菜を入れたらフタをして、一煮立ちさせたら味をつけて完成。

感想

良い出汁が出てるね！
香りがすごくいい！！

首つるも入れてミンチにしたので
出汁がいい感じに出てますね。

え？どうやって鳥をミンチにしたの？

チタタプ！チタタプ！

10. カワウの紅茶煮

材料

- カワウの胸身................ 1枚
- カワウのもも肉............ 1枚
- 紅茶のティーバッグ..... 2つ
- 水.................................. 適量
- 砂糖.............................. 大1
- 百獣中華ソース............ 適量
- 塩コショウ.................... 少々

作り方

①適量の水を沸かして沸騰させる。

②お湯に紅茶のティーバッグを浮かべて煮出す。

③よく紅茶が取れたら砂糖を溶かして冷まし、適度な大きさの入れ物にカワウの胸肉、もも肉とともに入れて一晩寝かせる。

④フライパンに薄くサラダ油をひいてミディアムに焼き上げ、表面の筋膜を切り取る。

⑤塩コショウで味付けして、百獣中華ソースをかけて完成。

感想

おっ！？これはわりと臭みが気にならないね！

紅茶に一日漬けてみました。中華料理ではカモ肉の臭み消しに紅茶が使われるそうです。あと表面の筋膜も臭いがあるので切り取りました。

紅茶か～！豚肉の紅茶煮とか有名だよね。

でも、ちょっとさっぱりしすぎた感じがするね。
もともと油分が多くないから、漬ける時間はもっと短くした方がいいかも。

ソースを沢山つけると
ちょうどいい感じになりますよ。

バターや生クリームで料理すると
どうなるんだろう？

ジビエには、まだまだ研究しないといけないことが沢山あるね！

Chapter 5

銃砲店店主Q&A

Q&A

執筆:佐藤一博

エアライフル猟Q&A

実際に狩猟をしていると、様々な疑問や困りごとが湧いてきます。しかし、単独で活動するエアライフルハンターにとって、相談に乗ってくれる人を探すのは、なかなか難しいと思います。そこで、銃砲店『(有)豊和精機製作所』の代表取締役、佐藤一博さんが、エアライフルハンターの疑問や悩みごとにQ&Aでお答えします。

1. 空気銃の所持許可に関する質問

1. 家族に銃を持つのを反対されます。何か良いアイデアはないでしょうか？

その家族が父親・母親なら別居を考えたらいかがでしょうか？狩猟で銃を持てるのは20歳以上なんだし。妻や夫から反対されるのであれば、説得するしかありません。もし銃を嫌がる理由が「なんとなく怖いから」とかなら、一度一緒に狩猟を

見学してみるとか、ジビエを食べに行ってみるとかして、懐柔策を考えてみてください。弊社に来るお客様の中には、夫婦で銃を見に来る方とかいらっしゃいますよ。余談ですが、かくいう私の妻も、私が銃を所持するのを始めは反対していました。そんな妻も今では銃歴15年の立派なハンターです。

2. 無職なんですが所持許可っておりないんでしょうか？

猟銃空気銃所持許可制度の欠格事項に、「職についていないとダメ」なんて記載はありません。なので、問題ないですよ。それに狩猟をやっているお爺ちゃんたちは、大抵無職です。

3. 離婚しているんですが、元パートナーに銃所持に関する身辺調査が行くことはありますか？

基本的にはそういった調査は行われません。しかし、何かの事件がきっかけで、連絡が行く可能性はあります。過去にそういった調査を受けた人も知っています。

4. 初心者講習は受かったのに、空気銃の許可が下りないことってありますか？

許可が下りないこともあります。散弾銃の場合は教習射撃って制度があり、日本では未所持の銃を唯一撃つことができる制度なので、所持許可申請時と同じ身辺調査が行われます。ただ、空気銃の場合は教習射撃がないので、所持許可申請の身辺調査で落ちる可能性があります。

5. 別の市町村で許可された銃は、私が住んでいる市町村でも許可されるのでしょうか？

こういった質問はとても多いんですが、「都道府県の公安委員会や、担当官の判断による」としか答えようがありません。明文化して全国一律の基準にしてくれるとありがたいんだけど、日本の所持許可制度はそういうものだと割り切って考えてください。

6. 2挺目のエアライフルを購入したいんですが、同じ口径だと許可はでませんか？

出ますよ。ただ、担当官によっては「なんで同じような銃が2挺必要なの？』って聞いてくると思います。「この銃は○○捕獲用、こっちは××捕獲用だからです」など何でもいいので、とりあえず理由を用意しておいてください。

7. 「銃が欲しい」と言ったら彼女に逃げられました。どうしたら良いでしょうか？

それは銃が原因ではなく、あなたに問題があるはず。日頃の行いを見直しましょう！

8. すでにエアライフルを所持しているのですが、2挺目は散弾銃を所持したいです。許可は下りるでしょうか？

問題ないと思いますよ。狩猟免許は20歳からなので、あなたは20歳以上だと思います。だとしたら、装薬銃も20歳から所持できるので問題ありません。

9. 猟友会って絶対に入らないといけないんですか？

猟友会は『保険会社』みたいなものなので、3,000万円の損害賠償能力の証明が可能であれば所属する必要はありませんよ。また、猟友会以外にもハンター保険を取り扱っている団体はあります。弊社でも『豊和精機プレミアムクラブ』っていう団体ハンター保険を取り扱っているので、興味がある人はWebで検索してみてください。

10. エアライフル猟を始めるのには、どのくらいお金がかかりますか？

以下は、埼玉県のケースでザックリと見積もってみた金額です。ご参考ください。

	第二種銃猟免許総額 92,350円 （猟具類の金額は含まず）		
狩猟免許 取得費用	■狩猟免許講習会（2日間）		
	・受講料	10,000円	※埼玉県の場合は無料
	・講習資料	1,000円	
	■狩猟免許試験		
	・試験料	5,200円	
	・証明写真	500円	
	小計	16,700円	
銃砲所持許可 取得費用	■初心者講習会		
	・申込料	6,800円	
	・証明写真	500円	
	■所持申請		
	・証明写真	500円	
	・診断書	3,000円	
	・戸籍抄本	450円	
	・住民票	100円	
	・身分証明書	200円	
	・申請料	10,500円	
	■保管		
	・ガンロッカー	30,000円	
	小計	52,050円	

猟具類	■エアライフル ・本体　10万円から50万円ぐらい だいたい20、30万円ぐらいで予算を組む人が多い ・スコープ　2万から5万円 高い物を選ぼうとすると青天井！ ・エアチャージャー　1万円ぐらい ハンドポンプの場合、銃に付属されていることも多い。エアタンクの場合は4万円ぐらい ・ペレット　1缶500発入りで5,000円ぐらい ■狩猟用品 ・双眼鏡　3万円ぐらい こちらも高い物を探すと沼にはまる ・ウェア　上下で1万円ぐらい 普段使いの服装でOK ・ガンバッグ　5,000円ぐらい オマケでついてくることも多い ハードケースは1、2万円ぐらい ・スポッティングスコープ　5万円ぐらい なくてもゼロイン調整はできる ・クリーニングペレット　1箱80個入り1,000円
狩猟者 登録費用	大日本猟友会費　3,300円（第二種） 県猟友会費　5,000円（都道府県によって違う） 支部猟友会費　3,000円（支部によって違う） 県猟ハンター共済金　1,500円 ハンター保険　3,000円 狩猟登録料　7,300円 証明写真　500円 小計　23,600円

2. エアライフルの購入に関する質問

11. ニッチな中古銃を買うメリット・デメリットってありますか？

デメリットとしては、故障時のパーツが出回っていない可能性があり、修理に時間がかかることがあります。また、ニッチな銃よりも人気機種の方が、リセールバリューは高くなります。メリットは…人に自慢できることぐらいかなぁ。

12. エアライフルを下取りに出したとき、値段はどのように決まりますか？

お客さんと相談して、「これぐらいで売りたい」と「これぐらいなら売れるだろう」のバランスを考えて値段が決まります。ただ、どんなに程度がよくても、新銃の価格からマイナス5〜7万はされると思ってください。また、スコープやハンドポンプなどをセットで下取りに出してもらえれば、それだけ価格は上がります。

13. 予算がないので中古のエアライフルを考えてます。購入の際の注意点ってありますか？

2000年ごろに発売された第一世代のPCPエアライフル、例えばFX2000や、ウェブリー＆スコット社の空気銃などは、中古相場で10万ぐらいで購入できます。ただ、第一世代の中には部品供給が今後終わりそうな物もあったりするので、その辺は銃砲店に聞いて下さい。

14. エアライフルを中古で買うおすすめの時期ってありますか？

3〜5月、8月9月がオススメです。猟期が終わると銃検があるのですが、沢山銃を持っている人の中には「持って行くのが面倒くさい」と銃を手放す人がいます。この3〜5月のタイミングは中古銃が市場に出回りやすいので相場も落ちます。8月9月は、ボーナスを使って銃を買い換えたい人が古い銃を手放すため、銃砲店の在庫が増えて安くなります。

15. 銃砲店って何の用事もないけど入っていいでしょうか？迷惑になりませんか？

銃砲店は銃だけでなく、狩猟用品や書籍なんかも扱っているので、興味があるなら覗いてみましょう。弊社はいつでもウェルカム！営業日などはホームページかTwitterで調べてね。

16. 散弾銃とエアライフルのどちらを所持しようか迷っています。狩猟をするのであれば、どちらがオススメですか？

散弾銃猟とエアライフル猟は猟法がまるで異なります。例えば、散弾銃の場合は飛んでいる鳥を撃ち落とすことはできますが、民家が近いような場所ではたとえ狩猟ができるエリアであっても発砲はできません。対してエアライフルは、民家の近くにあらわれる獲物を遠くから狙撃することは可能ですが、飛んでいる鳥を撃ち落とすことはできません。よって、散弾銃かエアライフルか迷っているのであれば、まずはご自身がどのような狩猟スタイルが好きなのか、または身の回りにどのような猟場が多いのか確かめてみてください。

17. 豊和精機では、まだ『HOWA 55G』っていうエアライフルを作っているんですか？

弊社は豊和工業株式会社ではありません！

3. エアライフルの性能に関する質問

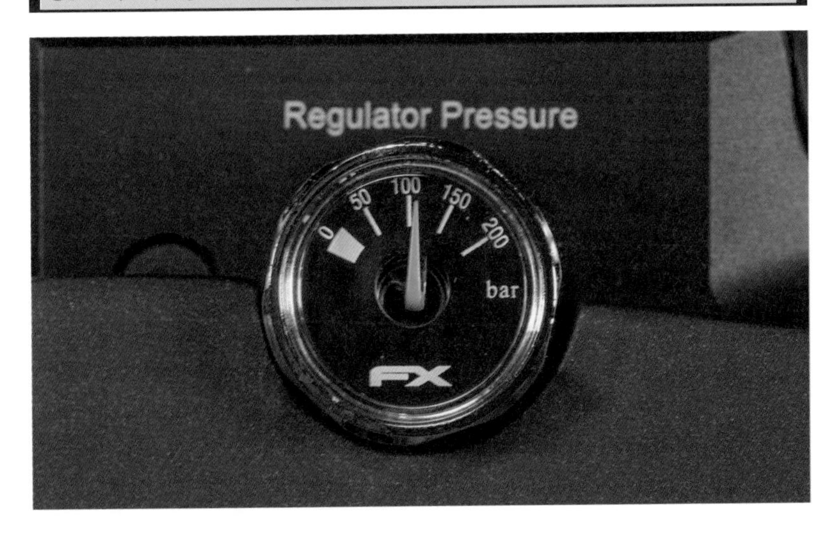

18. 軽い銃と重たい銃がありますが、どう違いますか？

発射台となる銃床が重たくなると、安定します。射撃競技では重量に上限があるのですが、理由はそのためです。なお、軽い空気銃は、風が強いと銃床が振られて狙いが狂うことがあります。ただ、重たい銃は猟場で持って歩くのには不便です。

19. 旧世代のエアライフルよりも新世代のエアライフルの方が、獲物はとれやすいのでしょうか？

50馬力の車より300馬力の車の方が「スゲェ！」って思われますが、近所のスーパーに行くのであれば、どちらの車でも到着できます。同じような理由で、旧世代でも新世代でも「獲物を捕る」という目的において、違いはほとんどありません。もちろん、旧世代で500円玉に収まっていた集弾率が10円玉になる可能性はありますが、狩猟では外乱になる要素がいっぱいあるので、決定的な差に

なることはないと言えます。ただ、新しいモデルの銃はカッコイイのも多いので、デザインで決めれば良いのではないでしょうか。

20. スリング（銃を担ぐためのベルト）をエアライフルに取り付けた方が良いですか？

猟法によります。例えば流し猟の場合、私はスリングを付けていません。スリングを付けているとケースから出すときに引っかかりやすいので。なので、流し猟で獲物を見つけたら、ケースごと持って降りて猟場で取り出すようにしています。カバーよりか取り出すのが早いし、便利ですよ。

21. 海外のエアライフル試射動画を見て、○○っていう銃の発射音が静かなんですが、実際はどうなんでしょうか？

テレビのニュースで「大爆発事故」を見ても、どのくらい音が大きいかわからないよね？それと同じで、動画で聞くエアライフルの発射音は、実際とは大きく違ってたりします。銃砲店で実際に空撃ちをしてもらってもいいんだけど、室内で空撃ちするのと、猟場でペレットを入れて撃つのでは、また音が大きく変わります。発射音が知りたければ、その銃を持っている人と一緒に猟に行くしかないかなぁ…

22. 止め刺しをするための銃ってどういったのがオススメですか？

止め刺し以外しないのであれば、7.62mmのパワーがあるエアライフルが確実です。ただ、うちのお客さんの中には30ft·lbのFXサイクロンで年間80頭のイノシシをしとめている猟師さんもいます。要は“当てどころ”です。

23. 止め刺しにオススメのペレットってありますか？

普通の鉛弾ペレットでも大丈夫ですが、お客さんの中には非鉛弾を使う人もいます。素材が固いため、頭蓋骨を貫通しやすいのだそうですよ。形状はラウンドノーズでOK。ホローポイントはペレットが潰れてしまうので、あまり効果的ではありません。

24. PCPエアライフルの「美味しい気圧」の見つけ方ってコツがありますか？

「美味しい気圧」は銃の種類によっても全然違うので、射撃場で高圧から低圧まで射撃を繰り返して、精度が安定する気圧帯、精度が極端に低下する気圧帯をメモっていくしかありません。なお、同じ銃種であっても、圧力計の造りに精度差があるため、完全に一致するわけではありません。

25. エアライフルの発射音って、やっぱり小さい方がいいんですか？

比較的人目に付きやすい猟場で射撃をするのであれば、やはり音は小さい方がいいですよ。なお、ペレットは音速以下で飛ぶので、銃口を向けられた獲物には先に発射音が届きます。

26. エアライフルの発射音って何が原因でうるさい・静かが決まるんですか？

ペレットの射出速度にもよりますが、銃身をかこっているシュラウドの構造などで変わってきます。ただ過去に、発射音が「うるさい」と言われるエアライフルと、「静か」と言われるエアライフルを騒音計で測ったことがあるんだけど、デシベルはほとんど変わりませんでした。よって、音の鋭さ（高音域の強さ）が、うるさい・静かを決めているんじゃないかと思います。

27. ペレットの相性って、なぜ現れるんですか？

理由は色々ありますが、例えば、長さのあるペレットはライフリングで早く回転させないと精度がでません。逆に、短いペレットを早く回しても精度が悪くなります。エアライフルの銃身はメーカーによって設計が様々なので、ペレットによる相性が発生するんです。

28. 知り合いのお爺ちゃんから、古いペレットを貰いました。これって使っていいんですか？

法律的にペレットの貸し借りは全然問題ありませんが、そのペレットが銃に合っていないと精密性に問題が発生します。例えばあなたが所持しているのが第4世代の最新式PCPだったとして、お爺ちゃんから貰ったのが第1世代に使うような古いペレットだったとします。古い世代のペレットにはコーティングがされていない物も多いため、新世代の銃身内にくっ付いて精度が悪くなる可能性があります。ペレットは世代ごとに推奨された物を使用してください。

29. 狩猟用エアライフルは普通の射撃場で射撃できるのでしょうか？

令和3年に『射撃場に関する内閣府令』が改正され、スモールボアライフルの射撃台で大口径空気銃（狩猟用のエアライフル）が認められるようになりました。ただ、実際にライフル射台で空気銃が使えるかは、射撃場の判断によります。詳しくは、行く予定の射撃場管理者に問い合わせてください。なお、ライフル射撃場はものすごい轟音がするので、イヤーマフを忘れずに。

4. エアライフル猟に関する質問

30. エアライフルを連続して撃つ際は、精度を高めるために「何発撃ったら休ませる」みたいな目安ってあるのでしょうか？

エアライフルは装薬銃のように撃ったら熱が出るのではなく、逆に熱が逃げてシリンダーが冷えるんですよ。なので、銃身の熱は気にしなくてもOK。ただ、湿度が高いと銃身に霜が付くことがあるので、そうなるとちょっと影響が出てくる・・・かもです。

31. 子供と一緒に狩猟に行くってどう思いますか？

全然いいことだと思いますよ。私の娘も2歳のころから狩猟に連れて行ってました。子供を狩猟に連れて行くときは、小さくてもいいので双眼鏡を買ってあげてください。「獲物を探す」という仕事を与えてあげることで、子供たちも楽しんで狩猟に参加できます。それと、猟場では狩猟鳥獣以外の野生動物を沢山見か

けると思うので、子供たちに聞かれたときのことを考えて、野生動物の事をよく勉強しておいてくださいね！

32. 小さな子供を連れて狩猟に行きたいのですが、気を付けるべきポイントってありますか？

『置いてけぼり』にしないようにしましょう。「そんなことしないよ！」って思う人がほとんどだと思いますが、「ちょっとお父さん、あっちを見て来るからココで待ってて」と言っても、子供は動き回ります。迷子や誤射の原因になるので、必ず自分の後に着かせて行動してください。

33. 銃を持ってハンティングキャンプするって合法ですか？

まったくもって合法ですが、銃の管理はしっかりとしておいてください。テントから離れる場合でも、銃はカバーに入れて持って移動しましょう。なお、銃を持ってキャンプしている最中は、お酒は控えましょう。

34. 狩猟遠征などでホテルに泊まるとき、銃はどのように管理すれば良いですか？

部屋の中で管理して、できれば食事も部屋の中で済ませましょう。しばしばこういった質問を警察へしに行く人がいますが、日本の銃刀法はいたる点で「うやむや」に書かれています。これは要するに「上手くやってくださいな」という意味なので、警察に聞いても答えは返ってきません。アメリカのように何でも文面化されていればわかりやすいのですが、ここは日本です。銃を所持する人は、『日本とはそういう国だ』と理解して行動してください。

35. 流し猟中にコンビニとかに入る場合は、銃はどのように管理すれば良いのでしょうか？

車に置きっぱなしにせずに、銃も一緒に持ってお店に入るのが原則です。ただし、くれぐれも店員さんに「銃を持ってるんですけど、店に入っていいですか？」なんてことを聞かないように！過去にそう聞いて通報された人がいます。先にお答えしたように、日本の法律はグレーに解釈できるように作られています。大事なことは「白か黒か」をハッキリさせることではなく、「問題を起こさないこと」です。

5. エアライフルのメンテナンス等に関する質問

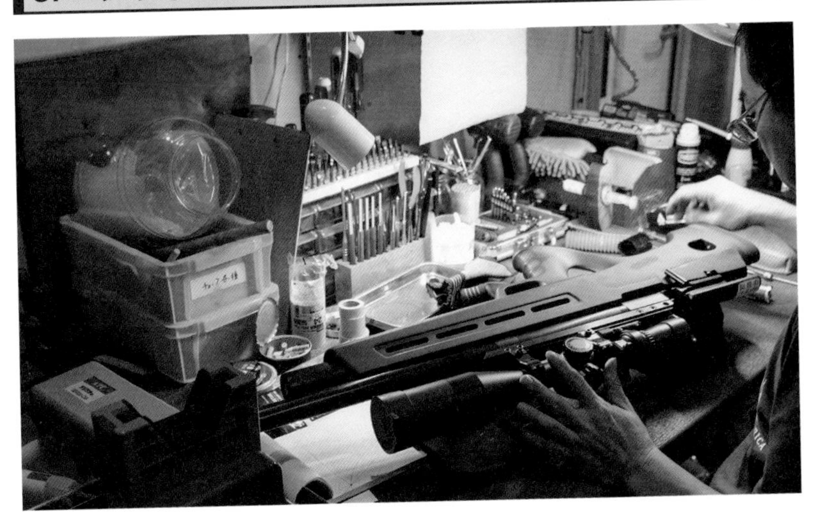

36. エアライフルのメンテナンスはどのくらいの頻度で行った方が良いですか？

狩猟後に毎回、クリーニングペレットを1発撃つ程度で大丈夫です。ワイヤブラシで銃身を擦ると、シュラウドを傷める可能性があるので避けた方が良いです。少なくとも、弾がちゃんと当たっている内は銃身の掃除はしなくても良いですよ。

37. 猟場でエアライフルを落としてしまい、壊れてしまいました。ハンター保険って銃にも利きますか？

猟友会で入っているハンター保険であれば、猟具の特約が付いていると思います。詳しくは支部猟友会に問い合わせてください。それ以外の団体で入るハンター保険の場合、猟具特約を付けていないところもあります。

38. エアライフルには弾の管理帳簿って必要ないんですか？

ペレットには火薬が入ってないので、実包の管理帳簿は必要ありません。だってただの金属粒じゃん。でも不思議なことに、ペレットの管理帳簿を付けるように生活安全課から指導された人を実際に見たことがあります。それが担当官の勘違いなのか嫌がらせなのかはわかりませんが、よくよく説明をしたうえでも管理帳簿を求められるのであれば、それに従ってください。

39. PCPの空気漏れを防ぐ方法はないですか？

Oリングは必ず劣化するので、エア漏れも必ず発生します。もちろん「10年以上所持して1回もエア漏れしたことがない」という方もいますが、そういったOリングはカッピカピになっています。漏れなかったのは運が良かっただけです。空気漏れはいつ発生するかわからないので、事前にOリングを交換するオーバーホールメンテナンスをオススメします。猟期中に酷い漏れ方をしているわけではなければ、そのまま使って、猟期が終わったら修理に出して下さい。

40. オーバーホールメンテナンスを行う時期の目安ってありますか？

弊社ではわかりやすいように、「更新ごと（3年に1回）に持ってきてください」とお客様にはお伝えしています。ただ、メンテナンスに出す時期は銃検が終わってからにしてください。もちろんすぐに修理はできるのですが、色々立て込んでいる場合はお返しが遅くなる可能性もありますので…

41. PCPのカーボンシリンダーは、検査や取り換えは必要ないのですか？

カーボン製のエアタンクは15年で廃棄処分しなければならないのですが、PCPエアライフルに付いているエアシリンダーは、高圧容器ではなく銃のパーツであるというのが経済産業省の見解です。なので、検査に出したり取り換えたりする必要はありません。ただし、競技用の銃はシリンダーを取り外せるタイプもあり、そちらには使用期限が決められていたりします。メーカーの説明書を確認してください。

42. エアライフルの銃身寿命ってどのくらいですか？

銃身の掃除をしなくても20年ぐらいは持つという結果が出てます。というのも、近年のハイパワーPCPが発売されたのが2000年ぐらいなのですが、一度も銃身掃除をしていない人でも問題なく撃ててます。エアライフルのライフリングには鉛がこびりつかないので、傷むことはほとんどありません。銃身の寿命が来る前に、私たちの寿命が先に来るはずです。

43. エアライフルの機関部の寿命ってありますか？

空気を停めているバルブ部分がすり減って故障する可能性はありますが、よほどヘビーユーズしていなければ気にする必要はないレベルです。

44. フィリングコネクタなどに使用されているOリングは、オイルなどを付けてメンテナンスした方が良いのでしょうか？

ゴム類にDW40などの鉱物油を付けると傷むので付けないようにしてください。基本的には必要ないですが、シリコン系のグリスやスプレーを使ってください。コッキング部分などの機械接点も、シリコングリスで十分です。

45. シンセティックストックとウッドストックの手入れに違いはありますか？

シンセティックの場合は、固く絞った雑巾で拭くだけで大丈夫です。汚れが気になるなら消毒用アルコールをシュシュッとかけて拭きあげましょう。ウッドストックは仕上げ塗装によって手入れの仕方が違いますが、テカテカのやつなら拭くだけでOK。楽器用のポリッシャーを使ってもいいです。オイルフィニッシュはオイルを付けて拭きます。

46. エアライフルの拭き掃除は、何か溶剤で拭いた方がいいですか？

最近のエアライフルはほとんどがアルミとプラスチック部品なので、基本は何もつけなくてもいいです。表面を乾拭きするぐらいでOK。ただ、スコープのネジ部品は鉄が使われているので、「556」などの機械オイルを、麺棒に付けてポチポチと塗ってください。

47. 個人輸入って安くなりますか？

個人でエアライフルを輸入すると、国内の正規販売価格より半額になることもあります。ただ、故障した際のメンテナンスが大変で、部品を輸入するのにも時間とコストがかかります。「値段が半分だから、故障したら新しいのをもう1挺輸入する」という合理的な考え方もあるんですが、所持許可の手間などを総合的に考えて判断してください。

48. エアライフルの部品を町工場などで作ってもらうことってできますか？

銃の部品は猟銃等製造事業の許可を受けたところでないと作ることができません。なので、一般的なメーカーや町工場で部品を作ってもらうと“密造”になっちゃいます。銃砲店が町工場に頼んだりするのはOKなので、修理は必ず銃砲店を通してくださいね。

49. 廃棄する予定のエアライフルがあるんですが、無可動銃に加工して飾っておくとかできないんですか？

無可動銃にするのは違法ではないんですが、公安委員会から「そういうのはやめてね」とお達しを受けているので、銃砲店でそういった改造をするところは、おそらくないと思います。ちなみに、弊社でも狩猟免許試験で使われる模擬銃を作ったことがあるんですが、公安委員会と話し合いのうえで細かい仕様が決められ、それに従って作りました。

6. 猟果に関する質問

50. ジビエ料理初心者です。美味しく作るコツはありますか？

調味料は塩コショウ、それと何かのお酒（ワインや日本酒、ベルモットなど）があれば、大抵は美味しく料理できます。それと熱を加えすぎないこと。ジビエは寄生虫などの食中毒リスクがあるため、熱をかけすぎる人がいますが、パサパサになってレバーっぽい臭いがでます。食中毒リスクは熱をかける時間でも下げることができるので、じっくりと時間をかけて低温で料理しましょう。

51. これまでエアライフルで捕った獲物の中で、一番おいしいかったのは何ですか？

2022年時点で、エアライフルで捕獲できる鳥類は、すべて捕獲したことがあります。「どれが一番か」と聞かれると…うーん、好みによるかなぁ。同じキジバトでも料理の仕方によって、まるで味わいが変わります。“クセが強い肉”というのは確か

にあるんですが、その肉を使った料理がマズくなるわけではありません。マズイ料理を作るのは食材の問題ではなく、料理人の腕に問題があります。

52. ジビエのオススメの調理法を教えてください。

アルミホイルレシピが簡単でオススメです。キジバトなどの肉と、ネギ、オリーブオイル、塩コショウ、鷹の爪を用意し、アルミホイルを敷いたスキレットの上に置きます。これを10分ほど弱火にかけて、封をして余熱で10分ほど温めます。この調理方法だと全体的に熱がまわって肉がふっくらと仕上がります。

53. 最後に、エアライフル猟の面白さは何だと思いますか？

エアライフル猟では銃自体にそれほど強いパワーがないため、獲物を見つける目と、射撃をするテクニックが散弾銃やライフル銃以上に重要になります。もちろん散弾銃猟やライフル猟にも魅力は沢山あるのですが、射撃や狩猟をピュアに楽しめるのが、エアライフル猟の魅力だと感じます。

◉さ行

◉た行

●な行

●は行

●ま行

●や行

◉ら行

◉参考文献

『これから始める人のための狩猟の教科書』(2016)東雲輝之:秀和システム

『猟銃等講習会初心者講習会考査 絶対合格テキスト＆予想模擬試験4回分［第3版］』(2016)日本猟用資材工業会:秀和システム

『狩猟基本と実猟』(1983)北晴夫:ケダブックス

『スナイパー入門ーシューティング超初級講座』(2005)かのよしのり:光人社

『ハンティングエアライフルガイドブック』(2016):ホビージャパン

『空気銃狩猟百科ー新時代のハンティングを楽しむ』(2003)山口進:狩猟界社

『わが国の狩猟法制ー殺生禁断と乱場』(2015)小柳泰治:青林書院

『日本の鳥550水辺の鳥』(2009)桐原政志, 山形則男, 吉野俊幸:文一総合出版

『決定版 日本のカモ識別図鑑』(2015)氏原巨雄, 氏原道昭:誠文堂新光社

『日本の鳥550 山野の鳥』(2014)五百澤日丸, 山形則男, 吉野俊幸:文一総合出版

『カラスの教科書』(2016)松原始:講談社文庫

『基礎からわかる フランス料理』(2009)安藤裕康, 古俣勝, 戸田純弘, 辻調理師専門学校:柴田書店

次なる狩猟の世界へようこそ！

他にも銃に関する話も誤解をまねく・・・あ。
アカウントにアクセス制限かけとこう。

それにしてもSNSをみると日本中には色々なハンターがいるみたいだね。
うん、この二人も今年から狩猟を始めたんだって！

この二人はエアライフルじゃなくて罠猟なんだ。
罠猟も面白そう！どんな世界なのかな～？
SEE YOU IN THE NEXT HUNTING WORLD

あとがき

これをお読みの皆様、日本での合法的な射撃や狩猟では、エアライフルという選択肢があることがお分かりいただけたと思います。

狩猟の世界では一般に「空気銃」と呼ばれていますが、長年「空気銃は子供のおもちゃ。スズメくらいしか獲れない」と言われてきました。これは戦後すぐには、空気銃は雑貨屋さんでも売っていましたし、子供向け雑誌裏の通販コーナーでも売っていて、許可もいらなかったものですから仕方のないことでした。しかし、近年劇的な進化を遂げました。カタカナで「エアライフル」と呼ぶことが相応しいくらいに、強力に、そして高精度になりました。この本に書いてあることを咀嚼し、練習に励めば、100m先の獲物を獲ることも夢ではないでしょう。

私は埼玉県で「(有)豊和精機製作所」という、全然銃砲店らしくない名前の銃砲店を経営し、埼玉県の銃砲店では唯一の空気銃の射撃指導員の立場から、様々な銃に触れ、撃ち比べた経験をこの本に書きました。インターネットの情報は玉石混交。本当に役立つ情報もあれば、ただの自慢話、そして困るのが嘘の情報。これらを見抜くのは至難の技です。ですから、エアライフルに興味を持った皆さんは、経験を積み、正しい情報を仕入れていただくことを希望します。そしてこの本が、本当に皆さんの役に立つ情報仕入れの一端を担えたのなら幸いです。

そして最後になりましたが、最初にこの本が出た時よりも、現在はさらにみなさんがSNSの活用を増やしていると思います。狩猟に行った時の獲物や、詳しい場所を特定できる情報や画像を不用意にUPし、狩猟否定派の人たちからの批判や、猟場の近隣住民に迷惑がかかっていることが散見されます。SNSなどやらなければ何も起きないのは事実です。とはいえ、猟果を(画像だけでも)仲間と分け合えば喜びも倍増します。要は、その画像などをUPする前に、ぜひ慎重に、もう一度よく考えてから行ってください。

まぁとにかく、この本を読むのも結構ですが、それより是非猟野での観察機会を増やし、安全に獲物をたくさん獲ってください。頑張れ！

令和4年5月吉日

(有)豊和精機製作所　代表取締役　佐藤一博

あとがき

2017年6月に本書の旧版が刊行されてからはや5年。狩猟業界には色々な変化がありました。その変化とは本書でご紹介した『エアライフルの技術的な進化』といったな話だけでなく、“狩猟”という言葉に対する世間的なイメージも含まれています。

例えば、これまで「狩猟」という言葉には、どことなく古臭くて閉鎖的なイメージがありました。しかし近年、テレビやブログ、SNS、動画投稿などを通して、狩猟の光景が人目に付くことが多くなり、認知度もかなり高くなったと感じます。また、狩りガールや、キャンプ&ハンティング、ジビエアウトドアクッキングといった新しい切り口により、狩猟の世界はこれまでにない進化を始めていると思います。

しかしこういった認知度の向上や新規参入者の増加は、決して喜ばしいことだけではありません。しばしばSNSや動画投稿サイトには、違法とは知らずに銃刀法や鳥獣保護管理法に抵触するような行為が見られ問題になっています。こういった違法行為や事故を防ぐためにも、これから狩猟を始められる方、さらにはベテランと呼ばれる狩猟者も、狩猟に対する知識をより一層深めていただきたいと思います。

特にエアライフル猟は、狩猟を始めるまでのハードルが低く、また、通行人に狩猟行為を見られやすいため、狩猟に関する知識やモラルが一層求められます。本書ではその点をなるべくカバーできるように構成したつもりですが、もし「イマイチよくわからなかったな」という方は、弊社『株式会社チカト商会』のホームページや『エアライフルジャパン』、Youtubeチャンネルの『狩猟初心者の館』といったコンテンツで補足情報を提供していますので、ご確認いただけましたら幸いです。

最後に、本書にご協力いただきました豊和精機製作所の佐藤一博様、株式会社秀和システムの編集・制作担当様、イラストレーターの江頭大樹様、弊社スタッフの皆様に深く感謝を申し上げます。

令和4年5月吉日

株式会社チカト商会 代表取締役　東雲 輝之

◉取材協力

協力団体（五十音順）

（株）あくあ ぐりーん
（株）浦和銃砲火薬店
（社）大日本猟友会
（株）トウキョウジュウホウ
（有）豊和精機製作所

協力者（順不同）

加賀家 地
小林 貴正
本間 滋
島田 慎吾
山本 武寛
福永 敬太
山本 悟
土屋 竜一郎
小川 岳人
杉 拓也
梅垣 恵美
大河原 眞
前田 朋美
武藤 赤理
武藤 拓也
掘木 好
白井 健介
森 宏人

◉イラスト

江頭 大樹
東雲 輝之

●注意

当書籍の内容については著者の見解であり、文責は著者に帰属します。
当書籍の個々の内容につきましては見解が分かれるものも少なからずあります。
ご協力いただいた個人・企業・団体様には、ご厚意で取材へのご対応、資料等のご提供を頂いております。必ずしもご協力者各位の見解が当書籍の内容と一致しているわけではない、ということをご理解くださいますようお願いいたします。

●注意

(1) 本書は著者が独自に調査した結果を出版したものです。
(2) 本書は内容について万全を期して作成いたしましたが、万一、ご不審な点や誤り、記載漏れなどお気付きの点がありましたら、出版元まで書面にてご連絡ください。
(3) 本書の内容に関して運用した結果の影響については、上記 (2) 項にかかわらず責任を負いかねます。あらかじめご了承ください。
(4) 本書の全部または一部について、出版元から文書による承諾を得ずに複製することは禁じられています。
(5) 商標
本書に記載されている会社名、商品名などは一般に各社の商標または登録商標です。

これから始める人のための
エアライフル猟の教科書 [第2版]

発行日　2022年 6月29日　　第1版第1刷

著　者　東雲　輝之／佐藤　一博

発行者　斉藤　和邦
発行所　株式会社　秀和システム
〒135-0016
東京都江東区東陽2-4-2　新宮ビル2F
Tel 03-6264-3105（販売）Fax 03-6264-3094
印刷所　三松堂印刷株式会社　　Printed in Japan

ISBN978-4-7980-6749-0 C0076

定価はカバーに表示してあります。
乱丁本・落丁本はお取りかえいたします。
本書に関するご質問については、ご質問の内容と住所、氏名、電話番号を明記のうえ、当社編集部宛FAX または書面にてお送りください。お電話によるご質問は受け付けておりませんのであらかじめご了承ください。